Ekbert Hering
Eberhard Bappert
Joachim Rasch

**Turbo Pascal
für Ingenieure**

Ekbert Hering
Eberhard Bappert
Joachim Rasch

Turbo Pascal für Ingenieure

Eine Einführung mit Anwendungen aus Naturwissenschaft und Technik

Unter Mitarbeit von Rolf Martin
und Holger Dittrich

Mit 93 Abbildungen
und 49 Anwendungsprogrammen

3., überarbeitete Auflage

Das in diesem Buch enthaltene Programm-Material ist mit keiner Verpflichtung oder Garantie irgendeiner Art verbunden. Die Autoren und der Verlag übernehmen infolgedessen keine Verantwortung und werden keine daraus folgende oder sonstige Haftung übernehmen, die auf irgendeine Art aus der Benutzung dieses Programm-Materials oder Teilen davon entsteht.

1. Auflage 1990
2., neu bearbeitete Auflage 1992
3., überarbeitete Auflage 1996

Der Verlag Vieweg ist ein Unternehmen der Bertelsmann Fachinformation GmbH.

Umschlaggestaltung: Klaus Birk, Wiesbaden
Druck und buchbinderische Verarbeitung: Lengericher Handelsdruckerei, Lengerich
Gedruckt auf säurefreiem Papier
Printed in Germany

ISBN 3-528-24479-8

Vorwort zur dritten Auflage

Nach der erfreulich guten Aufnahme des Buches durch die Leser, den positiv kritischen Stellungnahmen und der Weiterentwicklung von Turbo Pascal ist eine dritte Auflage notwendig geworden. Die bestehenden Programme wurden überarbeitet und so verändert, daß der Leser die Programmstrukturen und die Realisierung in Turbo Pascal mühelos versteht.

Die bewährte Struktur der zweiten Auflage wurde beibehalten; allerdings wurde auf eine ausführliche Beschreibung der Installation verzichtet. Nach der Einführung werden im *zweiten* Abschnitt die *Programmstrukturen* (Folge, Auswahl und Wiederholung) ausführlich besprochen und an Beispielen programmiert. Der *dritte* Abschnitt führt in die *Unterprogrammtechnik* und der *vierte Abschnitt* in die Arbeit mit *Dateien* ein.

Im *fünften* Abschnitt wird zur *objektorientierten Programmierung* (OOP) über die *abstrakten Datentypen* (ADT) hingeführt. Am Beispiel eines Sortierprogramms wird gezeigt, in welchen Schritten man von einer strukturierten Programmierung zu einer objektorientierten Programmierung gelangt. Hier findet sich auch eine schrittweise Einführung in das *UNIT-Konzept.*

Der *sechste* Abschnitt zeigt an einem Beispiel aus der *grafischen Datenverarbeitung* den großen Vorteil der objektorientierten Programmierung: die *problemlose Erweiterbarkeit* mit *Objektklassen* und *virtuellen Methoden.*

Im *siebten* Abschnitt wird am Programmbeispiel des schiefen Wurfes gezeigt, wie man zweckmäßigerweise *Grafiken* erstellt.

Der *achte* Abschnitt enthält die *Anwendungsprogramme.* Sie wurden gegenüber der ersten Auflage leicht gekürzt, um Platz für die neuen Kapitel zu bekommen. Ein *Grafikprogramm* zur Demonstration *Lissajousscher Figuren* wurde ins Buch aufgenommen. Alle Anwendungsprogramme wurden getestet und in großem Umfang neu geschrieben, damit sie für die Anwender im praktischen Einsatz komfortabler wurden.

Zu danken haben wir, wie stets, dem bewährten Lektoratsteam vom Vieweg-Verlag, insbesondere Herrn Edgar Klementz vom Fachbuchlektorat. Ganz besonders danken möchten wir allen kritischen Begleitern dieses Buches, unseren Kollegen von den Fachhochschulen und Universitäten. Unser größter Dank gilt unseren Studenten der Fachhochschule Aalen, insbesondere in den Fachbereichen Augenoptik, Chemie und Oberflächentechnik, die viele Anregungen zur Verbesserung dieses Werkes gaben. Deshalb sind wir sicher, unseren Lesern ein verbessertes und auf die praktischen Bedürfnisse des Lernenden zugeschnittenes Werk anbieten zu können.

Mit der beiligenden Diskette können Sie die im Buch beschriebenen Programme sofort nutzen und Ihren Wünschen entsprechend modifizieren.

Heubach, Heidenheim, Geislingen, Juli 1996

Ekbert Hering
Eberhard Bappert
Joachim Rasch

Inhaltsverzeichnis

1 Einführung

1.1 Turbo Pascal als Programmiersprache

Die vorliegende kompakte und an technisch-naturwissenschaftlichen Anwendungen orientierte Einführung in die Programmiersprache Turbo Pascal vermittelt dem Schüler, dem Studenten und allen Programmierern leicht nachvollziehbar das notwendige Grundwissen zum Umgang mit einer attraktiven und weit verbreiteten Programmiersprache. Pascal ist ursprünglich für naturwissenschaftlich-technische Probleme entwickelt worden. Es ist sowohl für den Anfänger, als auch für den bereits Geübten (z.B. BASIC-Umsteiger) leicht erlernbar. Zum Verständnis der einzelnen Befehle sind Englischkenntnisse von Vorteil, jedoch nicht unbedingt nötig.

Pascal ist eine „high-level"-Programmiersprache, die von Professor Nikolaus Wirth an der Technischen Universität Zürich entwickelt und 1971 erstmals veröffentlicht wurde. Sie ist nach Blaise Pascal benannt, einem bedeutenden französischen Physiker, Mathematiker und Philosophen des 17. Jahrhunderts, der u.a. eine der ersten automatischen Rechenmaschinen entwickelte.

Die Programmiersprache Pascal hat in Turbo Pascal eine Erweiterung erfahren, die dem Anwender und Programmierer ein hohes Maß an Bedienungsfreundlichkeit und Schnelligkeit garantiert. Mit Turbo Pascal in der Version 5.5 ist es möglich, Softwarepakete mit der Methode der *objektorientierten Programmierung* (OOP) professionell zu entwickeln und das in einer komfortablen *Entwicklungsumgebung* (Pull-Down-Menüs mit Dialog-Fenstern). Es kann beispielsweise in mehreren Fenstern gearbeitet werden (auch mausunterstützt), und das Online-Hilfesystem bietet eine vollständige Übersicht über Variablen, Funktionen, Methoden und Objekte.

Es muß schließlich noch ausdrücklich betont werden, daß man das Programmieren nicht als ein Buch mit sieben Siegeln betrachten sollte, von dem einige glauben, es nie verstehen zu können. Programmieren kann, wie jede andere Fertigkeit auch, erlernt werden; und wer keine Vorkenntnisse hat, ist im Vorteil, auch nichts Falsches gelernt zu haben. Deshalb sollte man alle Hemmschwellen abbauen, die Ärmel hochkrempeln und beginnen nach dem Motto: „Du weißt nie, was Du kannst, bevor Du es nicht versucht hast!" Unseren Optimismus gründen wir auf die Erfahrung, daß speziell Studenten, die sich vorher noch nie mit dem Programmieren befaßt hatten, damit später die größten Erfolgserlebnisse haben. Vor eine Programmieraufgabe gesetzt, haben viele erkannt, wie einfach es ist, beispielsweise eine Mathematikaufgabe mit einem Computerprogramm zu lösen. Deshalb – keine Panik, wenn das Programmieren nicht sofort zum Erfolg führt. Spätestens im Team wurde noch jedes Problem gelöst!

1.2 Datenstrukturen

In Bild 1-1 sind die Datenstrukturen zusammengestellt.

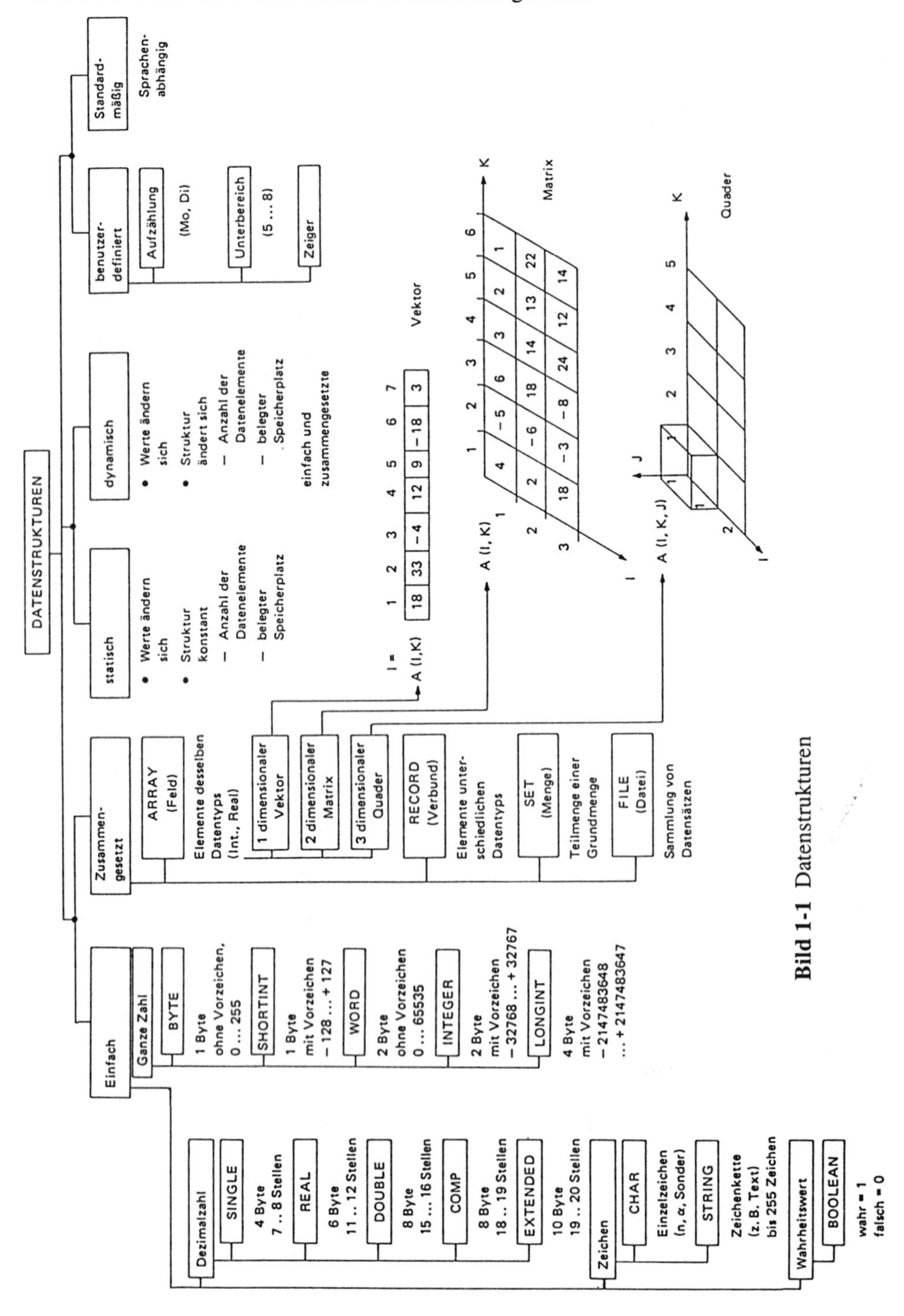

Bild 1-1 Datenstrukturen

Wie daraus zu ersehen ist, wird zwischen *einfachen* und *zusammengesetzten*, *statischen* und *dynamischen* sowie *benutzerdefinierten* und *standardmäßig* vorhandenen Datenstrukturen unterschieden. Die umfassendste Datenstruktur ist die Datei oder die Datenbasis (*Datenbank*). Bild 1-2 zeigt den prinzipiellen Dateiaufbau und erklärt die Datenbasis als die Menge aller Dateien.

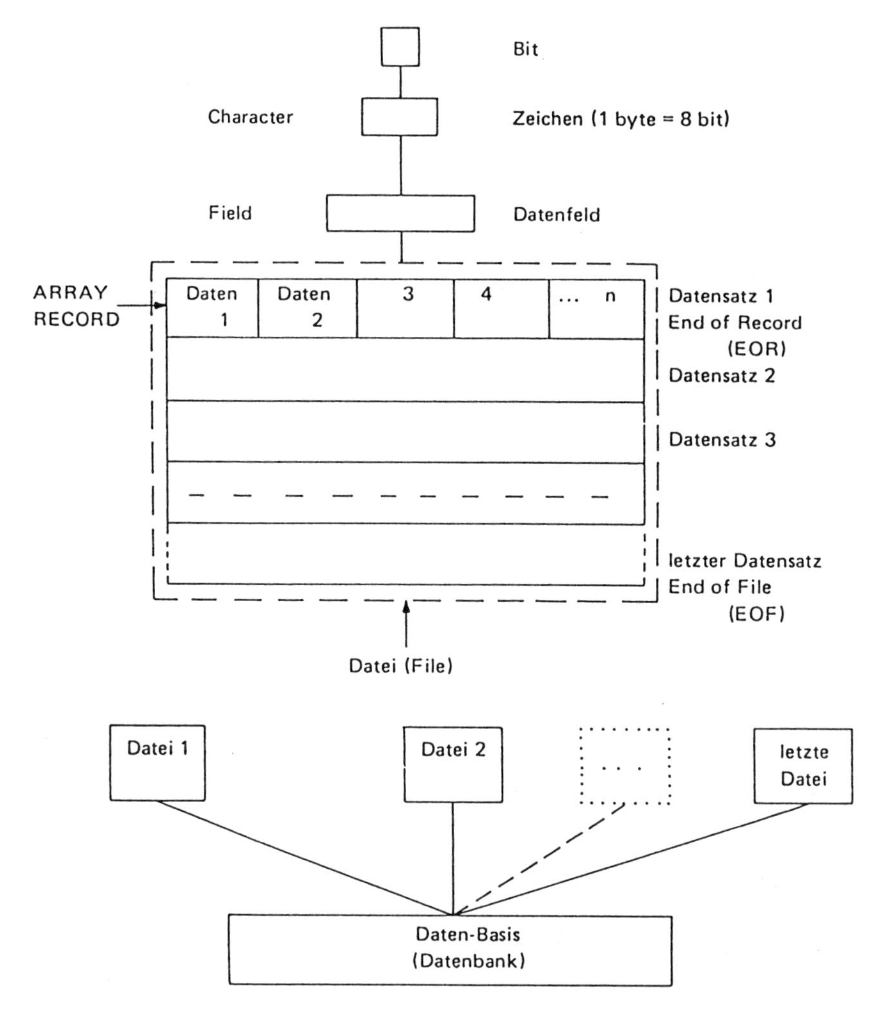

Bild 1-2 Datei und Datenbasis

Es ist erkennbar, daß ein *Datenfeld* (field) die kleinste Einheit eines Datensatzes (vom Typ ARRAY oder RECORD) ist. Jeder Datensatz endet mit einer *Endemarkierung*, der Marke **E**nd **o**f **R**ecord (*EOR*). Der letzte Datensatz einer Datei wird ebenfalls gekennzeichnet. Seine Markierung ist **E**nd **o**f **F**ile (*EOF*). Tabelle 1-1 zeigt die Dateien in Turbo Pascal. Sie sind, wie auch in MS-DOS üblich, durch drei zusätzliche Buchstaben zu unterscheiden.

Tabelle 1-1 Dateitypen in Turbo Pascal

Abkürzung	Dateityp
.BAK	Sicherungskopie (BACK UP)
.BGI	Turbo Pascal Graphik (Borland Graphics Interface)
.BIN	Programme in Maschinensprache (BINARY FILES)
.CFG	Konfigurationsdatei (CONFIGURATION)
.CHR	Vektor-Zeichensatzdatei
.COM	Ausführbares Programm mit maximal 64 KByte (COMMAND)
.DOC	Dokumentationsdatei
.EXE	Ausführbares Programm beliebiger Länge (EXECUTABLE)
.HLP	Hilfedatei
.MAP	Debugger-Datei
.OBJ	Externe (nicht Pascal-) Programme im Zwischenformat
.OVR	Overlay-Dateien (OVERLAY)
.PAS	Quelltext-Datei (PASCAL)
.PCK	Dateilisten (PICK)
.TP	CompilerDatei (TURBO PASCAL)
.TPL	Standard-Programmbibliothek (TURBO PASCAL LIBRARY)
.TPM	Zusatzinformationen über Fehler (TURBO PASCAL MAP)
.TPU	Vordefinierte (Standard-Units) oder selbsterzeugte Bibliothekeinheiten (Units) (TURBO PASCAL UNIT)
.ZIP	Gepackte Dateien

Ein wichtiger Vorteil der Programmiersprache Pascal gegenüber vielen anderen (z. B. BASIC oder FORTRAN) ist die Behandlung *dynamischer* Daten. Darunter werden Daten verstanden, die sich während des Programmablaufs in ihrer Struktur ändern, d. h. die Anzahl und der Aufbau der Datenelemente verändern sich. In Turbo Pascal wird auch der Datentyp Datei (file) als dynamische Datenstruktur behandelt. Bild 1-3 zeigt die verschiedenen Arten von dynamischen Daten.

Die Speicherung dynamischer Variablen geschieht in Turbo Pascal in einem besonderen Bereich, dem *Heap* (Halde oder Berg). Ganz wichtig ist dabei der *Zeiger* (Heap-Pointer), der auf den Anfang der dynamischen Datenstruktur zeigt. Der Heap-Pointer wird, von der niedrigsten Adresse ausgehend, mit jeder neuen dynamischen Variablen eine Stufe höher gesetzt.

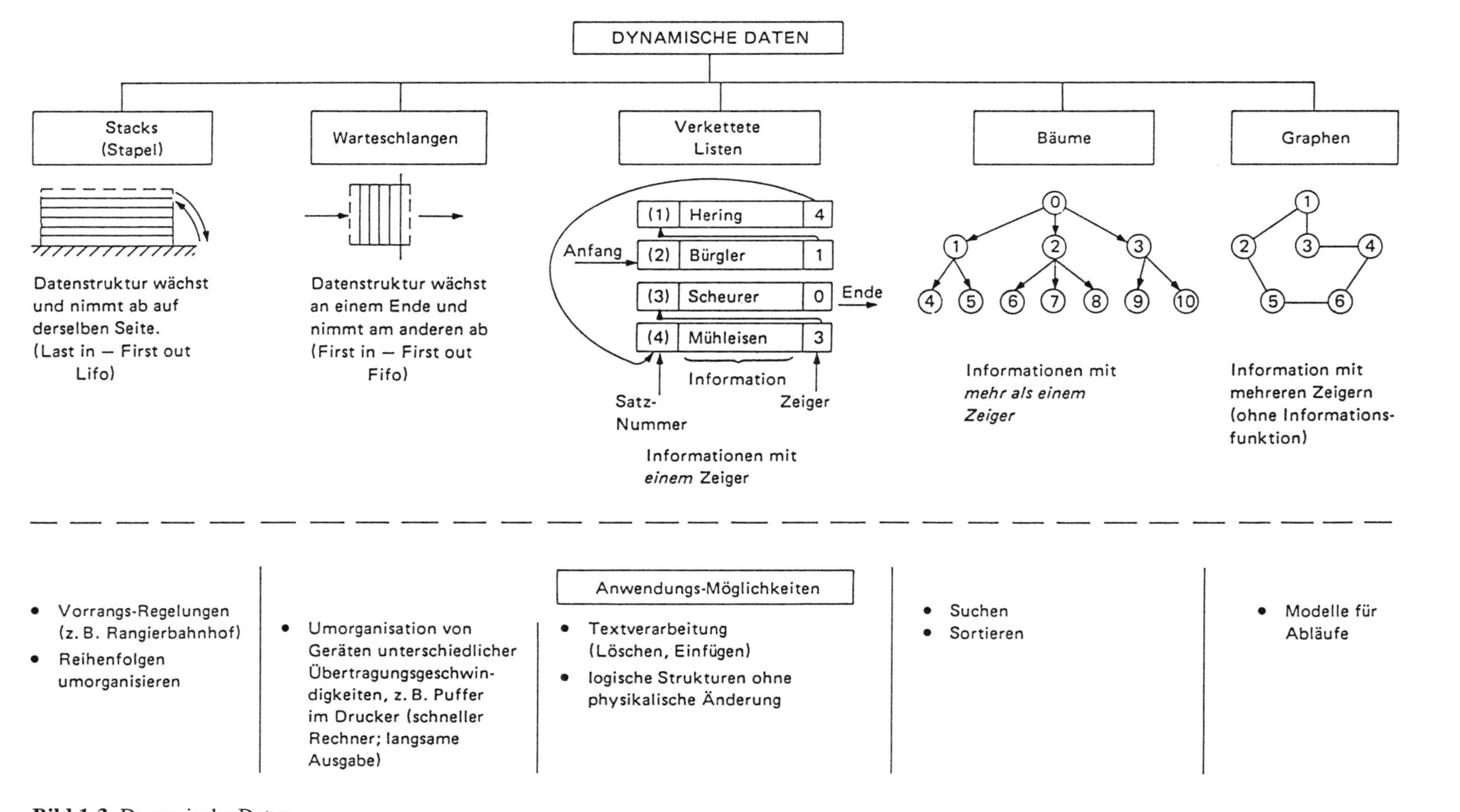

Bild 1-3 Dynamische Daten

Die prinzipielle Speicherorganisation in Turbo Pascal ist in Bild 1-4 dargestellt.

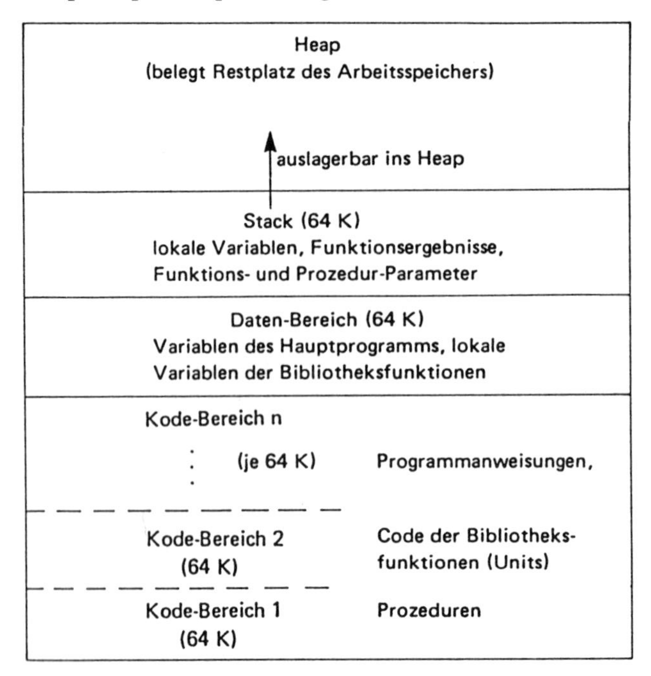

Bild 1-4 Speicherorganisation in Turbo Pascal

Aus Bild 1-4 ist zu erkennen, daß der Arbeitsspeicher unter MS-DOS für Turbo Pascal aus zwei Bereichen besteht, dem Bereich für die *Anweisungen* und dem Bereich für die *Daten*. Jeder dieser Bereiche ist in *Segmente* von je 64 kBytes unterteilt. Das Hauptprogramm darf 64 kBytes nicht überschreiten. Komplexere Programme müssen daher, was für die Programmpflege sehr vorteilhaft ist, in Module (UNIT) von je 64 kByte programmiert werden. Der Datenbereich besteht aus zwei Teilen, dem *Stack* und dem *Heap*, der alle *dynamischen* Variablen enthält. Wie Bild 1-4 zeigt, wächst der *Stack* nach *unten* und der *Heap* nach *oben*. Die Größe des Stacks ist normalerweise 64 kBytes, sie kann jedoch nach Bedarf erweitert werden. Der Speicherbereich des Heaps ist durch die Speicherkapazität des Arbeitsspeichers eines Rechners begrenzt (Arbeitsspeicher abzüglich Kode- und Datenbereich sowie den Stack ergibt den Heapbereich).

1.3 Programmstrukturen

Die prinzipiellen Elemente einer Programmstruktur zeigt Bild 1-5.
Wie in Bild 1-5 dargestellt, gibt es *drei Grundtypen*: die *Folge*, die *Auswahl* und die *Wiederholung*. Für die Auswahl und die Wiederholung sind mehrere Varianten möglich, so daß es insgesamt *sieben Grundbausteine* der Programmierung gibt. Für sie werden die Bezeichnungen im Pseudocode, die Darstellung im Struktogramm und die Bezeichnung in Turbo Pascal angegeben.

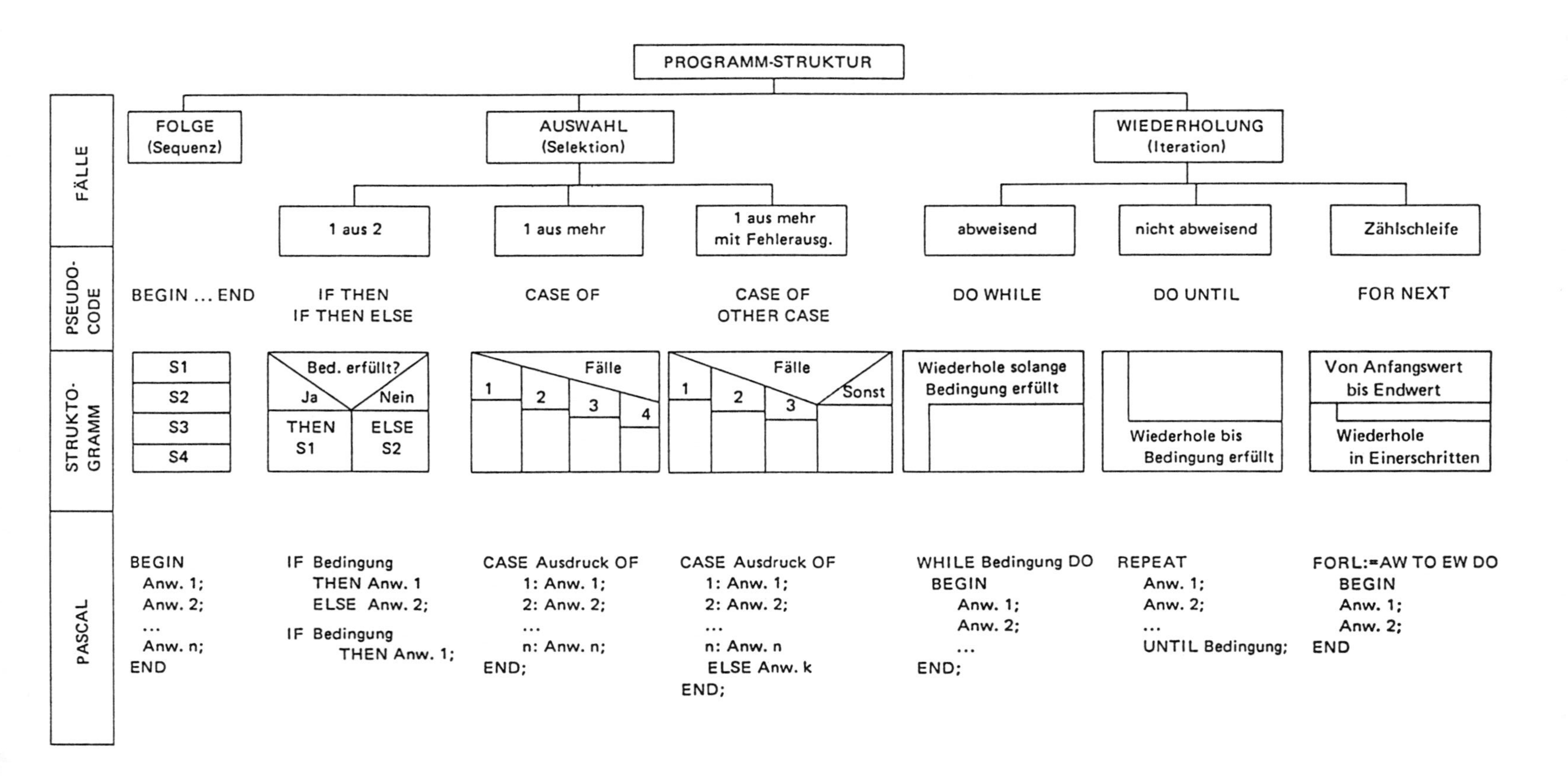

Bild 1-5 Elemente der Programmstrukturen

1.4 Systematische Programmentwicklung

Komplexe Software-Anwendungen bedürfen einer ingenieurmäßigen Projektplanung (*Software Engineering*), wenn die Programme in der gewünschten Qualität zu den vereinbarten Kosten und in der vorgesehenen Zeit zur Verfügung stehen sollen. Bild 1-6 zeigt die Phasen der Entstehung und des Einsatzes von Software (*Software-Lebenszyklus*), die *Aufwendungen* in den einzelnen Phasen sowie die *Kosten der Fehlerbeseitigung*.

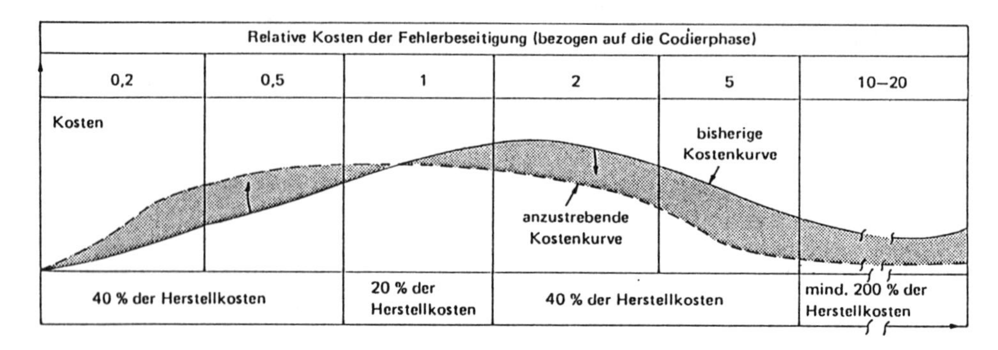

Entstehungszyklus					Einsatzzyklus
1 30 % Problemanalyse und Anforderungs-Definition	2 30 % Entwurf	3 15–20 % Implementierung	4 15–20 % Testen	5 5 % Installation	6 Nutzung
Mengen- und Zeitgerüst Durchführbarkeit Projektrichtlinien Pflichtenheft	Systementwurf (Komponentenzerlegung; Schnittstellen) Komponentenentwurf (Struktur, Daten, Prozeduren)	Programmierung Codierung	Programmtest Systemtest Integrationstest	Abnahme Einführung	Wartung und Pflege

Fehlerentdeckung 42 % — Fehlerentdeckung 58 %

Fehlerrate 64 % — Fehlerrate 36 %

Bild 1-6 Software-Lebenszyklus, Kostenverteilung und Fehlerraten

Aus Bild 1-6 ist zu erkennen, daß die Erstellung von Software in fünf Phasen geschieht:

1. Phase: Problemanalyse, Pflichtenheft

In dieser Phase wird das Problem genau untersucht und eine Liste der Anforderungen an das Programm erstellt (Pflichtenheft);

2. Phase: Entwurf

Die einzelnen Anforderungen werden zu Modulen zusammengefaßt (*Systementwurf*), innerhalb der Module werden die Komponenten mit ihren Abarbeitungsverfahren (Algorithmen) entworfen (*Komponentenentwurf*). Zwischen den einzelnen Programmteilen muß der Informationsaustausch geregelt werden (*Schnittstellenfestlegung*).

3. Phase: Implementierung und Kodierung

Die einzelnen Module und Programme müssen auf der verfügbaren Hardware lauffähig (*implementiert*) sein und in einer Sprache *kodiert* werden.

4. Phase: Test

Die Programmteile werden für sich getestet (*Programm- und Modultest*). Anschließend wird das gesamte Programm geprüft (*Systemtest*) und zum Schluß wird festgestellt, ob alle Programme störungsfrei ablaufen (*Integrationstest*).

5. Phase: Installation

Nach erfolgreichem Test wird die Software installiert und die Mitarbeiter geschult.

6. Phase: Nutzung

In der Nutzungsphase wird die Software den praktischen Anforderungen ausgesetzt.

Wie Bild 1-6 deutlich macht, werden etwa *60%* der *Zeit* für die *Vorbereitung* der Programmierung benötigt, während die Programmierung nur etwa 20% der Zeit beansprucht. Wie der obere Teil des Bildes zeigt, ist die Fehlerbehebung in den frühen Phasen des Software-Erstellungszyklus besonders kostengünstig. Deshalb sollte den *ersten beiden Phasen* besondere Aufmerksamkeit geschenkt werden. Dann werden sich dort zwar die Kosten erhöhen; die Kosteneinsparungen sind aber in den späteren Phasen wesentlich größer (schraffierte Kurve).

Um Programme so zu schreiben, daß sie von anderen Personen verstanden und weiterentwickelt werden können, empfiehlt sich folgende Vorgehensweise:

1. Bezeichnung des Programms (Programmname) und Beschreibung des Problems

2. Funktionsbeschreibung

Hier erfolgt eine ausführliche Beschreibung aller Aufgaben (Funktionen), die das Programm zu lösen hat. Die Funktionen werden in der Reihenfolge der Abarbeitung (Eingabe, Verarbeitung, Ausgabe) aufgeführt:

2.1 Eingabe-Funktionen

2.2 Verarbeitungs-Funktionen

Hierbei werden die Verfahren geschildert, mit denen die Programmieraufgabe gelöst wird (*Algorithmus*).

2.3 Ausgabe-Funktionen

3. Variablenliste

Alle Variablen, die in der Eingabe, während der Verarbeitung und in der Ausgabe vorkommen, werden hier zusammengestellt (möglichst unter Angabe des Datentyps, s. Bild 1-1). Die Variablenliste dient zur besseren Verständlichkeit des Programms und bietet eine gute Grundlage für die *Variablenvereinbarung* in Turbo Pascal (s. Abschn. 1.6.2).

4. Datenbeschreibung

An dieser Stelle werden die Daten beschrieben, beispielsweise die Datei, ihre Datenfelder mit deren Inhalt (Datentyp und Anzahl der Zeichen). Ferner sind die *Datenschlüssel* zu vergeben und zu kennzeichnen, d. h. diejenigen Datenfelder festzulegen, mit denen die *Datenstruktur identifiziert* wird (z. B. die Artikelnummer als Schlüssel für die Artikeldatei). Außerdem kann es für eine rationell und zuverlässig arbeitende Datenverarbeitung wichtig sein, wie oft auf die Datenbestände zugegriffen wird und wo die Informationen der Dateien gespeichert sind. Es muß an dieser Stelle mit allem Nachdruck darauf hingewiesen werden, daß der *Gestaltung* von Dateien, dem *Datenbank-Design*, große Bedeutung zukommt, wenn die Datenmenge sehr groß sind und die Dateien bzw. die Datenfelder komplexe Beziehungen untereinander aufweisen.

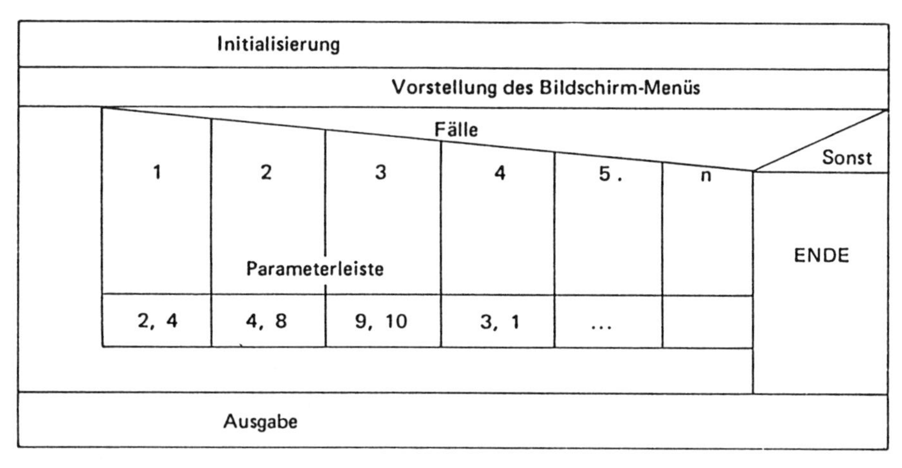

Bild 1-7 Prinzipielle Gesamtstruktur eines Programms

5. *Beschreibung der Programmlogik*

Der logische Ablauf des Programmes wird mit Struktogrammen nach DIN 66261 festgelegt. Dabei zeigt Bild 1-7 die prinzipielle Gesamtstruktur. Diese Vorgaben beschreiben bereits die durchzuführenden Tests: Jeder *Kanal* muß *mindestens einmal* durchlaufen werden. Für jede Schleife muß das *Schleifenende* geprüft werden auf das Verhalten *unterhalb* des Schleifenendes, bei *genau* dem Schleifenende und beim *Überschreiten* des Schleifenendes.

Es wird Wert darauf gelegt, daß jedes Software-Paket, und sei es noch so komplex, prinzipiell in dieser Form und auf maximal *einer* DIN A3-Seite dargestellt wird. Zunächst geschieht die übliche *Initialisierung* des Programms und die Vorstellung des Programmpaketes als *Menü*. Diese einzelnen Teile sind die einzelnen *Programm-Module* (in Turbo Pascal z. B. als UNIT programmierbar). Sie können unabhängig voneinander erstellt und getestet werden (Zeitersparnis bei der Softwareentwicklung). Jedes Modul besitzt im unteren Bereich eine *Parameterleiste*. Dort stehen die Nummern der Programmteile, zu denen nach Ablauf des Moduls verzweigt werden kann. Diese Parameterleiste gibt sozusagen die *Schnittstellen* zu den anderen Programmteilen an. Zwei weitere, große Vorteile der modularen Bauweise von Programmteilen besteht darin, daß zum einen die einzelnen Module in verschiedenen Programmen *wiederverwendet* und zum anderen *neue Anforderungen* als zusätzliche Module geschrieben und in das bestehende Programm eingefügt werden können (zu weiteren Vorteilen s. Abschn. 5.1). Wie aus Bild 1-7 ferner zu erkennen ist, geschieht ein *definierter Ausstieg* aus dem Programm über den ENDE-Zweig. Anschließend erfolgen die *Ausgabe* und andere abschließende Tätigkeiten.

Hinter jedem Modul verbirgt sich wieder eine Logikstruktur, die in Form von Struktogrammen dokumentiert wird. Bei einer komplexen Software können unterschiedliche Ebenen der *schrittweisen Verfeinerung* auftreten, wie Bild 1-8 zeigt.

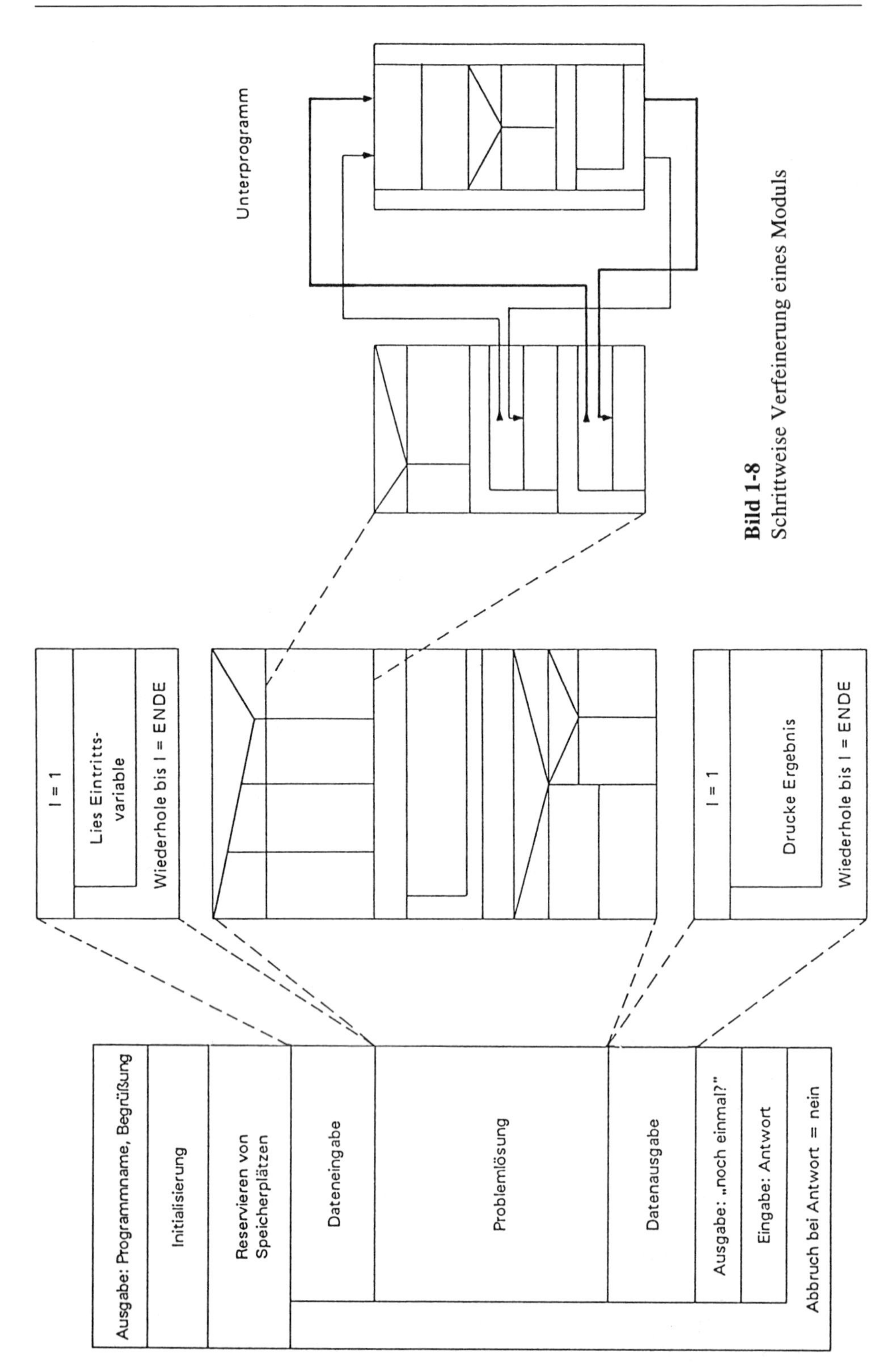

Bild 1-8
Schrittweise Verfeinerung eines Moduls

Das Struktogramm dient, wenn es fein genug gegliedert ist, als *direkte* Vorlage für den *Programmteil* in Turbo Pascal.

6. *Programmausdruck*

   Als Dokumentation der tatsächlichen Programmierung dient der Programmausdruck.

1.5 Benutzeroberfläche in Turbo Pascal

Um mit der Benutzeroberfläche in Turbo Pascal arbeiten zu können, geben Sie ein:

turbo <RETURN>.

Dann sehen Sie Bild 1-9.

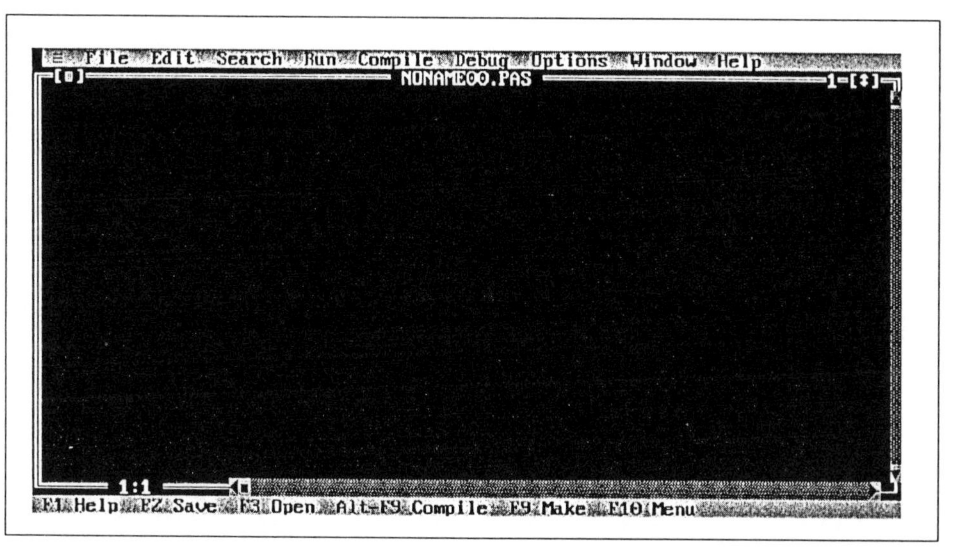

Bild 1-9 Integrierte Entwicklungsumgebung

In dieser Entwicklungsumgebung schreiben Sie Ihre Programme, kompilieren Ihre Anweisungen und testen Ihre Software.

Der Bildschirm zeigt die *drei Teile* der integrierten Entwicklungsumgebung:

- *Menüleiste*

  Sie befindet sich am oberen Rand und zeigt die verschiedenen Optionen an, die mit der Taste <F10> aufgerufen werden. Dann eröffnen sich Fenster, die weitere Möglichkeiten bereithalten (Pull-Down-Menüs). Werden diese aufgerufen, dann sieht man ein *Dialog-Fenster*, in dem spezielle Einstellungen und Eingaben vorgenommen sowie Tasten gedrückt werden können;

- *Arbeitsbildschirm*

  In ihm werden die Programme erfaßt, bearbeitet und getestet;

- *Informationsleiste*

  Am unteren Bildschirmrand stehen Informationen zu den einzelnen Menüpunkten sowie die für die eingestellte Option gültigen Funktionstasten.

1.5.1 Aufbau der integrierten Entwicklungsumgebung

In Bild 1-10 ist die integrierte Entwicklungsumgebung mit ihren Haupt- und Untermenüs zu sehen. Mit der Taste <F10> gelangt man in die Menüleiste. Mit der Tastenkombination <ALT> und dem Anfangsbuchstaben der Option gelangt man von jeder Stelle aus direkt in die Pull-Down-Menüs der Optionen (z. B. <ALT> F: Sprung in das Fenster des Menüs **F**ile).

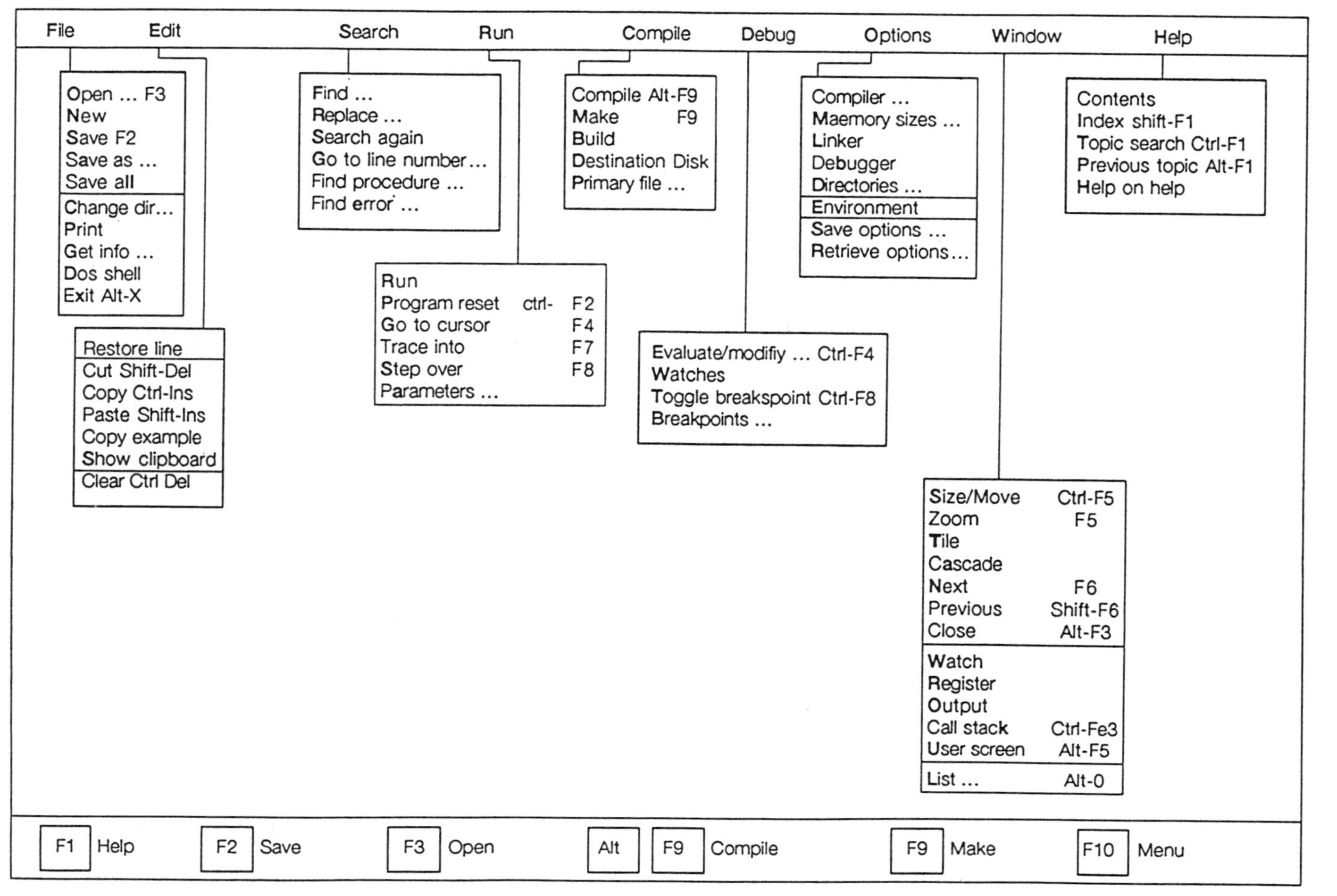

Bild 1-10 Schema der intergrierten Entwicklungsumgebung mit Haupt- und Untermenüs

Tabelle 1-2 zeigt die Funktionen, die den Festtasten <F1> bis <F10> (teilweise in Verbindung mit den Tasten <CTRL> und <ALT>) zugeordnet sind.

Tabelle 1-2 Tasten, Tastenkombinationen und ihre Wirkungsweise

Tasten (n)		Funktion
	<F1>	Hilfestellung
<Ctrl>	<F1>	Erklärt aktuelles Schlüsselwort
<Alt>	<F1>	Letzte Hilfestellung wird angezeigt
	<F2>	Speichern des Quelltextes (Editor)
<Ctrl>	<F2>	Beenden der Fehlersuche
	<F3>	Laden des Quelltextes in den Editor
<Ctrl>	<F3>	Debugger, Anzeige des Stacks aufgerufener Funktionen
<Alt>	<F3>	Schließen des akutellen Fensters
	<F4>	Ausführen des Programms bis zum Cursor
<Ctrl>	<F4>	Debugger: Berechnen des Wertes eines Ausdrucks
	<F5>	Umschalten der Fenster-Größe
<Alt>	<F5>	Umschalten zwischen Turbo Pascal und DOS-Bildschirm
<Ctrl>	<F5>	Ändern der Größe und Position des Fensters
	<F6>	Umschalten zum nächsten Fenster
<Alt>	<F6>	Wechseln des Inhaltes des aktiven Fensters
<Shift>	<F6>	Voriges Fenster
	<F7>	Verfolgen eines Programmschritts mit Funktionen
<Ctrl>	<F7>	Debugger: Eingabe eines Watch-Ausdrucks
	<F8>	Verfolgen eines Programmschritts ohne Funktionen
<Ctrl>	<F8>	Debugger: Ein-/Abschalten eines Abbruchpunktes
	<F9>	Einschalten von Compile/MAKE
<Ctrl>	<F9>	Einschalten von Compile/MAKE und starten des Programms, falls fehlerfrei
<Alt>	<F9>	Kompilieren des Quelltextes im Editor als OBJ-Datei
	<F10>	Umschalten zwischen Menüleiste und aktivem Fenster
<Shift>	<F10>	Anzeige des Copyrights und der Versionsnummer
<Alt>	<F10>	Anzeige des Copyrights und der Versionsnummer
<Alt>	<C>	Ausführen der Option Compile
<Alt>	<D>	Ausführen der Option Debug
<Alt>	<E>	Ausführen der Option Edit
<Alt>	<F>	Ausführen der Option File
<Alt>	<H>	Ausführen der Option Help
<Alt>	<O>	Ausführen der Option Options
<Alt>	<R>	Ausführen der Option Run
<Alt>	<S>	Ausführen der Option Search (Finden)
<Alt>	<W>	Ausführen der Option Window
<Alt>	<X>	Beenden von Turbo Pascal

1.5.2 Möglichkeiten der integrierten Entwicklungsumgebung

Im folgenden werden die einzelnen Möglichkeiten kurz beschrieben.

File-Menü

Open...	Öffnen von Textdateien
New	Neue, leere Datei erzeugen
Save	Speichern der Datei
Save as...	Speichern unter neuem Namen
Save all	Speichern aller offenen Dateien
Change dir...	Wechseln des Verzeichnisses
Print	Ausdruck von Dateien (oder Teilen)
Get info...	Informationen zum Programm und zum Speicherplatz
Dos shell	Wechsel zu DOS
Exit	Verlassen von Turbo Pascal

Edit-Menü

Restore line	Zurückholen einer gelöschten Zeile
Cut	Ausschneiden eines Blocks
Copy	Kopieren eines Blocks in die Zwischenablage
Paste	Einfügen des Blocks aus der Zwischenablage
Show clipboard	Zeigen des Inhalts der Zwischenablage
Clear	Löschen des aktuellen Blocks

Search-Menü

Find...	Suchen
Replace...	Suchen und Ersetzen
Search again	Wiederholen der letzten Suche
Go to line number...	Suchen einer Zeilennummer
Find procedure	Suchen des Anfangs einer Prozedur
Find error	Suchen eines Laufzeitfehlers

Run-Menü

Run	Ausführen des aktuellen Programms
Program reset	Beenden der Fehlersuche
Go to cursor	Ausführen eines Programms bis zum Cursor
Trace into	Verfolgen eines Programmschritts mit Funktionen
Step over	Verfolgen eines Programmschritts ohne Funktionen
P**a**rameters...	Setzen von Parametern

Compile-Menü

Compile	Kompilieren
Make	Kompilieren der geänderten Teile
Build	Kompilieren sämtlicher Quellkodes
Destination	Kompilieren in den
Memory	Arbeitsspeicher oder auf Platte
Primary file...	Dateiauswahl für Make und Build

Debug-Menü

Evaluate/modify	Berechnen des Wertes eines Ausdrucks
Watches	Hinzufügen, Löschen und Eingeben eines Watch-Ausdrucks
Toggle breakpoint	Ein- bzw. Ausschalten eines Abbruchpunktes
Breakpoints...	Eingabe von Abbruchpunkten

Options-Menü

Compiler...	Einstellungen zur Übersetzung
Memory sizes	Festlegen der Speichergröße
Linker...	Einstellungen für den Binder
De**b**ugger...	Einstellungen für den Debugger
Directories...	Festlegen von Suchpfaden
Environment	Einstellungen der Peripherie
Save options...	Speichern aller Einstellungen
Retrieve options...	Laden anderer Einstellungen

Window-Menü

Size/Move	Verändern der Größe und Position
Zoom	Maximale Vergrößerung des aktuellen Fensters
Tile	Anordnung der Fenster nebeneinander
C**a**scade	Anordnung der Fenster übereinander
Next	Nächstes Fenster
Previous	Voriges Fenster
Close	Schließen des aktuellen Fensters
Watch	Öffnen eines Watch-Fensters
Register	Anzeige der Inhalte der Register
Output	Anzeige der Programmausgabe
Call stac**k**	Anzeige aller gestarteten Prozeduren
User screen	Umschalten in den Ausgabebildschirm
List	Anzeige aller geöffneten Fenster

Help-Menü

Contents	Allgemeines zur Hilfsfunktion
Index	Anzeige aller Schlüsselwörter
Topic Search	Erklärung des aktuellen Schlüsselwortes
Previous topic	Wiederholung der letzten Hilfe
Help on help	Führung durch die Hilfefunktion

1.6 Programmieren in Turbo Pascal

In diesem Abschnitt wird der prinzipielle Aufbau eines Programms in Turbo Pascal vorgestellt und an einem sehr einfachen Programm das Arbeiten mit der Benutzeroberfläche gezeigt.

1.6.1 Vergleich eines Programmaufbaus mit der industriellen Fertigung

Wenn man den Aufbau eines Programms betrachtet, fallen Ähnlichkeiten zur Vorgehensweise bei der industriellen Fertigung auf. Ein Programm verarbeitet als Material die *Daten*. Manchmal werden auch Halbfertigprodukte (*Unterprogramme*) zu immer größeren Einheiten zusammengefaßt, bis schließlich in der Hauptroutine (BEGIN .. END) die Teile zu einem fertigen Ganzen zusammengefügt werden. In Analogie zu Überwachungseinheiten gibt es in Pascal *Funktionen* bzw. *Prozeduren*, die als Ergebnis ihrer Tätigkeit Informationen an den Auftraggeber zurückliefern. Diese Art der Organisation ist für kleine Programme und Betriebe ausreichend. Bei größeren, komplexeren Aufgaben sind zusätzliche organisatorische Einheiten erforderlich. In Analogie zu den *Werken* eines Konzerns besteht in Turbo Pascal die Möglichkeit, zusammengehörige Prozeduren und Funktionen zusammen mit Daten und Datenstrukturen zu *UNITs* zusammenzufassen. Von großer Bedeutung sind dabei die *Schnittstellen* (*Interfaces*) zwischen den einzelnen Werken bzw. Programmteilen. *UNITs* sind Einheiten, die private Daten und Routinen besitzen können, auf die das rufende Programm keinen Zugriff hat. Die Möglichkeit, Daten- und Programmfunktionen zu verstecken (*information hiding*), reduziert die Komplexität eines Vorgangs beträchtlich, da ein aufrufendes Programm über die Realisierung der Programmfunktionen nichts wissen muß (*black boxes*). Über *Interfaces* werden die notwendigen Schnittstellen beschrieben.

1.6.2 Prinzipieller Programmaufbau

Pascalprogramme weisen die Besonderheit auf, daß alle Definitionen von Konstanten, Variablen, Sprungadressen, Funktionen und Prozeduren vor dem ersten Aufruf stehen müssen. Eine derartige Programmorganisation vereinfacht die Umsetzung eines Quellprogramms in maschinenlesbare Form, da der Compiler zu jedem Zeitpunkt die formale Richtigkeit von Programm und Daten feststellen kann (vergleichbar mit einer zeitgerechten Wareneingangsprüfung). Folgende Programmobjekte müssen in Pascal vereinbart werden:

a) Konstanten

Mit dem Schlüsselwort *CONST* können häufig benötigte Größen mit einem symbolischen Namen versehen werden. Der Vorteil dabei ist, daß bei Programmänderungen diese Konstanten nur an einer Stelle korrigiert werden müssen.

Beispiel:

Ein Bildschirm hat normalerweise 25 Zeilen mit je 80 Zeichen. EGA-Karten können 43 Zeilen und VGA-Karten können 50 Zeilen darstellen. Ein Programm, das die maximale Anzahl der Zeilen durch eine Konstante darstellt, ist einfacher zu ändern, als ein Programm, das direkt auf die Zeilenzahl Bezug nimmt.

b) Typvereinbarungen

Typen sind Schablonen, die einen bestimmten Speicherbereich interpretieren. Typvereinbarungen belegen keinen Speicherplatz.

c) Variablenvereinbarungen

Die Vereinbarungen der Variablen geschieht mit dem Schlüsselwort VAR:

VAR

 Name: Typ;

Der Typ kann direkt oder durch den Namen einer Typvereinbarung definiert sein (zur Vereinbarung von Datentypen s. Bild 1-1).

d) Prozedur- und Funktionenvereinbarungen

Tätigkeiten, die in sich abgeschlossen sind, können in Pascal als *Prozeduren* bzw. *Funktionen* realisiert werden. Der Unterschied zwischen Prozeduren und Funktionen besteht darin, daß Funktionen in Wertzuweisungen verwendet werden können. Diese Unterscheidung ist nicht zwingend notwendig, sondern in der Geschichte von Pascal begründet. Prozeduren und Funktionen können mit Parametern versorgt werden, so daß Verarbeitungsschritte nicht starr mit globalen Daten verknüpft sein müssen.

Beispiel:

TYPE

Daten = ..;

PROCEDURE .. Mittelwert(VAR A: Daten; VAR M: REAL);

 BEGIN .. *END*;

VAR

X,Y,Z: Daten;

 Q: REAL;

```
BEGIN
  Mittelwert(X,Q);
  WRITELN(Q);
  Mittelwert(Y,Q);
  WRITELN(Q);
  Mittelwert(Z,Q);
  WRITELN(Q);
END.
```

e) LABEL-Vereinbarungen (Sprungmarkierungen)

Im Unterschied zu Standard-Pascal ist die Verwendung von GOTO in Turbo Pascal eingeschränkt. Eine GOTO-Anweisung in Turbo Pascal darf den Block (Prozedur, Funktion oder Hauptprogramm) nicht verlassen. Das *Sprungziel* einer GOTO-Anweisung muß durch eine *LABEL*-Deklaration vereinbart sein. Während in Standard-Pascal nur numerische Labels zugelassen sind, können in Turbo Pascal auch alphanumerische LABELs verwendet werden.

Beispiel:

```
PROCEDURE Suchen(VAR A:Daten;N:INTEGER;X:STRING; VAR
OK:BOOLEAN);

LABEL L99;

VAR I:INTEGER;

BEGIN
 OK:= true;
 FOR I:= 1 TO N DO
  BEGIN
   IF A[I] = X THEN GOTO L99;
  END;
 OK:= false;
L99: END;
```

f) Parameterdeklaration

Für die Parameter einer Prozedur oder Funktion gelten folgende Regeln:

1. ... (Name1, Name2:Typ1; Name3:Typ2);

oder

2. ...(*VAR* Name:Typ..);

Der Unterschied zwischen der 1. und der 2. Vereinbarung besteht darin, daß Parameter, die nach der ersten Vereinbarung deklariert wurden, von der Prozedur/ Funktion nicht bleibend verändert werden. Parameter, die mit dem *Schlüsselwort VAR* deklariert wurden, können von Prozeduren und Funktionen *bleibend verändert* werden.

g) Programmbaustein (UNIT)

Diese wichtige Möglichkeit, Programme aus einzelnen Bausteinen (Module: in Turbo Pascal UNIT genannt) zu entwerfen, wird in Abschnitt 5.3 (s. Bild 5-15) gesondert behandelt.

Warum, so fragt man sich, sind die Vorbereitungsteile a) bis g) notwendig? Warum wird nicht gleich mit Programmieren begonnen und beispielsweise die Bibliotheksfunktionen, die Vereinbarungen über Konstanten, Typen und Variablen oder die Definition von Prozeduren und Funktionen bei Bedarf hinzugefügt? Warum wird gelehrt, daß man bei der Programmierlösung grob strukturieren und dann stufenweise verfeinern sollte, und daß man bei Turbo Pascal alle Details kennen muß, bevor programmiert werden kann?

Diese Fragen, die der Lernende immer wieder stellt, wurden bereits oben durch den Hinweis auf die Arbeitsweise des Compilers beantwortet. Um die weiteren Vorteile dieser Vorgehensweise von Turbo Pascal zu verdeutlichen, greifen wir den zu Anfang gewählten Vergleich eines Programms mit der industriellen Fertigung wieder auf. Die *Werke* (z. B. Motorenwerk, Karosseriewerk) sind mit den vorhandenen (oder durch eigene Programmierung zu erstellenden) Programmbausteinen (*UNITs*) vergleichbar. Sie werden bei Bedarf (*USES*) in Anspruch genommen.

Das *Material* ist, wie bereits erwähnt, mit den *Daten* vergleichbar, das in bestimmter *Qualität*, vergleichbar den Datentypen, vorliegen muß. Die *Arbeitsgänge* sind die *Programmieranweisungen.* Dabei können immer wiederkehrende Arbeitsgangfolgen als *Bearbeitungsfolge*, d. h. als *Prozeduren* oder *Funktionen,* aufgefaßt werden.

Eine Firma wird erst dann anfangen, ein Produkt zu fertigen (zu *programmieren*), wenn sie genau weiß, welche Werke in Frage kommen (*Aufruf der UNITs*), welches Material mit welcher Qualität (*CONST:* Festlegen der Konstanten und *VAR:* Festlegen der Variablen mit Angabe des Datentyps) erforderlich ist, zu welchen Maschinen gesprungen werden muß (*LABEL*) und welche Arbeitsgangfolgen (*Prozeduren* oder *Funktionen*) immer wieder durchlaufen werden müssen. Nachdem dies festgelegt wurde, kann mit der eigentlichen Arbeit (dem *Programmieren*) begonnen werden. Diese Festlegungen werden in der Industrie in der Abteilung *Arbeitsvorbereitung* getroffen und sind notwendig, um ein genau festgelegtes Produkt (*Programmieraufgabe*) mit den vorhandenen Produktionsmitteln (*Sprachumfang*) in einem wirtschaftlich vertretbaren Zeit- und Kostenaufwand zu erstellen. Mit diesem Vergleich aus der Fertigung soll klar werden, warum die erwähnten Vereinbarungen notwendigerweise vor der eigentlichen Programmierung kommen müssen, wenn eine einwandfreie, nachvollziehbare und leicht wartbare Software erstellt werden soll.

1.6.3 Programmieraufgabe

In Abschnitt 1.4 wurde aufgezeigt, in welchen Schritten eine systematische Programmentwicklung erfolgen muß. Da es sich um ein ganz einfaches Programm handelt, wird der Programmname vergeben, die Funktions- und Datenbeschreibung zusammengefaßt und auf eine Darstellung der Programmlogik sowie eine Variablenliste verzichtet.

a) Programmname

Das Programm soll den Dateinamen **EINFACH** besitzen.

Das einfache Programm soll folgende Aufgabe erledigen:

b) Eingabefunktion

Eingabe einer ganzen positiven, maximal zweistelligen Zahl (Variable A vom Datentyp BYTE).

c) Verarbeitungsfunktion

Addieren Sie zum Wert der Variablen A die Zahl 11 hinzu und weisen Sie das Ergebnis der Variablen B (Datentyp BYTE) zu.

d) Ausgabefunktion

Geben Sie das Ergebnis, d. h. den Wert der Variablen B, auf dem Bildschirm aus.

1.6.4 Erstellen des Programms

Gehen Sie im vorliegenden Beispiel in das Verzeichnis C:\TP und geben Sie ein:

turbo <RETURN>.

Sie sehen anschließend die Turbo Pascal-Benutzeroberfläche (s. Bild 1-16), die in Abschnitt 1.5.3 ausführlich erläutert wurde.

1.6.4.1 Eingabe des Programms

Beim Aufruf wurde der Dateiname NONAME00.PAS vergeben. Der Cursor blinkt in der ersten Zeile und in der ersten Spalte, so daß Sie sofort mit der Programmierarbeit beginnen können. Geben Sie jetzt folgendes ein und drücken Sie nach jeder Zeile die <RETURN>-Taste (s. Bild 1-11):

```
 ≡  File  Edit  Search  Run  Compile  Debug  Options  Window  Help
[■]                          NONAME00.PAS                        1-[↕]
USES
   Crt;

VAR
   A,B : BYTE;

BEGIN
Writeln ('Gib eine zweistellige, ganze Zahl ein!');
Readln(A);
B := A + 11;
Writeln ('Die neue Zahl ist:',B);
END.

   12:5
 F1 Help  F2 Save  F3 Open  Alt-F9 Compile  F9 Make  F10 Menu
```

Bild 1-11 Programm nach der Eingabe

1.6.4.2 Editier-Befehle

Wenn Sie den Programmtext bearbeiten, können Sie entweder die entsprechenden Optionen der Benutzeroberfläche nehmen oder die folgenden Tastenkombinationen verwenden:

a) Cursorsteuerung

Der Cursor wird üblicherweise bewegt. Mit der Tastenkombination <CTRL> <PGUP> bzw. <CTRL> <PGDN> gelangt man an den Anfang bzw. an das Ende des Textes. Die Tasten für die Cursorsteuerung zeigt Tabelle 1-3.

Tabelle 1-3 Tasten für die Cursor-Steuerung

Zeichen nach links	<PFEIL LINKS>
Zeichen nach rechts	<PFEIL RECHTS>
Wort nach links	<CTRL> A
Wort nach rechts	<CTRL> F
Zeile nach oben	<PFEIL OBEN>
Zeile nach unten	<PFEIL UNTEN>
Aufwärts rollen	<CTRL> W
Abwärts rollen	<CTRL> Z
Seite nach oben	<PGUP>
Seite nach unten	<PGDN>
Zeile links	<HOME>
Zeile rechts	<END>
Oberer Bildschirmrand	<CTRL> QE
Unterer Bildschirmrand	<CTRL> QX
Textbeginn	<CTRL> <PGUP>
Textende	<CTRL> <PGND>
Blockanfang	<CTRL> QB
Blockende	<CTRL> QE
Letzte Cursorposition	<CTLR> QP
letzte Fehlerposition	<CTRL> QW

b) Befehle zum Einfügen und Löschen

Bild 1-12 zeigt die Befehle zum Einfügen und Löschen.

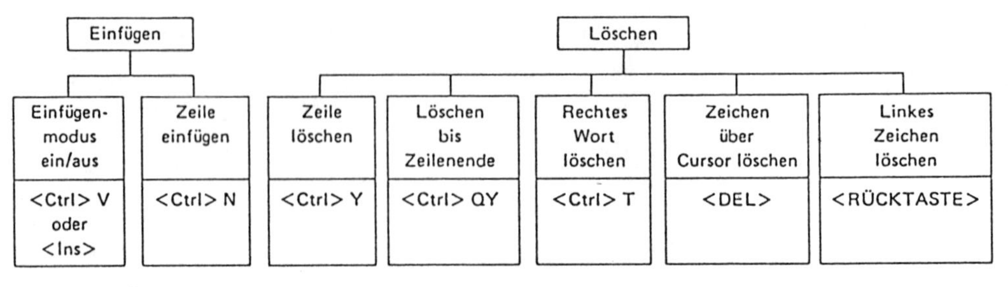

Bild 1-12 Übersicht über die Befehle zum Einfügen und Löschen

c) Block-Befehle

In Bild 1-13 sind die Block-Befehle zusammengestellt.

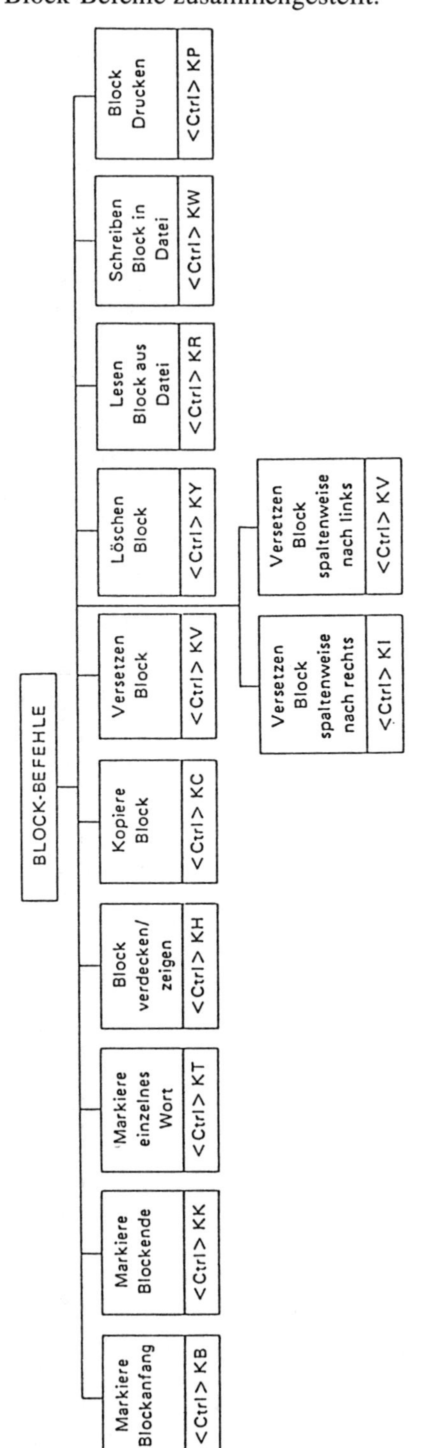

Bild 1-13 Übersicht über die Block-Befehle

d) Verschiedene Editier-Befehle

Eine Übersicht zeigt Bild 1-14.

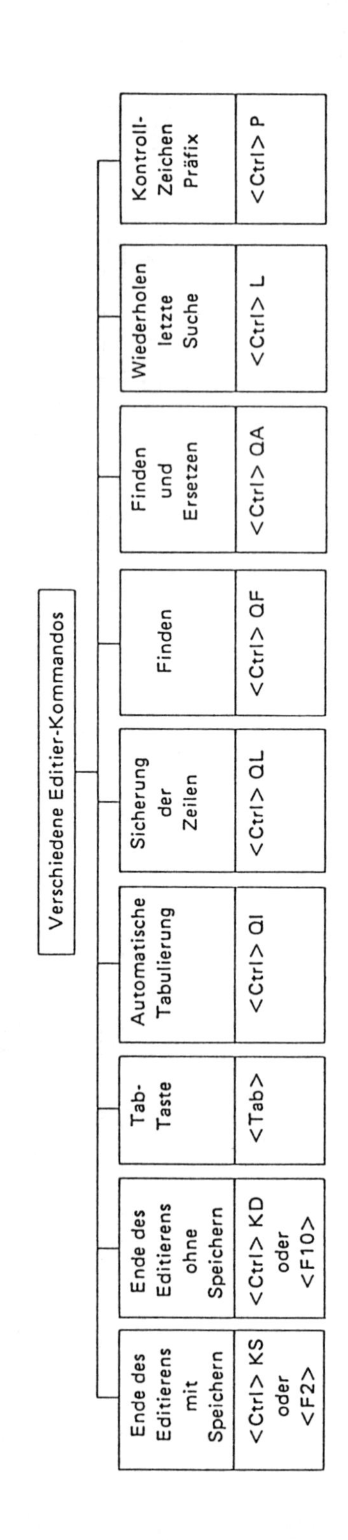

Bild 1-14 Übersicht über verschiedene Editier-Befehle

1.6.4.3 Kompilieren des Programms

Durch Drücken der <ALT>-Taste können die einzelnen Menüs ausgewählt werden. Es wird das Menü *Kompilieren* ausgesucht:

<ALT> **c** Auswahl des Menüs **C**ompile.

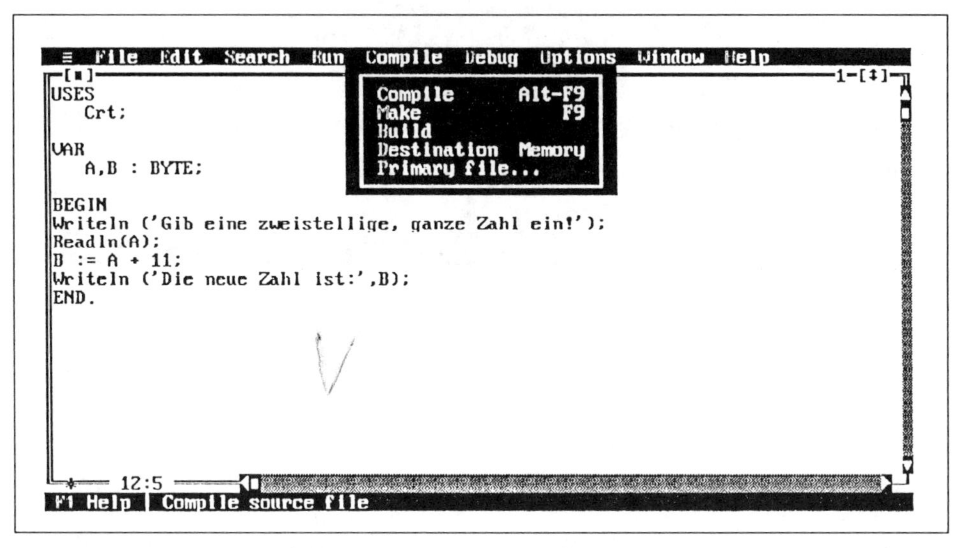

Bild 1-15 Auswahl des Menüs Compile

Durch Eingabe von

c Beginn des Kompiliervorgangs

wird das Programm übersetzt. Nach Beendigung des Kompiliervorgangs sehen Sie die Meldung nach Bild 1-16.

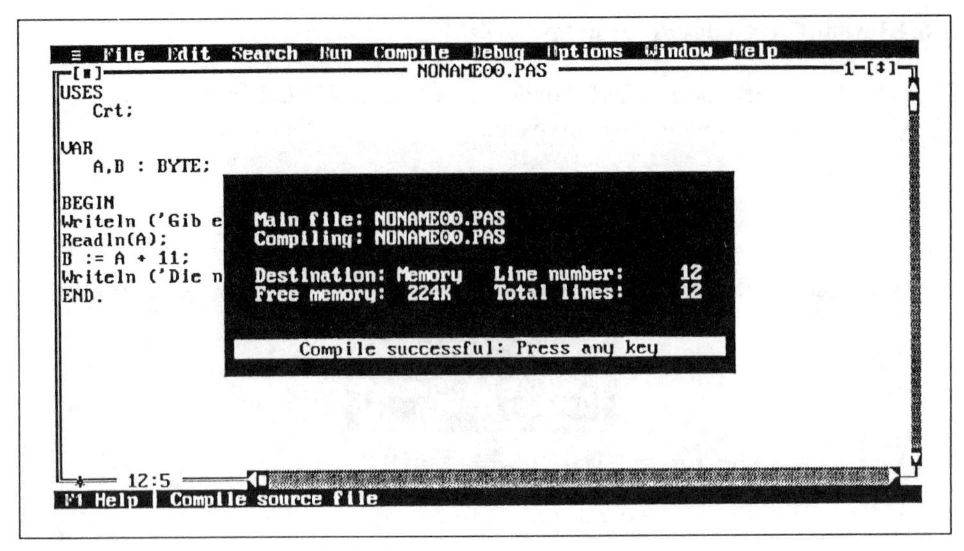

Bild 1-16 Programm nach Ende des Kompiliervorgangs

1.6.4.4 Suchen und Ersetzen

Manchmal ist es hilfreich, wenn Teile eines Programms durch andere ersetzt werden können. Dazu dient aus dem **S**earch-Menü die Option **R**eplace (Bild 1-17).

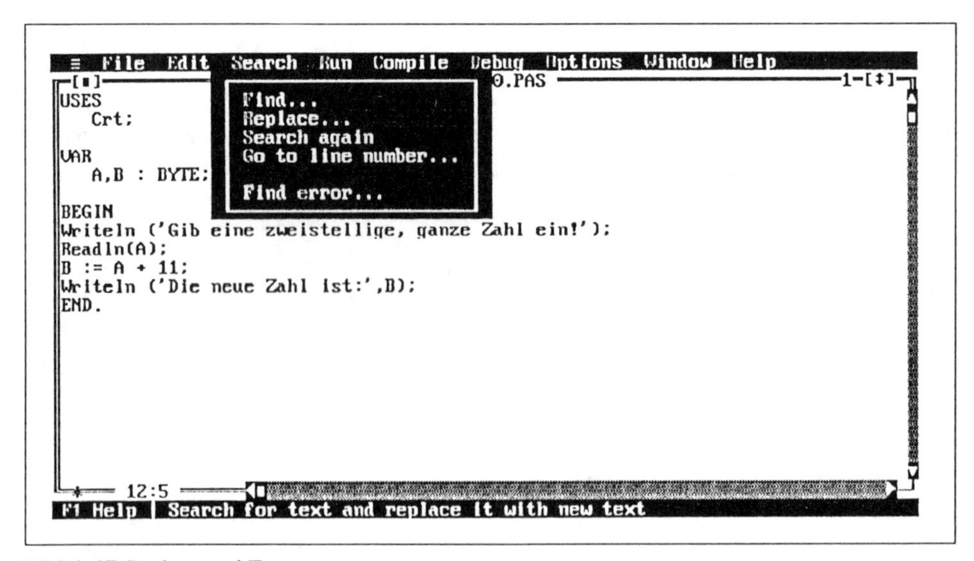

Bild 1-17 Suchen und Ersetzen

Als Beispiel soll die Variable A durch die Variable C ersetzt werden. Bild 1-18 zeigt das zugehörige Dialog-Fenster.

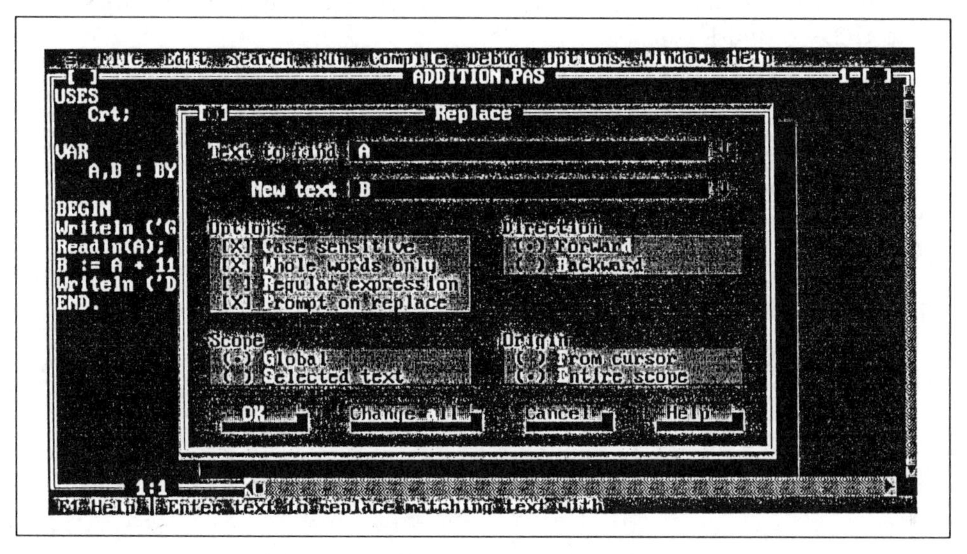

Bild 1-18 Dialog-Fenster zu Suchen und Ersetzen

Mit der <TAB>-Taste gelangt man in die verschiedenen Bereiche des Dialog-Fensters, und mit den Cursortasten bewegt man sich innerhalb dieser Bereiche. Die einzelnen Einstellungen werden durch Drücken der Leertaste vorgenommen (es ist dann ein Kreuz in der Klammer sichtbar). Im vorliegenden Falle wurde folgendes eingestellt:

Case sensitive	Unterscheidet Groß- und Kleinschreibung.
Whole words only	Nur ganze Wörter werden berücksichtigt.
Prompt on replace	Anzeige der Stelle, bevor ersetzt wird.

Die Suchrichtung ist vorwärts (*Direction forward*), und das ganze Programm wird durchsucht (*Origin Entire scope*).

1.6.4.5 Speichern unter einem Programmnamen

Dies geschieht mit dem Menübefehl (<F10>) **F**(ile) **S**(ave) oder durch Drücken der Taste <F2> (s. Bild 1-19).

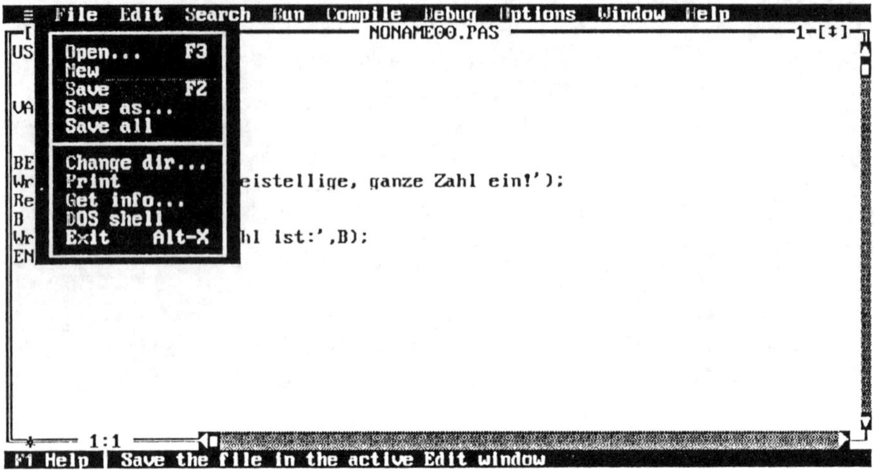

```
≡  File  Edit  Search  Run  Compile  Debug  Options  Window  Help
  [ ┌─────────────────┐ NONAME00.PAS                    1-[↕]
 US │ Open...      F3 │
    │ New             │
    │ Save         F2 │
 VA │ Save as...      │
    │ Save all        │
    ├─────────────────┤
 BE │ Change dir...   │
 Wr │ Print           │eistellige, ganze Zahl ein!');
 Re │ Get info...     │
 B  │ DOS shell       │
 Wr │ Exit      Alt-X │hl ist:',B);
 EN └─────────────────┘

  *── 1:1 ──
 F1 Help │ Save the file in the active Edit window
```

Bild 1-19 Speichern des Programms

Das Programm kann auch unter einem anderen Namen abgespeichert werden (<F10> **F**(ile) **Sa**(ve) as...), wie Bild 1-20 zeigt.

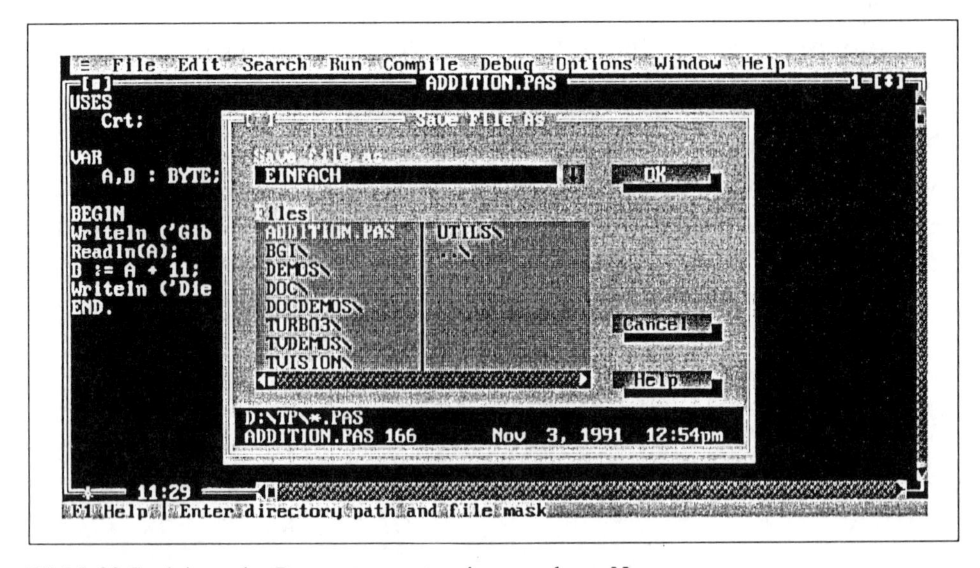

Bild 1-20 Speichern des Programms unter einem anderen Namen

1.6.4.6 Ausführen eines Programms

Mit der Menüoption <F10> **R**(un) **R**(un) läuft das Programm ab (s. Bild 1-21).

```
≡ File Edit Search Run Compile Debug Options Window Help
USES                        Run              Ctrl-F9
   Crt;
                            Go to cursor          F4
VAR                         Trace into            F7
   A,B : BYTE;              Step over             F8
                            Parameters...
BEGIN
Writeln ('Gib eine zweistellige, ganze Zahl ein!');
Readln(A);.
B := A + 11;
Writeln ('Die neue Zahl ist:',B);
END.

F1 Help | Run the current program
```

Bild 1-21 Einstellen der Menüoption Run

Um das Ergebnis zu sehen, müssen Sie in den Ergebnisbildschirm umschalten (Bild 1-22). Dazu drücken Sie die Tastenkombination <ALT> <F5> oder wählen aus dem Menü (<F10>) **W**(indows) die Option **U**(ser screen).

```
D:\TP>turbo
Turbo Pascal  Version 6.0  Copyright (c) 1983,90 Borland International
Gib eine zweistellige, ganze Zahl ein!
5
Die neue Zahl ist:16
```

Bild 1-22 Ergebnis des Programmlaufs

Hinweis! Mit einem kleinen „Programmiertrick" können Sie das Ergebnis auf dem Ergebnisbildschirm sehen: Geben Sie *vor dem letzten Befehl* „END." die Anweisung ein:

readln;

In diesem Fall wartet der Ergebnisbildschirm auf eine Eingabe von Ihnen, so daß Sie das Ergebnis sehen können. Wenn Sie irgendeine Taste drücken (d. h. eine Eingabe vornehmen), sind Sie wieder in der Entwicklungsumgebung von Turbo Pascal.

1.6.4.7 Verlassen von Turbo Pascal

Mit der Tastenkombination <ALT> <X> oder dem Menübefehl (<F10>) **F**(ile) (E)**x**(it) verlassen Sie Turbo Pascal.

1.6.4.8 Laden des Programms

Dazu drückt man die <F3>-Taste oder verwendet den Menübefehl (<F10>) **F**(ile) **O**(pen) und gibt den Namen der Datei ein (oder sucht ihn aus der Liste aus).

1.6.4.9 Speichern als .EXE-Datei

Eine .EXE-Datei ist ein Programm, das für sich, d. h. ohne die Systemumgebung von Turbo Pascal, lauffähig ist. Die dazu notwendigen Befehle von Turbo Pascal werden an das .PAS-Programm *angebunden* (durch den **Linker** oder **Binder**). Deshalb sind die .EXE-Dateien auch immer größer als die reinen Programme in Turbo Pascal (.PAS-Dateien).

Um ein .EXE-Programm zu erhalten, gehen Sie in folgenden Schritten vor:

1. *Festlegen des Pfades auf der Festplatte*

   Dazu verlassen Sie Turbo Pascal (<ALT> >X>) und eröffnen beispielsweise ein Verzeichnis mit dem Namen „hep“:

   md hep <RETURN>.

2. *Pfad in Turbo Pascal festlegen*

   Sie gehen wieder in das Turbo Pascal-Programm und wählen den Menübefehl (<F10>) **O**(ptions) **D**irectories... (s. Bild 1-23).

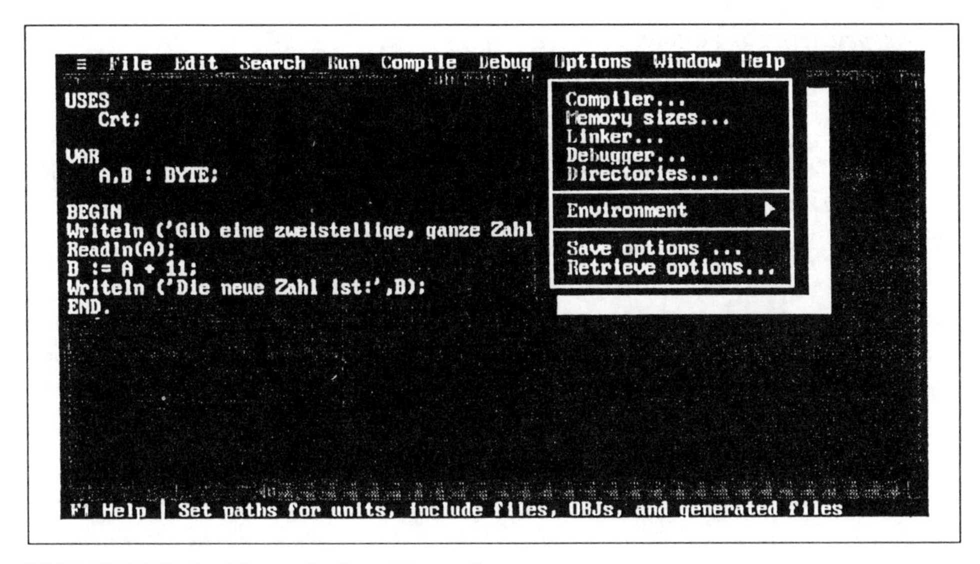

Bild 1-23 Wahl des Menüs Options Directories

Das Dialog-Fenster in Bild 1-24 legt fest, in welchem Pfad das Programm abgelegt wird.

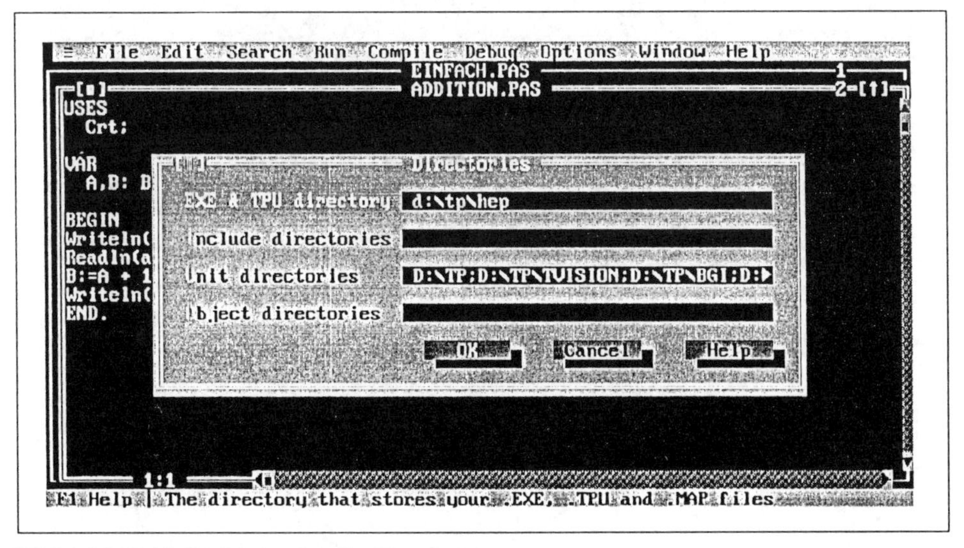

Bild 1-24 Wahl des Pfades für die .EXE-Datei

3. *Abspeichern auf Festplatte*

   Das kompilierte Programm soll auf der Festplatte abgespeichert werden. Dazu dient der Menübefehl (<F10>) **C**(ompile) **D**(estination):

   Geben Sie an dieser Stelle statt Memory (d. h. Abspeichern in den Arbeitsspeicher) die Option *Disk* ein:

   D <RETURN>.

4. *Kompilieren*

   Im Anschluß daran kompilieren Sie Ihr Programm mit den Tastenkombinationen:

   <ALT> <F9>

   Sie sehen den Bildschirm nach Bild 1-25:

```
 ≡ File  Edit  Search  Run  Compile  Debug  Options  Window  Help
                           Compile      Alt-F9
 USES                      Make             F9
   Crt;                    Build
                           Destination  Disk
 VAR                       Primary file...
   A,B: BYTE;

 BEGIN
 Writeln('Gib eine zweistellige, ganze Zahl ein!');
 Readln(a);
 B:=A + 11;
 Writeln('Die neue Zahl ist:', B);
 END.

      1:1
 F1 Help | Specify whether source file is compiled to memory or to disk
```

Bild 1-25 Abspeichern des Programms auf Festplatte

Das Programm steht Ihnen als .EXE-Datei zur Verfügung, wie Bild 1-26 zeigt.

```
D:\TP\HEP>dir

 Datenträger in Laufwerk D hat keine Bezeichnung
 Inhaltsverzeichnis von  D:\TP\HEP

.            <DIR>      11-11-91   9:14a
..           <DIR>      11-11-91   9:14a
EINFACH  EXE     4112   11-11-91   9:52a
       3 Datei(en)  18696192 Bytes frei
```

Bild 1-26 Programm als .EXE-Datei

2 Programmstrukturen und Programmierbeispiele

Im folgenden sehen Sie ein einfaches Turbo Pascal-Programm. Es dient der Addition zweier Zahlen und soll den Grundaufbau aller Programme in Turbo Pascal verdeutlichen:

```
(* 1. Vereinbarungsteil *)
 USES Crt;
 VAR

ZAHL1,ZAHL2,ENDWERT  :  INTEGER;
```

```
(* 2. Anweisungsteil *)

BEGIN

     WRITE ('Erste Zahl eingeben : ') ;
     READLN (ZAHL1);

     WRITE ('Zweite Zahl eingeben : ') ;
     READLN (ZAHL2);

     ENDWERT := ZAHL1+ZAHL2 ;

     WRITE ('Der Endwert beträgt : ') ;
     WRITELN (ENDWERT)

END.
```

Dies Beispiel zeigt ein Programm, wie es typischerweise in den Lehrbüchern vorkommt. Es weist folgende Mängel auf:

1. *Keine gesicherte Eingabe*

   Werden Werte über 32 767 oder Buchstaben eingegeben, dann stürzt das Programm ab.

2. *Zu spezialisierte Problemlösung*

   Auch wenn das Beispiel der Addition hier nur als Demonstration gedacht ist, bildet das Zusammenzählen zweier Zahlen nur einen kleinen Ausschnitt aus der Aufgabenstellung „Zahlen zusammenzuzählen“. Sinnvoller wäre es bei dieser Betrachtungsweise, die Zahlen bei der Eingabe solange aufzuaddieren, bis eine „Ende-Anweisung“ erscheint. Im folgenden werden die einfachen Programmstrukturen nacheinander abgehandelt, ohne daß auf solche Besonderheiten, die in Turbo Pascal einfach zu realisieren sind (z. B. sichere Dateneingabe oder modulares Programmieren mit UNITs), besonderen Wert gelegt wird.

Jedes Programm in Turbo Pascal besteht aus *zwei Teilen*, dem *Vereinbarungsteil* und dem *Anweisungsteil*.

Zur Benennung von Variablen und Dateinamen werden Namen vergeben, die man *Bezeichner* nennt. Dabei ist zu beachten, daß das *erste Zeichen* ein *Buchstabe* sein muß, und daß zur Benennung *keine* von Turbo Pascal *reservierten Worte* (sogenannte *Schlüsselworte*) verwendet werden dürfen (z.B. CONST, VAR, oder BEGIN, s. Liste im Anhang A 2). Das Syntaxdiagramm für solche Bezeichner zeigt Bild 2-1.

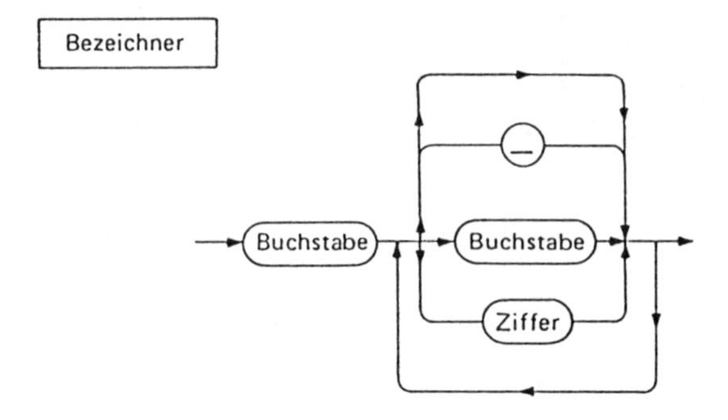

Bild 2-1 Syntaxdiagramm für einen Bezeichner

a) Vereinbarungsteil

Sie sehen im Beispiel des Additionsprogramms Teile, die mit den Zeichen „(* *)" eingefaßt sind. Diese Teile werden bei der Programmausführung nicht beachtet, sondern dienen als *Kommentar* zur besseren Verständlichkeit des Programms (alternativ dazu können auch die Kommentare zwischen den Zeichen „{ }" stehen). Sehr nützlich zur Orientierung in Programmen sind diese Kommentare vor allem bei den vielen END-Anweisungen.

Das Syntaxdiagramm für die Vereinbarungen zeigt Bild 2-2:

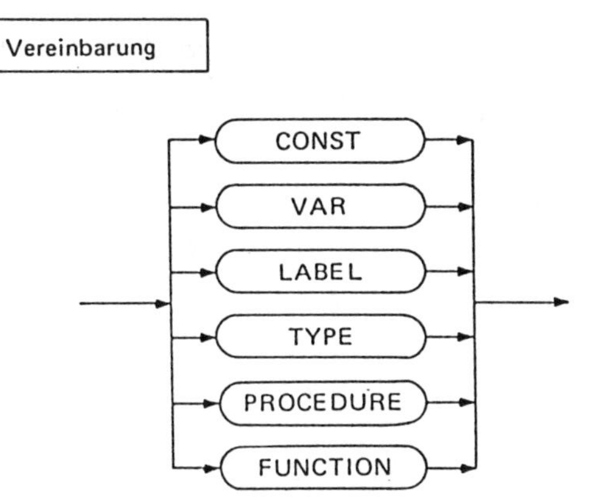

Bild 2-2 Syntaxdiagramm der Vereinbarungen

Es handelt sich dabei um folgende Festlegungen:

- Bibliotheksfunktion (UNIT Crt, d. h. Bildschirm- und Tastaturfunktionen), die mit USES ins Programm eingefügt wird;
- Konstante (CONST);
- Variable (VAR), für die ein Datentyp angegeben werden muß;
- Kennungen, beispielsweise Sprungmarkierungen (LABEL);
- eigene Datentypen (TYPE);
- Unterprogramme (PROCEDURE);
- Funktions-Unterprogramme (FUNCTION).

Bild 2-3 zeigt das Syntaxdiagramm für die Festlegung von Konstanten.

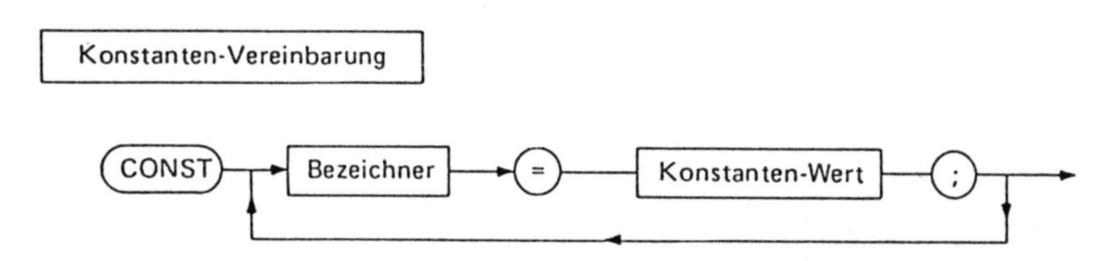

Bild 2-3 Syntaxdiagramm der Vereinbarung einer Konstanten

Um beispielsweise als Konstante die Erdbeschleunigung g = 9,81 ms^{-2} zuzuweisen, muß geschrieben werden:

```
CONST
    g = 9.81;
```

Wie hier bereits zu erkennen ist, muß bei Kommazahlen ein *Dezimalpunkt* gesetzt werden (kein Komma). Bild 2-4 zeigt die Syntaxdiagramme der Zahlen.

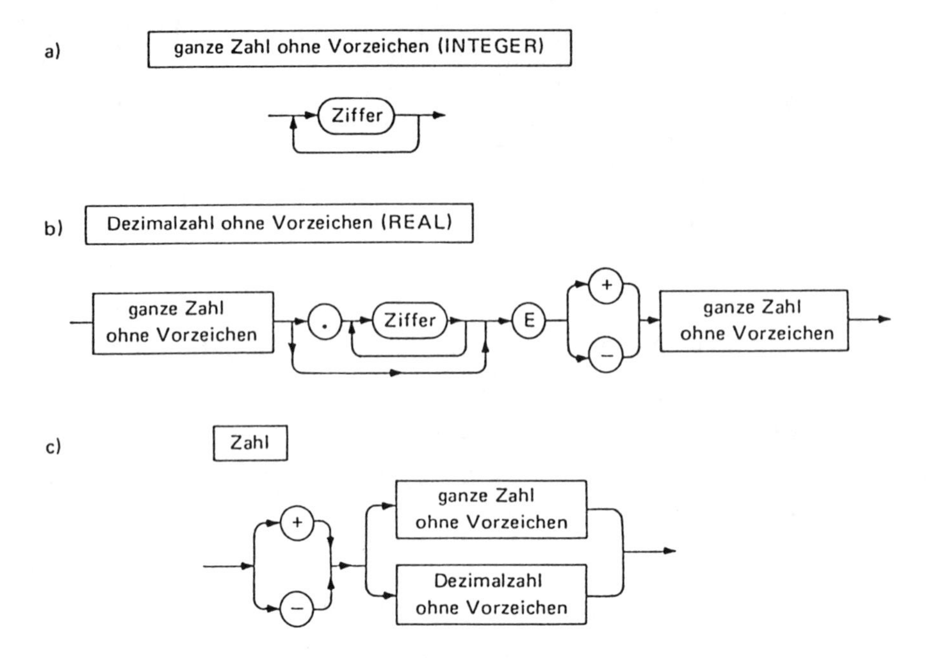

Bild 2-4 Syntaxdiagramme der Zahlen

a) ganze Zahl ohne Vorzeichen
b) Dezimalzahl ohne Vorzeichen (REAL)
c) allgemeine Zahl

Der Wert für die Konstante hat eine Struktur nach Bild 2-5.

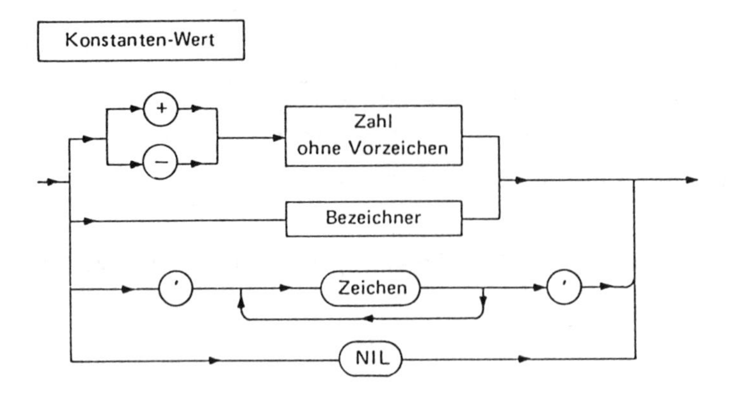

Bild 2-5 Syntaxdiagramm des Werts einer Konstanten

Werden Variablen vereinbart, so sieht dies folgendermaßen aus:

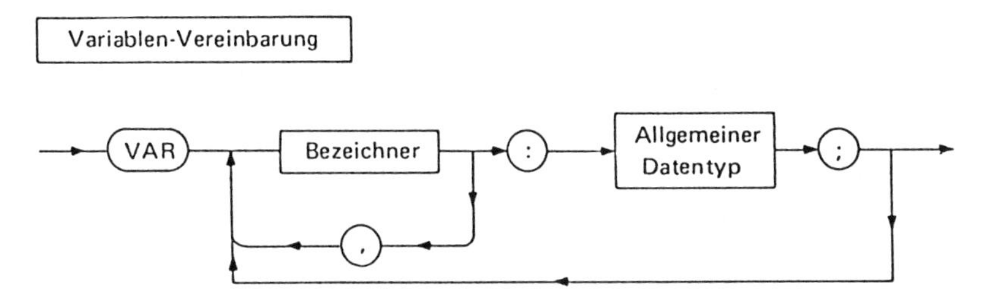

Bild 2-6 Syntaxdiagramm der Vereinbarung VAR

Im oben aufgeführten Additionsprogramm heißt die Vereinbarung:

```
VAR
   Zahl1, Zahl2, Endwert : INTEGER;
```

Dies bedeutet: Die Variablen Zahl1, Zahl2 und Endwert sind vom Datentyp INTEGER, d. h. ganzzahlig von -32768 bis 32767 (s. Bild 1-1). Gibt der Anwender unzulässige Zeichen, beispielsweise Buchstaben oder zu große bzw. zu kleine Zahlen ein, so reagiert das System mit einer Fehlermeldung. Das Syntaxdiagramm für die einfachen Datentypen und den Datentyp (allgemeiner Natur) ist in Bild 2-7 dargestellt (der allgemeine Datentyp wird in Abschnitt 4 behandelt).

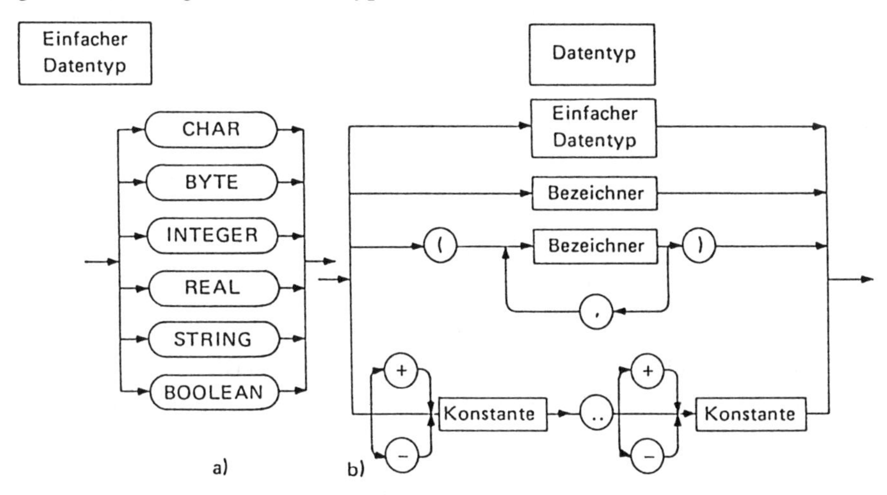

Bild 2-7 Syntaxdiagramm für die Datentypen

a) Einfacher Datentyp
b) Datentyp

Die anderen Vereinbarungen (s. Bild 2-2) werden in späteren Abschnitten anhand von Beispielen erläutert.

b) Anweisungsteil

Im *Anweisungsteil* schließlich stehen die Befehle, die zur Lösung des Problems notwendig sind. Der Anweisungsteil steht immer zwischen BEGIN und END. Der Punkt („.“) zeigt an, daß der Anweisungsteil beendet und das Programm abgeschlossen ist. Zu beachten ist, daß die meisten Anweisungen mit einem *Semikolon* (;) abschließen. Weiterhin ist zu beachten, daß ein Anweisungsblock, d.h. die Elemente der Programmstruktur (s. Abschn. 1.3; Bild 1-5), immer zwischen BEGIN und END steht (Ausnahme: nur eine einzige Anweisung).

Wenn Sie das Additionsprogramm verfolgen, dann sehen Sie bei der Anweisung

```
WRITE ('Erste Zahl eingeben :')
```

auf dem Bildschirm den Ausdruck :

Erste Zahl eingeben :

WRITE (bzw. WRITELN) ist der Schreib- und Ausgabebefehl in Turbo Pascal. Mit ihm können alle für den Anwender wichtigen Abfragen, Erläuterungen oder Ergebnisse auf dem Bildschirm ausgegeben werden. Wie das Beispiel zeigt, muß der auszugebende Text zwischen *Hochkommata* (‘ ’) stehen.

Zur Eingabe dient der Befehl READ bzw. READLN. Mit ihm wird der Variablen, die in Klammern steht, ein eindeutiger Wert zugewiesen. Der Programmablauf bleibt solange unterbrochen, bis an dieser Stelle eine mit der Variablendeklaration übereinstimmende Eingabe erfolgt ist.

```
READ (Zahl1);
```

bedeutet also: Lies für die Variable „Zahl1“ einen Wert des festgelegten Datentyps (im vorliegenden Fall INTEGER) ein.

Den beiden Befehlen READ und WRITE kann auch noch der Zusatz „LN“ folgen (LN für Line). Verwendet man die Befehle READLN oder WRITELN, dann steht der Cursor nach erfolgter Eingabe (für READLN) bzw. Ausgabe (für WRITELN) in der *nächsten Zeile*.

```
WRITELN ('Erste Zahl : ') ; READ ( Zahl1 ) ;
```

ergibt also bei Start des Programms auf dem Bildschirm :

Erste Zahl :
█ (blinkender Cursor
- hier wird die Eingabe erwartet),

während bei

```
WRITE ('Erste Zahl : ') ; READ ( Zahl1 ) ;
```

folgendes erscheint :

Erste Zahl : █

Als nächstes wird in gleicher Weise der Wert für die Zahl2 eingelesen. Anschließend folgt die Berechnung der Addition:

```
Endwert := Zahl1 + Zahl2;
```

Das Zeichen „:=“ steht für eine *Zuweisung* und bedeutet: „ergibt sich aus“. Das bedeutet für die obige Gleichung: der Variablen Endwert wird die Summe aus Zahl1 und Zahl2 zugewiesen oder: „Endwert *ergibt sich aus* Zahl1 + Zahl 2“.

Die folgenden Anweisungen dienen der Ausgabe des Textes (‘Der Endwert beträgt :’) und des Ergebnisses, d. h. des Wertes für die Variable Endwert.

Die in Turbo Pascal zu beachtenden Satzzeichen sind in Tabelle 2-1 zusammengestellt:

Tabelle 2-1 Bedeutung der Satzzeichen

Satzzeichen	Bedeutung
;	Ende einer Anweisung
.	Ende des Programms
=	Gleichsetzen
:=	Zuweisen
' '	Text
(* *)	Kommentar
{ }	(ASCII-Zeichen 123 bzw. 125)

Dieses Programm können Sie jetzt eingeben, indem Sie ins Hauptmenü gehen und den Befehl **F**ile **O**pen eingeben (<ALT> **f o**) bzw. die <F3>-Taste drücken und das Programm abtippen. Dabei sollten Sie folgendes beachten:

a) Groß- und Kleinschreibung

Turbo Pascal unterscheidet wie MS-DOS nicht zwischen Groß- und Kleinbuchstaben. Diesen Umstand können Sie zur Strukturierung Ihrer Programme verwenden, indem Sie beispielsweise alle Datentypen und bestimmte Befehle (z. B. BEGIN oder END) in Turbo Pascal groß schreiben.

b) Leerzeichen

Leerzeichen dienen normalerweise zur Trennung von Wörtern. Sie können auch mehr Leerzeichen als nötig verwenden, um Ihre Programme gut zu *strukturieren.* Beispielsweise können Sie zusammengehörige Blöcke durch Einrücken erkennen.

Wenn Sie mit Programmieren fertig sind, drücken Sie die Tastenkombination <ALT> <F9>, um das Programm zu kompilieren. Sind keine logischen Fehler enthalten, dann erhalten Sie die Kompilier-Meldung nach Bild 2-8.

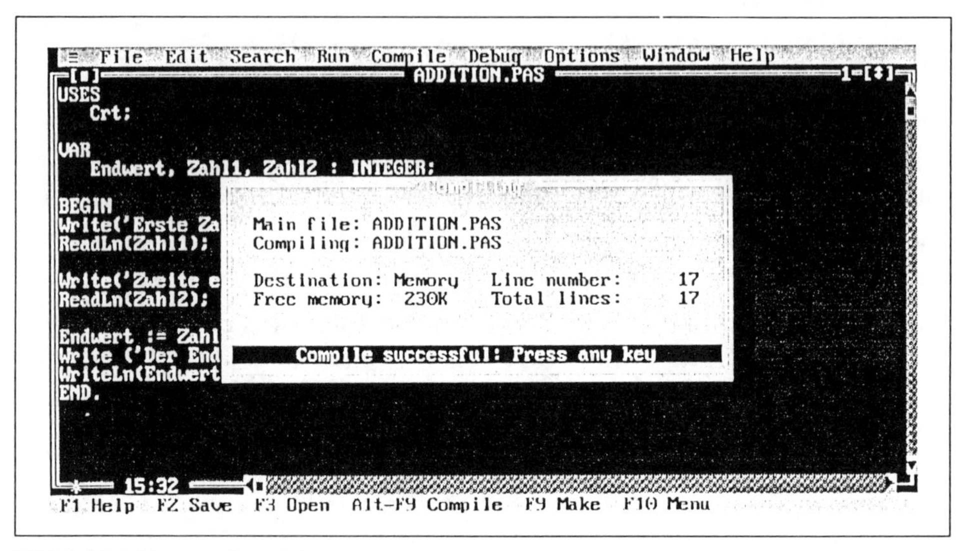

Bild 2-8 Meldung während des Kompiliervorgangs

Ist das Programm fehlerhaft, so werden die Fehler gemeldet, welche Sie korrigieren müssen. Anschließend wird wieder kompiliert. Dieser Vorgang wird so lange wiederholt, bis das Programm fehlerfrei arbeitet. Dann starten Sie das Programm mit <CTRL> <F9> (oder mit dem Menübefehl **Run** **R**un (<ALT> **r** **r**).

Das Hauptziel dieses Buches ist es, den Weg zum selbständigen Programmieren aufzuzeigen. Deshalb werden in diesem Kapitel zunächst die in Abschnitt 1.3 erläuterten Programmstrukturen (Folge-, Auswahl- und Wiederholungsstrukturen) Schritt für Schritt erklärt. Jeder Abschnitt, der eine Programmstruktur erläutert, ist in folgende Teile gegliedert:

- Erklärung des Anweisungsbausteins in Turbo Pascal,
- Syntaxdiagramm des Anweisungsbausteins,
- Programmbeispiel mit Struktogramm und Programmausdruck in Turbo Pascal,
- Übungsaufgabe mit Lösung im Anhang.

2.1 Folgestrukturen (Sequenzen)

Jedes Programm besteht aus einer Aneinanderreihung von Anweisungen, die der Rechner durchführt. Besteht das Programm jedoch nur aus einer *Folgestruktur*, dann werden alle in dieser Aneinanderreihung enthaltenen Befehle *nacheinander* abgearbeitet, d.h. zunächst die Anweisung Nr. 1, dann Nr. 2, anschließend Nr. 3 usw. Es werden in diesem Fall keine Befehle durch Festlegen von speziellen Bedingungen aus dem Programmablauf ausgeklammert, d.h. es finden keine Verzweigungen im Programm statt. Jede Anweisung wird auch nur einmal durchgeführt, so daß Befehlswiederholungen ausgeschlossen sind. Da diese Programmstruktur so einfach ist, wird auf ein Syntaxdiagramm verzichtet.

2.1.1 Bestimmung des Gesamtwiderstandes bei Parallelschaltung zweier Widerstände

Das Programm zur Errechnung des Gesamtwiderstandes wird systematisch in den Stufen nach Abschnitt 1.4 (systematische Programmentwicklung) erstellt:

1. Beschreibung des Problems

Das Programm dient zur Berechnung des Gesamtwiderstandes für zwei parallel geschaltete Einzelwiderstände.

2. Funktionsbeschreibung

2.1 Eingabefunktionen

Eingegeben wird der 1. Widerstand R_1 und der 2. Widerstand R_2.

2.2 Bearbeitungsfunktionen

Der Gesamtwiderstand R_{ges} wird nach folgender Formel errechnet:

$$R_{ges} = (R_1 * R_2)/(R_1 + R_2)$$

2.3 Ausgabefunktion

Ausgegeben wird der Gesamtwiderstand R_{ges}.

3. Variablenliste

Es empfiehlt sich, während der Überlegungen zum Programm die Variablen in eine Variablenliste zu schreiben (in alphabetischer Reihenfolge). Zuerst wird der Variablenname geschrieben, anschließend folgt eine kurze, prägnante Erklärung der Variablen und in Klammern wird der Datentyp geschrieben.

Wenn Sie so vorgehen, können Sie die Variablen unter dem Schlüsselwort VAR mühelos in den Vereinbarungsteil übertragen.

Ergebnis:	Gesamtwiderstand	(REAL)
Widerstand1:	Erster Widerstand	(REAL)
Widerstand2:	Zweiter Widerstand	(REAL)

4. *Datenbeschreibung*

Im vorliegenden Programm sind die Datenstrukturen so einfach, daß sie bereits in der Variablenliste festgehalten werden können.

5. *Programmlogik*

Hierzu gilt folgendes Struktogramm, das direkt in ein Turbo Pascal-Programm übersetzt werden kann.

2.1.1.1 Struktogramm

Eingabe	Widerstand 1 (R1)
Eingabe	Widerstand 2 (R2)
Berechnung Ergebnis = $(R_1 * R_2)/(R_1 + R_2)$	Gesamtwiderstand
Ausgabe	Gesamtwiderstand

2.1.1.2 Programm (PARALLEL.PAS)

```
USES
   Crt;
(*Vereinbarungsteil*)
VAR
   Widerstand1, Widerstand2, Ergebnis: REAL;
(*Anweisungsteil*)

BEGIN
   Clrscr;
   Write('Bitte 1. Widerstand eingeben :');
   ReadLn(Widerstand1);
   Write('Bitte 2. Widerstand eingeben :');
   ReadLn(Widerstand2);
   Ergebnis := (Widerstand1) * (Widerstand2) / (Widerstand1
   + Widerstand2);
   Write('Der Widerstand der Parallelschaltung beträgt: ');
   WriteLn(Ergebnis);
END.
```

2.1.2 Übungsaufgabe: WURF1.PAS

In dieser ersten Übungsaufgabe sollen die Ortskoordinaten eines schiefen Wurfes berechnet werden. Ein Gegenstand wird mit einer konstanten Geschwindigkeit v_0 unter dem Winkel α (zur Waagerechten) in die Luft geworfen. Wird der Luftwiderstand vernachlässigt, können die Koordinaten X und Y eines Flugpunktes, d. h. eines Punktes, an dem sich der Gegenstand nach einer bestimmten Flugzeit befindet, nach folgenden Formeln berechnet werden.

Weg in x-Richtung: $X = v_0 * t * \cos_\alpha$

Weg in y-Richtung: $Y = (v_0 * t * \sin_\alpha) - (g * SQR(t) / 2)$

SQR ist die Turbo Pascal-Anweisung, das *Quadrat* (**SQ**U**AR**E) des jeweiligen Ausdrucks zu bilden.

Wie die beiden Gleichungen zeigen, ist ein schiefer Wurf aus zwei Bewegungstypen zusammengesetzt:

a) In x-Richtung aus einer gleichförmigen Bewegung (Zerlegung der Geschwindigkeit v_0 in ihre waagrechte Komponente $v_0 * \cos_\alpha$);

b) In y-Richtung aus der Überlagerung der senkrechten Komponente $v_0*\sin_\alpha$ der gleichförmigen Bewegung mit der gleichmäßig beschleunigten Bewegung des freien Falls (Erdbeschleunigung g).

Mit diesen Gleichungen läßt sich die Flugbahn des Körpers beschreiben. Unser Programm stellt also eine Simulation des schiefen Wurfs dar.

Es erfüllt folgende Funktionen:

a) Eingabefunktionen

- Eingabe von v_0 und
- Eingabe der Flugdauer (t).

b) Berechnungsfunktionen

Berechnung der Höhe (Y) und der Weite (X).

c) Ausgabefunktionen

Ausgabe der Höhe (Y) und der Weite (X).

Dem aufmerksamen Beobachter wird nicht entgangen sein, daß bei der Gleichung für die Flughöhe (Y-Wert) des Gegenstandes die Flugzeit (t) quadratisch eingeht, und zwar im zweiten Gleichungsabschnitt, der den Einfluß des freien Falls beschreibt. Mit zunehmender Flugzeit spielt daher die y-Komponente des freien Fall des geworfenen Gegenstandes eine immer größere Rolle.

Da wir in diesem Stadium des Programmierens noch nicht über die Möglichkeiten der Fallunterscheidung verfügen, sollte sich niemand wundern, wenn bei Eingabe eines größeren Zeitwertes eine negative Höhe errechnet wird. Dies bedeutet im Prinzip nichts anderes, als daß unser Gegenstand vom Rand des Grand Canyon abgeworfen wurde und soeben in denselben hinuntersegelt; denn die Abwurfhöhe muß nicht gleich der Auftreffhöhe sein.

Na dann - viel Spaß beim ersten eigenen Programm! (Lösung im Anhang, A 5.1).

2.2 Auswahlstrukturen (Selektion)

Wie bereits in Bild 1-5 von Abschnitt 1.3 gezeigt wurde, werden mit den *Auswahlstrukturen* verschiedene *Programmteile ausgewählt.* Bei diesen *Auswahlstrukturen* (*Selektionen*) werden die Bedingungen exakt festgelegt, die dem Rechner vorschreiben, mit welchem Programmteil er an welcher Stelle fortfahren soll.

Prinzipiell werden zwei Typen von Auswahlstrukturen unterschieden:

a) Eine Auswahl aus 2 Möglichkeiten

Es stehen nur zwei Möglichkeiten (*zwei Alternativen*) zur Wahl, von denen, je nach Bedingung, eine auszuwählen ist.

b) Eine Auswahl aus mehreren Möglichkeiten

Hierbei kommen mehrere Wahlmöglichkeiten in Frage. Je nach Bedingung, ist eine davon auszuwählen.

2.2.1 Auswahl aus zwei Möglichkeiten (IF..THEN..ELSE)

Die Auswahlstruktur „IF..THEN..ELSE" bedeutet übersetzt:

„*Wenn* (diese Bedingung erfüllt ist), *dann* (mache dies und das), *sonst* (dies und jenes)". Solche bedingten Anweisungen sind praktisch in jedem Programm zu finden. Das zugehörige Syntaxdiagramm ist in Bild 2-9 zu sehen.

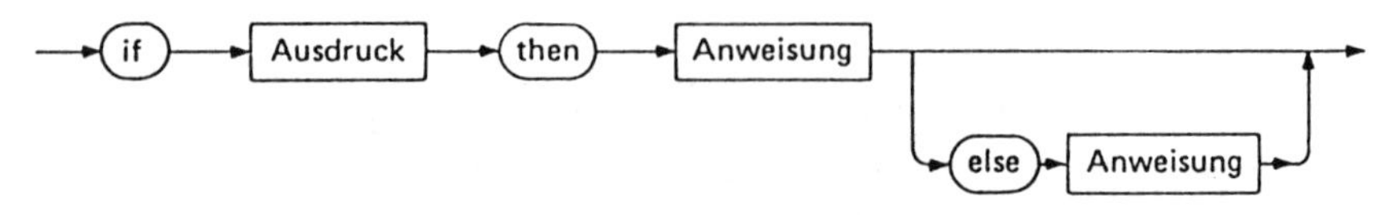

Bild 2-9 Syntaxdiagramm der Anweisung IF..THEN..ELSE

2.2.1.1 Endgeschwindigkeit eines Elektrons nach Durchlaufen einer Spannung (relativistisch - nicht relativistisch)

Ein Elektron wird im elektrischen Feld von den Feldkräften in Richtung der Anode (positiver Pol) beschleunigt. Die jeweilige Geschwindigkeit läßt sich mit folgender Formel berechnen:

```
V = SQRT (2*U*e/m_e)
```

(SQRT: Anweisung zur Berechnung der Quadratwurzel, engl.: **SQ**UA**R**E ROO**T**)

Dabei bedeutet:

U : Durchlaufene Spannung

e : Elementarladung ($1{,}602 \cdot 10^{-19}$ C)

m_e : Masse des Elektrons ($9{,}11 \cdot 10^{-31}$ kg)

Bei Elektronengeschwindigkeiten, die größer als 10% der Vakuumlichtgeschwindigkeit c_0 sind, macht sich jedoch bereits der relativistische Massenzuwachs bemerkbar (d.h. m_e wird größer).

Die oben genannte Gleichung würde also in diesen Fällen zu große Werte für die Geschwindigkeit liefern. Deshalb muß bei höheren Geschwindigkeiten eine andere Formel verwendet werden, die den relativistischen Massenzuwachs berücksichtigt und folgendermaßen lautet:

```
V = c_o*SQRT (1-(1/(SQR(e*U/(m_e*SQR(c_o))+1))))
```

Dabei bedeuten:

SQR : Anweisung zum Quadrieren

c_0 : Vakuumlichtgeschwindigkeit ($2{,}998 \cdot 10^{8}$ m/s)

Das Programm errechnet zunächst mit der normalen Gleichung den Wert für die Endgeschwindigkeit (V). Dann wird überprüft, ob die errechnete Geschwindigkeit V kleiner als 10% von c_0 ist. Ist dies der Fall (ja-Zweig), wird das für die Geschwindigkeit V errechnete Ergebnis ausgegeben; denn der relativistische Massenzuwachs spielt noch keine Rolle. Ist die Geschwindigkeit größer oder gleich 10% der Vakuumlichtgeschwindigkeit c_0 (nein-Zweig), dann wird die Geschwindigkeit nach der relativistischen Gleichung errechnet und das entsprechende Ergebnis ausgegeben.

Das Programm enthält folgende Elemente:

a) *Konstante Größen*

Ruhemasse des Elektrons m_e, Vakuumlichtgeschwindigkeit c_o und Elementarladung e.

b) *Eingaben*

Spannung U.

c) *Berechnung*

Endgeschwindigkeit V.

d) *Ausgabe*

Endgeschwindigkeit V.

2.2.1.1.1 Struktogramm

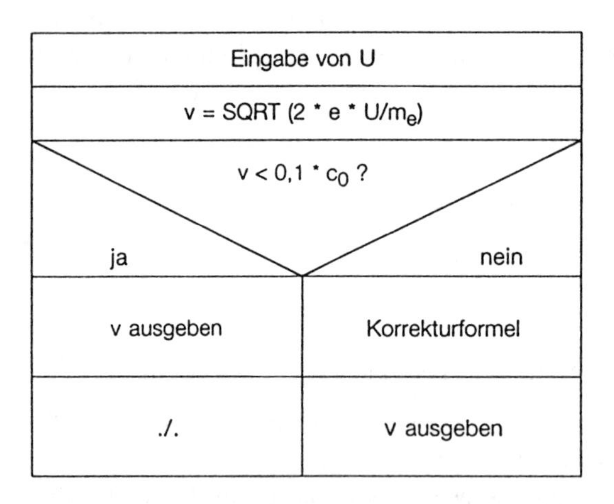

2.2.1.1.2 Programm (ELEKTRON.PAS)

Die Programmierung in Turbo Pascal ist absichtlich sehr einfach gehalten. Sie soll das zu lösende Problem direkt vor Augen führen. In den folgenden Programmen werden dann aber mehr und mehr für den Anwender wichtige Informationen als Kommentare in die Programme geschrieben; denn der Softwareentwickler muß seine Produkte möglichst so gestalten, daß der spätere Benutzer genau weiß, in welchen Schritten das geschriebene Programm zum gewünschten Ergebnis führt.

```
USES
  Crt;

CONST
  me= 9.11E-31;
  e = 1.602E-19;
  co= 2.998E8;

VAR
  U, V : REAL;

BEGIN
  ClrScr;
  WriteLn;
  Write ('durchlaufene Spannung : '); ReadLn (U);

  V := SQRT (2*e*U / me);

  IF V < 0.1*co THEN BEGIN
    Write ('Endgeschwindigkeit : ');
    Write (V);
    Write (' m/s');
    END
  ELSE BEGIN
    V := co * SQRT( 1 - (1/(SQR(e*U / (me*SQR(co)) + 1))) );
    Write ('Endgeschwindigkeit : ');
    Write (V);
    Write (' m/s');
    END; (*IF-THEN-ELSE*)
END.
```

2.2.1.2. Logische Verknüpfungen

Oft benötigt man zur Auswahl des gewünschten Programmteils nicht nur eine, sondern mehrere Bedingungen, die alle möglichst auf einmal abgefragt und bearbeitet werden sollen. Um mehrere Bedingungen miteinander zu verbinden (verknüpfen), gibt es die sogenannten *logischen Operatoren.* Sie prüfen, ob die zu verknüpfenden Operanden wahr oder falsch sind und ergeben nach der Verknüpfung ebenfalls den Wahrheitsgehalt wahr oder falsch. In Turbo Pascal finden folgende vier logischen Operatoren Verwendung (s. Tabelle 2-2):

Tabelle 2-2 Logische Operatoren und ihre Bedeutung

Operator	Bedeutung
AND	Sowohl als auch (UND)
NOT	Verneinung (NICHT)
OR	Inklusives ODER
XOR	Exklusives ODER (entweder-oder)

In der nächsten Tabelle (Tabelle 2-3) sind die entsprechenden Wahrheitsgehalte bei der logischen Verknüpfung von zwei Variablen A und B zusammengestellt:

Tabelle 2-3 Logische Operatoren und ihr Wahrheitsgehalt

A	B	A AND B	NOT A	A OR B	A XOR B
w	w	w	f	w	f
w	f	f	f	w	w
f	w	f	w	w	w
f	f	f	w	f	f

In den folgenden Beispielen werden nur die logischen Operatoren AND und OR besprochen. Mit diesen Anweisungen können beispielsweise zwei Kriterien abgefragt werden:

```
IF (X < 100) AND (Y > 25) THEN  ...

ELSE
```

Wenn also der errechnete oder eingegebene X-Wert kleiner als 100 **und gleichzeitig** der Y-Wert größer als 25 ist, dann (THEN-Anweisungen) wird das Programm mit den nach BEGIN folgenden Anweisungen fortgesetzt, sonst (ELSE) wird der Programmablauf bei der nach ELSE folgenden Anweisung wieder aufgenommen.

Mit der logischen Operation OR lautet die Anweisung:

```
IF (X < 100) OR  (Y > 25) THEN...

ELSE
```

In diesem Fall wird das Programm nach BEGIN fortgesetzt (THEN-Anweisungen), wenn $X < 100$ **oder** $Y > 25$ ist. Nach Tabelle 2-2 kann dabei entweder $X < 100$ oder $Y > 25$ sein, oder aber sowohl $X < 100$ als auch $Y > 25$ sein.

Wichtig bei der Verwendung dieser Anweisungen ist die *Einklammerung* der einzelnen Kriterien, sonst erfolgt eine Fehlermeldung des Systems.

Obwohl der Einsatz dieser Befehle keine Schwierigkeiten bereiten dürfte, wird ein kleines Programm zur Meßbereichserweiterung vorgestellt, bei dem bestimmte Ströme und Spannungen nicht überschritten werden dürfen.

2.2.1.2.1 Meßbereichserweiterung zur Strom- und Spannungsmessung

Mit einem Vielfachmeßgerät werden Ströme und Spannungen gemessen. Bei Strömen, die größer als 5A sind, muß ein Parallelwiderstand R_p und bei Spannungen über 100V muß ein Vorwiderstand R_v geschaltet werden. Der Innenwiderstand als Strommesser beträgt 0,1 Ohm, als Spannungsmesser 10 MOhm.

Für den Fall, daß der zu messende Strom $I_m > 5A$ ist **und** die zu messende Spannung $U_m > 100V$ ist, werden beide Meßbereiche überschritten. Dazu bilden wir eine *logische Variable* (Datentyp: BOOLEAN, d. h. sie kann nur wahr oder falsch sein). Der Name der logischen Variable lautet *unzulaessig*. Es gilt:

```
unzulaessig := (Im > 5) AND (Um > 100);
```

Wenn unzulaessig = *wahr* ist, dann sind beide Meßbereiche überschritten, so daß ein Parallelwiderstand R_p und ein Vorwiderstand R_v errechnet werden muß. Im anderen Falle folgen die Abfragen nach der Logik des Struktogramms.

Hinweis! Werden logische Variable eingeführt, dann können Programmsprünge mit GOTOs verhindert werden.

2.2.1.2.1.1 Struktogramm

Eingabe:	Summe der Lastwiderstände R
Berechnung:	Gemessener Strom $I_m = U/R$
Berechnung:	Gemessene Spannung $U_m = I * R$
Logische Variable:	unzulässig = $I_m > 5$ und $U_m > 100$

unzulässig = ja ?

ja:

Ausgabe:
Beide Meßbereiche sind überschritten!
$R_p = R_{i1}/(I_m/I_{St} - 1)$
$R_v = R_{i2}*(U_m/U_{St} - 1)$

nein:

$I_m > 5$?

ja:

Ausgabe:
Ein Meßbereich ist überschritten!
$R_p = R_{i1}/(I_m/I_{St} - 1)$

nein:

$U_m > 100$?

ja:

Ausgabe:
Ein Meßbereich ist überschritten!
$R_v = R_{i2}*(U_m/U_{Sp} - 1)$

nein:

Ausgabe:
Beide Meßbereiche sind ausreichend

2.2.1.2.1.2 Programm (STROMMES.PAS)

```
USES
  Crt;

CONST
  U   = 1000;
  I   = 2;
  Usp = 100;
  Ist = 5;
  Ri1 = 1;
  Ri2 = 10E7;

VAR
  R, Rp, Rv, Im, Um : REAL;
      unzulaessig : BOOLEAN;

BEGIN

(* Eingabeteil *)

ClrScr;
WriteLn;
WriteLn;
WriteLn(' Meßbereichserweiterung bei der Strom- und '
        ,'Spannungsmessung');
WriteLn;
WriteLn;
WriteLn(' Gegeben ist ein Vielfachmeßgerät, mit dem ohne '
        ,'Änderung der Steckerverbindung');
WriteLn(' Strom und Spannung gemessen werden kann. Notwendig'
        ,'ist nur ein Umschalten.');
WriteLn(' Dieses Programm ermittelt die Parallel- bzw. '
        ,'Vorwiderstände, die bei einer');
WriteLn(' Meßbereichserweiterung im Gerät automatisch '
        ,'dazugeschaltet werden.');
WriteLn;
WriteLn(' Über das Meßgerät stehen folgende Daten zu
        Verfügung :');
WriteLn;
WriteLn(' Innenwiderstand bei Strommessung   : 0,1Ω');
WriteLn(' Üblicher Meßbereich                : 0 bis 5 A');
WriteLn;
WriteLn(' Innenwiderstand bei Spannungsmessung : 10 MΩ');
WriteLn(' Üblicher Meßbereich                  : 0 bis 100 V');
```

```
WriteLn;
WriteLn('Spannung im Meßstromkreis (bei Strommessung)
                                             :    1000 V');
WriteLn('Stromstärke (bei Spannungsmessung) :    2 A');
WriteLn;
WriteLn('Bitte eingeben :');
WriteLn;
Write(' Summe der Lastwiderstände im Stromkreis in Ω:');
ReadLn (R);

(* Verarbeitungsteil *)

Im := U/R;
Um := I*R;

ClrScr;
WriteLn;
WriteLn;
WriteLn(' Gemessener Strom    : ',Im:5:2);
WriteLn(' Gemessene Spannung  : ',Um:5:2);

unzulaessig := (Im > 5) AND (Um > 100); (*logische Variable*)
IF unzulaessig
   THEN
     BEGIN
     WriteLn;
     WriteLn ('Beide Meßbereiche sind überschritten !');
     WriteLn ('Folgende Widerstände werden in den Stromkreis '
               ,'eingefügt :');
     Rp := Ri1/((Im/Ist)-1);
     Rv := Ri2*((Um/Usp)-1);
     WriteLn ('Bei Strommessung parallel       : ',Rp:5:2);
     WriteLn ('Bei Spannungsmessung in Reihe : ',Rv:5:2);
     WriteLn ('Das Meßgerät zeigt für beide Meßwerte
               jeweils '
               ,'Vollausschlag.');
     END  (* von unzulaessig *)
   ELSE
     BEGIN
     WriteLn;
     WriteLn ('Ein Meßbereich ist überschritten !');
     IF Im > 5
        THEN
          BEGIN
          Rp := Ri1/((Im/Ist)-1);
```

```
          WriteLn;
          WriteLn ('Bei der Strommessung wird folgender '
                  ,'Widerstand parallel');
          WriteLn ('eingefügt : ',Rp:5:2,' Ω');
          END  (* von IM > 5 *)
       ELSE
          BEGIN
          IF Um > 100
            THEN
              BEGIN
              Rv := Ri2 * ((Um/Usp)-1);
              WriteLn;
              WriteLn ('Bei der Spannungsmessung wird '
                       ,'folgender Widerstand in Reihe');
              WriteLn ('eingefügt : ',Rv:5:2,' Ω');
              END (* von Um > 100 *)
            ELSE
              BEGIN
              WriteLn;
              WriteLn('Beide Meßbereiche sind
                        ausreichend.');
              END; (* ausreichender Meßbereich *)
          WriteLn;
          WriteLn (' Programmende.');
          END;
     END; (* von ELSE unzulässig *)
END.
```

Das nächste Bild zeigt die Vorstellung des Programms und die durchgeführten Berechnungen.

Hinweis! Falls die Berechnungen nicht am Bildschirm zu sehen sind, drücken Sie die Tastenkombination <ALT> <F5>. Sie können aber auch als letzte Anweisung vor „END." den Befehl „ReadLn" eingeben. Dann sehen Sie den Ergebnisbildschirm, bis Sie eine Eingabetaste drücken.

2.2.1.3 Übungsaufgabe: WURF2.PAS

In diesem Abschnitt soll die Übungsaufgabe aus Abschnitt 2.1.2 (Berechnung der Ortskoordinaten des schiefen Wurfs) so verändert werden, daß das Programm WURF1 unterbrochen wird, sobald eine Flughöhe mit negativem Vorzeichen errechnet wird.

Bei Eingabe von Flugzeiten, bei denen noch eine positive Höhe herauskommt, soll das Ergebnis wie in WURF1 ausgegeben werden. Gibt der Benutzer aber eine Flugzeit ein, bei der eine negative Höhe errechnet wird, so soll das Programm dies durch eine entsprechende Ausgabe mitteilen (Lösung im Anhang A 5.2).

2.2.2 Auswahl aus mehreren Möglichkeiten (CASE..OF..END)

Die Auswahlstruktur „CASE..OF..END" bedeutet übersetzt: „Wähle unter folgenden Möglichkeiten". Sie findet ihre Anwendung immer, wenn mehrere Möglichkeiten zur Wahl stehen und nur eine davon bearbeitet werden soll. Die Anweisung CASE..OF ist eine in sich geschlossene Ablaufstruktur (s. Bild 1-5). Deshalb muß sie mit einem END abgeschlossen werden. Bild 2-10 zeigt das zugehörige Syntaxdiagramm (vgl. auch Abschnitt 2.2.2.1.5).

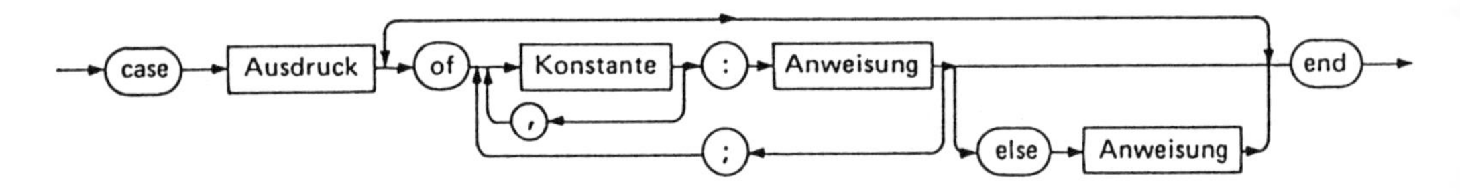

Bild 2-10 Syntaxdiagramm von CASE..OF..ELSE..END

2.2.2.1 Wahlweise Berechnungen am senkrechten Kreiszylinder

Als Beispiel hierzu dient ein Programm, in dem ausgewählt werden kann, ob das Volumen, die Manteloberfläche oder die Gesamtoberfläche eines senkrechten Kreiszylinders berechnet werden soll. Vorab wird jedoch noch die Definition der Turbo Pascal-*Vereinbarung LABEL* besprochen. Bild 2-11 zeigt das Syntaxdiagramm.

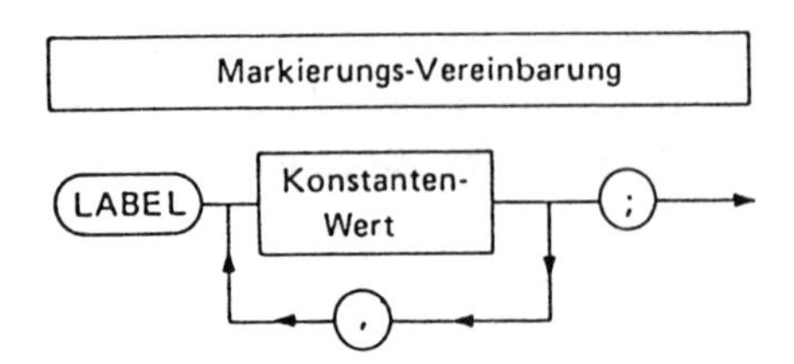

Bild 2-11 Syntaxdiagramm der Vereinbarung LABEL

2.2.2.1.1 LABEL (Kennung)

In nicht umsichtig strukturierten Programmen sind häufig *Rücksprünge* zu bestimmten Programmanweisungen zu sehen. BASIC-Umsteigern wird der in dieser Sprache oft gebrauchte GOTO-Befehl noch in bester Erinnerung sein. Dieser Befehl existiert auch in Turbo Pascal. Da hier aber im Gegensatz zu BASIC keine fortlaufende Numerierung der Zeilen erfolgt, muß eine Zieladresse gekennzeichnet werden, zu der ein eindeutiger Sprung möglich ist. Die Festlegung dieser *Kennung* erfolgt im Vereinbarungsteil unter der Rubrik *LABEL*, in der die gewünschten Bezeichnungen für die Sprungadresse stehen.

Ein Beispiel soll die Wirkungsweise erläutern. Befindet sich der Rechner bei der Ausführung des Programms am Befehl GOTO 1, dann springt er automatisch zu dem mit der Kennung (LABEL) „1“ gekennzeichneten Programmabschnitt und fährt dort mit der Bearbeitung fort. (Im Vereinbarungsteil muß allerdings die Kennung festgelegt worden sein: LABEL 1). Wie das Syntaxdiagramm in Bild 2-11 zeigt, können auch Bezeichner und Zeichenketten als Kennungen verwendet werden.

Hinweis! Sie sollten auf alle Fälle immer versuchen, ohne GOTOs und LABEL-Markierungen zu programmieren. Dies gelingt häufig mit einer Wiederholungsstruktur (WHILE DO ... in Abschn. 2.3.2 oder REPEAT ... UNTIL in Abschn. 2.3.3) (s. Programm STROMMES.PAS).

Im folgenden werden zwei Programm-Varianten vorgestellt:

1. Programmierung mit der logischen Variablen „fertig“ (KREISZA.PAS);
2. Programm mit Fehlerabfrage durch die logische Variable „korrekt“ (KREISZB.PAS).

2.2.2.1.2 Programm mit logischer Variable fertig (KREISZA.PAS)

Wie das Struktogramm zeigt, wird zunächst das Programm vorgestellt. Die folgenden Anweisungen werden wiederholt, bis das Programm fertig ist. Dazu wird die logische Variable *fertig* eingeführt:

```
fertig := (W = 'n') OR (W = 'N')
```

Das Programm wird wiederholt, bis die logische Variable „fertig“ wahr ist, d. h. bis die Taste ‘n’ oder ‘N’ gedrückt wird.

Dann werden der Radius (r) und die Höhe (h) eingegeben. Im Anschluß daran legt der Wert der Variablen Auswahl fest, welche Berechnung vorgenommen werden soll (Kanal 1: Volumen; Kanal 2: Gesamtoberfläche; Kanal 3: Mantelfläche). Die Ergebnisse werden sofort ausgegeben. Anschließend wird gefragt, ob eine weitere Berechnung vorgenommen werden soll, oder ob man fertig ist.

Struktogramm zu Programm KREISZA.PAS

Vorstellung des Programms

Wiederhole bis „fertig"

Eingabe: Radius (r); Höhe (h)

Fall-Auswahl

1	2	3
$V = \pi r^2 h$	$0 = 2 \pi r (r + h)$	$M = 2 \pi r h$
Ausgabe V	Ausgabe 0	Ausgabe M

Neue Berechnung (j/n), Eingabe

fertig := (W = 'n') oder (W = 'N')

Wiederhole bis fertig

Programm KREISZA.PAS

```
USES
   Crt;

VAR
   V, O, M, r, h  :  REAL;
   W  :  CHAR;
   Auswahl :  BYTE;
   fertig  :  BOOLEAN;

BEGIN
   ClrScr;
   WriteLn ('Programm zu wahlweisen Berechnungen');
   WriteLn ('an senkrechten Kreiszylindern'); WriteLn;
   WriteLn;

   (* Wiederholen des Programms bis „fertig" *)

   REPEAT

      (* Einlesen der Höhe h und des Radius r des Zylinders *)
      Write ('Höhe des Zylinders in m    : '); ReadLn (h);
```

```
    Write ('Radius des Zylinders in m : '); ReadLn (r);

    (* Vorstellung des Menüs *)

    WriteLn ('Es kann gewählt werden zwischen :');
    WriteLn;
    WriteLn ('  1. Berechnung des Volumens');
    WriteLn ('  2. Berechnung der Manteloberfläche');
    WriteLn ('  3. Berechnung der Gesamtoberfläche');
    WriteLn;

    (* Eingabe der Nummer für die Auswahl *)

    WriteLn('Um den Programmablauf zu starten,');
    Write  ('bitte die gewünschte Nummer eingeben : ');
    ReadLn (Auswahl);

    (* Auswahl-Möglichkeiten *)

    CASE  Auswahl  OF

1: BEGIN
  WriteLn; WriteLn ('Volumenberechnung');
  V := h*SQR(r)*Pi;
  WriteLn ('Das Volumen beträgt : ',V:10:2,' m3');
  END; (* Fall 1 *)

2: BEGIN
  WriteLn; WriteLn ('Mantelflächenberechnung');
  M := h*2*Pi*r;
  WriteLn('Die Mantelfläche beträgt    : ',M:10:2,' m2');
  END; (* Fall 2 *)

3: BEGIN
  WriteLn; WriteLn ('Berechnung der
  Gesamtoberfläche');
  O := 2*Pi*r*(r+h);
  WriteLn('Die Gesamtoberfläche beträgt  : ',O:10:2,' m2');
  END; (* Fall 3 *)

  END; (* Ende von CASE *)

  (* Frage nach weiteren Berechnungen *)

   WriteLn;WriteLn;
```

```
    Write ('Soll noch eine Berechnung durchgeführt
            werden (j/n) ? ');
    ReadLn (W);

    (* Definition der logischen Variablen fertig *)

    fertig := (W = 'n') OR (W = 'N');

  UNTIL fertig; (* Ende der REPEAT-Schleife *)

END.
```

2.2.2.1.3 Anweisung CASE..OF..ELSE..END

Im Programm KREISZA.PAS wird nur bei Eingabe von 1, 2 oder 3 ein Lösungsweg angeboten. Bei fehlerhaften Eingaben wird immer die erste Anweisung nach der CASE-Struktur ausgeführt. Um auf *falsche Eingaben* entsprechend reagieren zu können, wird der Fehlerfall als ELSE-Fall behandelt (s. Syntaxdiagramm in Bild 2-10) und die Anweisung lautet CASE..OF..ELSE. Dieser Befehl führt die nach ELSE folgenden Anweisungen aus, wenn eine Eingabe nicht durch die unter CASE..OF stehenden Auswahlmöglichkeiten abgedeckt werden kann.

2.2.2.1.4 Programm mit Fehlererkennung durch logische Variable (KREISZB.PAS)

Statt den Fehlerfall mit ELSE zu behandeln, kann man auch von Anfang an verhindern, daß ein Fehlerfall überhaupt auftritt. Dies wird im folgenden Programm KREISZB.PAS gezeigt.

Mit der logischen Variablen „korrekt" wird festgelegt, daß der Fall 1, 2 oder 3 erst dann ausgewählt wird, wenn die Eingabe korrekt ist. *(korrekt:= (Auswahl = 1) OR (Auswahl = 2) OR (Auswahl = 3)*. Für den Fall der nicht korrekten Eingabe (*IF NOT korrekt*) wird eine korrekte Eingabe verlangt. Im folgenden sehen Sie das zugehörige Struktogramm und das Programm.

Struktogramm zu Programm KREISB.PAS

Vorstellung des Programms

Wiederhole bis „fertig“

Eingabe von h und r

Vorstellung des Merus

Wiederhole bis „korrekt“

Einlesen der Variablen „Auswahl“

Korrekt := (Auswahl = 1) oder (Auswahl = 2) oder (Auswahl = 3)

Nicht korrekt ?

ja	nein
Meldung: Nur 1, 2 oder 3 eingeben	./.

bis korrekt

Auswahl

1	2	3
$V = h * \pi r^2$	$0 = 2 \pi r (r + R)$	$M = 2 \pi r \cdot h$
Ausgabe V	Ausgabe 0	Ausgabe M

Weitere Berechnung en (j/n) ?

fertig := (W = 'n') oder (W = 'N')

Wiederhole bis fertig

Programm KREISZB.PAS

```
USES
  Crt;

VAR
  V, O, M, r, h    :  REAL;
              W    :  CHAR;
        Auswahl    :  BYTE;
  korrekt, fertig  :  BOOLEAN;
```

```
BEGIN
  ClrScr;
  WriteLn ('Programm zu wahlweisen Berechnungen');
  WriteLn ('an senkrechten Kreiszylindern');
  WriteLn;
  WriteLn;

  (* Wiederholen des Programms bis "fertig" *)
  fertig := FALSE;
  REPEAT


    (* Vorstellung des Menüs *)

    WriteLn ('Es kann gewählt werden zwischen :');
    WriteLn;
    WriteLn (' 1. Berechnung des Volumens');
    WriteLn (' 2. Berechnung der Manteloberfläche');
    WriteLn (' 3. Berechnung der Gesamtoberfläche');
    WriteLn (' 0. Ende des Programms');
    WriteLn;


    (* Eingabe der Nummer für die Auswahl *)

    WriteLn ('Um den Programmablauf zu starten,');

    (* Wiederholen der Eingabe, bis korrekt *)
    REPEAT

    Write  ('bitte die gewünschte Nummer eingeben : ');
    ReadLn (Auswahl);
    korrekt:= (Auswahl = 1) OR (Auswahl = 2)
           OR (Auswahl = 3) OR (Auswahl = 0);


    (* Korrigieren, falls nicht korrekt *)

    IF NOT korrekt THEN
      WriteLn ('Falsche Eingabe: 0, 1, 2 oder 3 eingeben!');

    UNTIL korrekt; (* Eingabe bis korrekte Auswahl *)

    IF Auswahl<>0 THEN
      BEGIN
```

```
        (* Einlesen der Höhe h und des Radius r des
        Zylinders *)
        Write ('Höhe des Zylinders in Meter : '); ReadLn (h);
        Write ('Radius des Zylinders in m   : '); ReadLn (r);
        WriteLn;
        END;


      (* Auswahl-Möglichkeiten *)

      CASE   Auswahl   OF

        1: BEGIN
           WriteLn; WriteLn ('Volumenberechnung');
           V := h*SQR(r)*Pi;
           WriteLn ('Das Volumen beträgt : ',V:10:2,' m3');
           END; (* Fall 1 *)

        2: BEGIN
           WriteLn; WriteLn ('Mantelflächenberechnung');
           M := h*2*Pi*r;
           WriteLn ('Die Mantelfläche beträgt :
                    ',M:10:2,' m2');
           END; (* Fall 2 *)

        3: BEGIN
           WriteLn; WriteLn ('Berechnung der
           Gesamtoberfläche');
           O := 2*Pi*r*(r+h);
           WriteLn ('Die Gesamtoberfläche beträgt :
                    ',O:10:2,' m2');
           END; (* Fall 3 *)

        0: fertig := TRUE;

      END; (* Ende von CASE *)

  UNTIL fertig; (* Ende der REPEAT-Schleife *)

END.
```

2.2.2.2 Wahlweise Berechnung von Wechselstromwiderständen

Um alle, die vielleicht gerade vom Frust geplagt werden, seelisch und moralisch wieder aufzurichten, soll gezeigt werden, daß mit den bisher erworbenen Kenntnissen bereits ein kompliziertes und umfangreiches Programm erstellt werden kann:

Die drei Bauelemente Widerstand R, Spule L und Kapazität C seien in Reihe geschaltet. Wahlweise sollen der Scheinwiderstand Z und die Phasenverschiebung aus den einzelnen Wechselstromwiderständen ermittelt werden.

Bevor das eigentliche Programm erklärt wird, möchten wir an dieser Stelle noch einige Bemerkungen zum Umgang mit fehlerhaften Eingaben machen. Da der Programmierer immer damit rechnen muß, daß der spätere Benutzer bei den Eingaben Fehler macht, muß er sich gegen diese absichern, ohne den Programmablauf im wesentlichen zu stören oder den Anwender ins Chaos zu stürzen. Durch die im Vereinbarungsteil festgelegten Datentypen wird eine dieser Festlegung widersprechende Eingabe vom System abgewiesen (z. B. Eingabe eines Buchstabens, wenn eine Zahl festgelegt wurde). Gibt es trotzdem noch Möglichkeiten fehlerhafter Eingaben, so sollten Sie eine logische Variable definieren. Je nachdem, ob diese logische Variable wahr oder falsch ist, werden die Berechnungen begonnen oder eine korrekte Eingabe verlangt. Im vorliegenden Falle wird der Fehler korrigiert, wenn Sie nicht korrekt auswählen, d. h. keine „1“, „2“ oder „3“ eingeben. Dazu definieren Sie die logische Variable *korrekt*:

```
korrekt := (Auswahl = 1) OR (Auswahl = 2)
            OR (Auswahl = 3).
```

Immer wenn die Auswahl *nicht korrekt* ist, verlangen Sie eine Eingabe der Werte 1, 2 oder 3. Erst wenn eine korrekte Eingabe erfolgt ist, gehen Sie im Programm weiter (*REPEAT ... UNTIL korrekt*). Falls Sie bei den folgenden Eingaben falsche Werte eintippen, verfahren Sie genauso.

Jetzt wird das Programm WESTRO1 besprochen, das beim ersten Hinsehen aufgrund seines Umfangs ganz schön beeindruckend wirkt, sich aber bei genauerer Betrachtung als Zusammensetzung bekannter Strukturen erweist.

2.2.2.2.1 Struktogramm

Wiederhole mit logischer Variablen „fertig"

Berechnung von reihengeschalteten Wechselstromwiderständen

Wiederhole mit logischer Variablen „korrekt"

Vorstellung der Menüs

Korrekt := (Auswahl = 1) oder (Auswahl = 2) oder (Auswahl = 3)

bis korrekt

Vorbereitung der Eingabe

Wiederhole mit logischer Variablen „korrekt"

Korrekt := (10 L = R) und (RL = 1000)

bis korrekt

Auswahl

1	2	3
Wiederhole bis korrekt	Wiederhole bis korrekt	Wiederhole bis korrekt
Korrekt := (0,1 L = L) und (L ≤ 10)	korrekt := (10^{-6} ≤ C) und (C ≤ 10^{-3})	Korrekt: = (10^{-6} ≤ C) und (C ≤ 10^{-3})
bis korrekt	bis korrekt	bis korrekt
$Z = \sqrt{R^2 + (2\,\pi f L)^2}$ $\varphi = \arctan\left(\frac{2\pi f L}{R}\right)$	$Z = \sqrt{R^2 + \left(\frac{1}{2\,\pi f C}\right)^2}$ $\varphi = \arctan\left(\frac{-1}{R 2\pi f c}\right)$	Wiederhole bis korrekt Korrekt := (0,1 ≤ L) und (L ≤ 10) bis korrekt $Z = \sqrt{R^2 + (2\,\pi f L - 1/(2\,\pi f c))^2}$ $\varphi = \arctan\left(\frac{2\pi f L - \frac{1}{2\pi f c}}{R}\right)$
Ausgabe Z, φ	Ausgabe Z, φ	Ausgabe Z, φ

Wiederhole bis fertig

Beschreibung:

- Eingabe der Widerstände (R), der Induktivitäten L und der Kapazitäten C.
- Verarbeitung der jeweiligen Formeln für den Scheinwiderstand und den Verlustwinkel.
- Ausgabe der entsprechenden Scheinwiderstände und der Verlustwinkel.

2.2.2.2.2 Programm (WESTRO1.PAS)

```
USES
  Crt;

VAR
  L, C, R, W, Z     :  REAL;
  Auswahl           :  BYTE;
  A                 :  CHAR;
  korrekt, fertig   :  BOOLEAN;

CONST
  f  =  50;

BEGIN

(* Wiederhole, bis fertig *)
fertig := FALSE;

REPEAT
  ClrScr;
  WriteLn;
  WriteLn(' Berechnung von reihengeschalteten
              Wechselstromwiderständen');
  WriteLn;
  (* Wiederhole, bis korrekt *)
  REPEAT
    WriteLn;
    WriteLn ('Es kann gewählt werden zwischen :');
    WriteLn;
    WriteLn ('Reihenschaltung von R und L    :  1 wählen');
    WriteLn ('Reihenschaltung von R und C    :  2 wählen');
    WriteLn ('Reihenschaltung von R,C und L  :  3 wählen');
    WriteLn ('Ende :  0 wählen');
    WriteLn;
    Write ('Auswahl : 0, 1, 2 oder 3 : ');
    ReadLn (Auswahl);
    korrekt :=  (Auswahl = 0) OR (Auswahl = 1)
                OR (Auswahl = 2) OR (Auswahl = 3);
    IF NOT korrekt THEN BEGIN
      WriteLn;
      WriteLn ('Es dürfen nur Werte zwischen 0 und 3
                eingegeben werden!');
      END;(*IF*)
    UNTIL korrekt; (* bis korrekte Eingabe erfolgt *)
```

```
IF Auswahl<>0 THEN
  BEGIN
  ClrScr;
  WriteLn ('                    ACHTUNG !!');
  WriteLn;
  Write ('Die einzugebenden Werte müssen sich ');
  WriteLn ('innerhalb der folgenden Grenzen bewegen :');
  WriteLn;
  WriteLn ('        10 Ohm    ≤ R  ≤   1000 Ohm ');
  WriteLn ('       0.1 H      ≤ L  ≤   10 H ');
  WriteLn ('     10E-6 F      ≤ C  ≤   10E-3 F ');
  WriteLn;
  WriteLn ('Eingabe der Meßwerte : ');
  WriteLn;

  (* Nur Werte zwischen 10 <= R <= 1000 eingeben *)

  REPEAT
    Write (' R = ');  ReadLn (R);
    korrekt :=  (10 <= R) AND (R <= 1000);
    IF NOT korrekt THEN
      WriteLn ('Falsche Eingabe! Bitte korrigieren!');
  UNTIL korrekt; (* bis korrekte Eingabe von R *)
  WriteLn;
  END; (* IF Auswahl<>0 *)

 (* Wahl der Berechnung *)

 CASE Auswahl OF

  0: fertig := TRUE;

  1: BEGIN

     (* Eingaben von 0.1 <= L <= 10 erlaubt *)

     REPEAT
       Write (' L = ');  ReadLn (L);
       korrekt :=  (0.1 <= L) AND (L <= 10);
       IF NOT korrekt THEN
         WriteLn ('Falsche Eingabe! Bitte korrigieren!');
     UNTIL korrekt; (* bis Eingabe von L korrekt *)

     Z :=  SQRT ( SQR (R) + SQR (2*Pi*f*L) );
     W :=  ARCTAN ( (2*Pi*f*L) / R );
```

```
   WriteLn;
   WriteLn (' Scheinwiderstand   Z = ', Z :10:3, ' Ohm');
   WriteLn (' Phasenverschiebung W = ', W :10:3, ' Ø ');
   ReadLn;
   END; (* Fall 1 *)

2: BEGIN

   (* korrekte Eingabe von C *)

   REPEAT
     Write (' C = ');  ReadLn (C);
     korrekt :=  (10E-6 <= C) AND (C <= 10E-3);
     IF NOT korrekt THEN
       WriteLn ('Falsche Eingabe! Bitte korrigieren!');
     UNTIL korrekt;(* bis korrekte Eingabe von C *)

   Z :=  SQRT ( SQR (R) + SQR (0.5*Pi*f*C) );
   W :=  ARCTAN ( -1/R*2*Pi*f*C );
   WriteLn;
   WriteLn (' Scheinwiderstand
          Z = ', Z :10:3, ' Ohm');
   WriteLn (' Phasenverschiebung
          W = ', W :10:3, ' Ø ');
   ReadLn;
   END; (* Fall 2 *)

3: BEGIN

   (* Korrekte Eingabe von C *)

   REPEAT
     Write (' C = '); ReadLn (C);
     korrekt :=  (10E-6 <= C) AND (C <= 10E-3);
     IF NOT korrekt THEN
       WriteLn ('Falsche Eingabe! Bitte korrigieren!');
     UNTIL korrekt; (* bis korrekte Eingabe *)

   (* korrekte Eingabe von L *)

   REPEAT
     WriteLn;
     Write (' L = ');  ReadLn (L);
     korrekt :=  (0.1 <= L) AND (L <= 10);
     IF NOT korrekt THEN
```

```
          WriteLn ('Falsche Eingabe! Bitte korrigieren!');
        UNTIL korrekt; (* bis korrekte Eingabe von L *)

      Z := SQRT ( SQR (R) + SQR (2*Pi*f*L) -(0.5*Pi*f*C) );
      W := ARCTAN ( (2*Pi*f*L) - (0.5*Pi*f*C)/R );
      WriteLn;
      WriteLn (' Scheinwiderstand    Z = ', Z :10:3, ' Ohm');
      WriteLn (' Phasenverschiebung W = ', W :10:3, ' Ø ');
      ReadLn;
      END; (* Fall 3 *)

    END; (* CASE *)

  UNTIL fertig; (* Ende der ersten REPEAT-Schleife *)

WriteLn;
WriteLn ('Programmende');
ReadLn;
END.
```

2.2.2.3 Übungsaufgabe: KUGEL.PAS

Wer sich jetzt einmal selbst an der CASE..OF-Anweisung versuchen möchte, der sollte einfach zu irgendeiner Formelsammlung greifen, mehrere Formeln heraussuchen und diese in einem Programm seiner Wahl verarbeiten. Um in der Geometrie zu bleiben, sei hier als Beispiel die wahlweise Berechnung der Volumina des senkrechten Kreiszylinders, der Kugel und des Kreiskegels aufgeführt (Lösung im Anhang A 5.3).

2.3 Wiederholung (Iterationen)

Wiederholungsstrukturen dienen allgemein der mehrmaligen Ausführung von Anweisungen. Dabei kann der Programmierer selbst bestimmen, wann eine Schleife beendet werden soll. Dies geschieht entweder durch Eingabe der Anzahl der gewünschten Wiederholungen oder durch die Festlegung von Bedingungen, die zum Abbruch der Schleife führen. Jede dieser Möglichkeiten ist durch bestimmte Befehlskombinationen realisiert, die im folgenden erläutert werden.

2.3.1 Zählschleifen (FOR..TO (DOWNTO)..DO)

Mit Zählschleifen kann direkt bestimmt werden, wie oft die in der Schleife aufgeführten Befehle abzuarbeiten sind. Bild 2-12 zeigt das Syntaxdiagramm der Zählschleife.

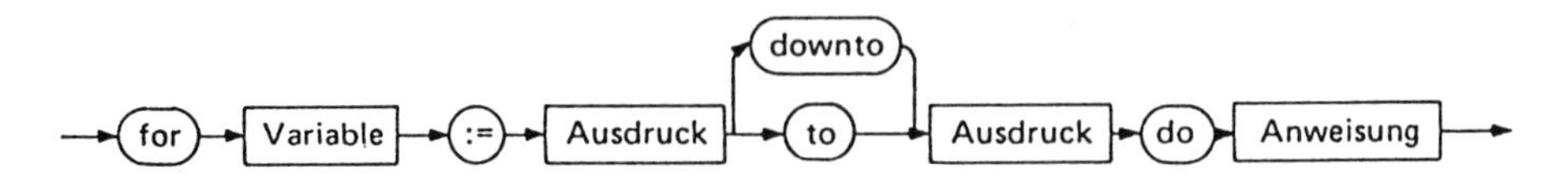

Bild 2-12 Syntaxdiagramm der Zählschleife

Im folgenden wird ein Beispiel gezeigt:

```
FOR  Z:=1  TO  20  DO
```

„Z" bezeichnet man als Laufvariable oder als *Zähler*; der *Anfangswert* für Z ist in diesem Fall *1*, der *Endwert 20*. Die Schleife wird also (beginnend bei 1) 20mal durchlaufen. Die *Schrittweite* beträgt bei der Zählschleife immer *eins*, d.h., der Wert des Zählers wird bei jedem Durchlauf um „1" erhöht.

Oft möchte man auch die jeweiligen Werte des Zählers selbst zu Berechnungen heranziehen. In diesem Fall muß man entscheiden, ob die Berechnung mit dem *niedrigsten* oder dem *höchsten* Wert beginnen soll. Soll mit dem *höchsten* Wert begonnen werden, ist eine *abwärts zählende Schleife* von Vorteil. Der Wert der Laufvariablen wird dabei um jeweils „1" erniedrigt. Eine abwärts zählende Schleife lautet beispielsweise:

```
FOR  Z:=20  DOWNTO  1  DO
```

Die Anfangs- und Endwerte müssen selbstverständlich keine Zahlen sein. In vielen Fällen empfiehlt sich der Einsatz von Variablen, um die Schleife den entsprechenden Bedürfnissen anzupassen. Diese Zählvariablen können auch vom Typ CHAR sein, dürfen aber auf *keinen Fall* Dezimalzahlen vom Typ REAL sein.

Die Schrittweite kann in Turbo Pascal nicht wie in BASIC oder FORTRAN beliebig gewählt werden; sie ist für aufwärtszählende Schleifen +1, bei abwärts zählenden Schleifen -1. Zu beachten ist weiterhin, daß die Anfangs- und Endwerte einer Zählschleife nur *einmal* vor dem Eintritt in die Schleife ausgewertet werden; eventuelle Änderungen bleiben dann unberücksichtigt.

2.3.1.1 Simulation eines Würfelspiels

Um die Wirkungsweise dieses Schleifentyps zu zeigen, wird ein Würfelspiel simuliert. In ihm wird gezeigt, daß bei einem völlig symmetrischen Würfel jede der möglichen Zahlen 1 bis 6 gleich häufig vorkommt. Strenggenommen müßte dazu unendlich oft gewürfelt werden. Dies ist zwar nicht möglich, doch die Tendenz zur Gleichverteilung der Würfelaugen ist erkennbar.

Würfeln bedeutet, daß eine der Zahlen 1 bis 6 zufällig erzeugt werden. In einem Computerprogramm wird dazu ein Befehl benötigt, der solche Zufallszahlen erzeugt. In Turbo Pascal heißt diese Anweisung:

RANDOM (Zahl);

Es wird eine Zufallszahl zwischen **0** und **Zahl** (ausschließlich) als ganze Zahl erzeugt (Zahl muß vom Datentyp INTEGER sein!). Wenn beim Würfelspiel Zufallszahlen von 1 bis 6 generiert werden sollen, dann lautet der Befehl:

RANDOM (6) + 1;

2.3.1.1.1 Struktogramm

Eingabe der Wurfanzahl

Augenzähler auf Null setzen
a = 0, b = 0, c = 0, d = 0, e = 0, f = 0

I = 1

Wurf = ?

1	2	3	4	5	6
a = a + 1	b = b + 1	c = c + 1	d = d + 1	e = e + 1	f = f + 1

Wiederhole bis I = Wurfanzahl

Ausgabe von a, b, c, d, e, f

2.3.1.1.2 Programm (WUERFEL.PAS)

```
USES
  Crt;

VAR
  a, b, c, d, e, f, i, Wurfanzahl, Wurf  :  INTEGER;

BEGIN
ClrScr;
WriteLn;
WriteLn;
WriteLn (' Simulationsprogramm eines Würfelspiels');
WriteLn;
Write (' Bitte eingeben, wie oft gewürfelt werden soll: ');
ReadLn (Wurfanzahl);

(* Zähler auf null setzen *)

a:=0;b:=0;c:=0;d:=0;e:=0;f:=0;

(* Zählschleife für die Anzahl der Würfe *)

FOR i := 1 TO Wurfanzahl DO BEGIN
  Wurf := RANDOM (6) +1;
  (* Auswahl für Zahl von Wurf *)
  CASE Wurf OF
    1: a := a+1;
    2: b := b+1;
    3: c := c+1;
    4: d := d+1;
    5: e := e+1;
    6: f := f+1;
    END; (* von CASE *)
  END; (* FOR-Schleife *)

(* Ausgabe des Ergebnisses *)

WriteLn;
WriteLn;
WriteLn (' Ausgabe des Ergebnisses:');
WriteLn;
WriteLn (' Die Verteilung der Augenzahl ergibt sich zu:');
WriteLn;
WriteLn (' Die Zahl 1 wurde ',a,' mal gewürfelt');
```

```
WriteLn;
WriteLn (' Die Zahl 2 wurde ',b,' mal gewürfelt');
WriteLn;
WriteLn (' Die 3, 4, 5 und die 6 je ',c,', ',d,', ',e,' bzw.
          ',f,' mal');
ReadLn;

END.
```

2.3.1.2 Einlesen eines ARRAY

In Abschnitt 1.2 wurde der Datentyp ARRAY bereits erwähnt und darauf hingewiesen, daß ein ARRAY ein Feld (engl.: array) darstellt, in dem sich mehrere Datenelemente *desselben* Datentyps befinden (s. Bild 1-1). Die einzelnen Daten werden über den entsprechenden Index (Position des Datenelements) angesprochen. Anschaulich gesprochen ist ein ARRAY ein Schrank mit einer entsprechenden Anzahl von Schubladen, in denen sich Daten desselben Datentyps befinden. Bild 2-13 zeigt das Syntaxdiagramm des Datentyps ARRAY.

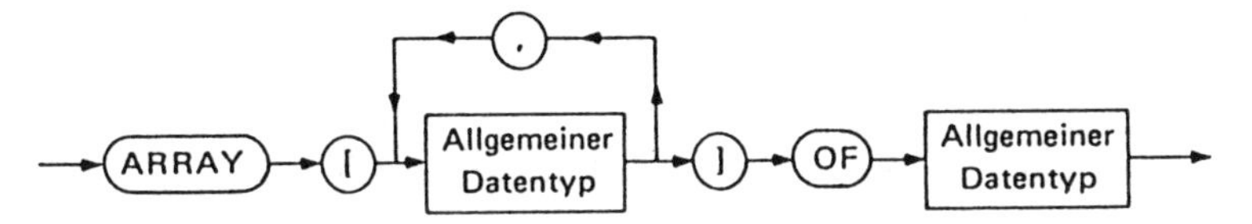

Bild 2-13 Syntaxdiagramm des Datentyps ARRAY

Eine häufig verwendete Darstellung einer Variablen als ARRAY lautet:

```
VAR
   Name: ARRAY[Konstante1 .. Konstante2] OF Datentyp;
```

Die Konstante1 ist dabei die untere und die Konstante2 die obere Indexgrenze.

Für die Indizes ist folgendes zu beachten:

a) Variable oder Ausdrücke sind als Indizes nicht zulässig.

b) Die untere Indexgrenze muß immer kleiner als die obere sein.

Die Art der Daten (z. B. REAL, INTEGER, BYTE, CHAR) wird als Datentyp festgelegt.

Der Datentyp ARRAY steht im Vereinbarungsteil bei der zugehörigen Variablen. So bedeutet beispielsweise:

```
A: ARRAY [1..20] OF INTEGER;
```

daß für die Variable A ein Feld mit 20 Datenelementen vom Typ INTEGER reserviert wird.

ARRAYS können auch, wie Bild 1-1 zeigt, zwei- oder dreidimensional aufgebaut sein. Bildlich gesprochen vereinbart man als zweidimensionales ARRAY ein Schachbrett oder im dreidimensionalen Fall einen Würfel mit einzelnen Bereichen, von denen jeder über eine entsprechende Indexfolge ansprechbar ist. Beispielsweise legt die Vereinbarung:

```
B: ARRAY [1..20,1..15] OF STRING
```

einen zweidimensionalen ARRAY vom Typ STRING fest, bei dem insgesamt 20*15 = 300 einzelne Felder für Zeichenketten zur Verfügung gestellt werden.

Ein wichtiges Anwendungsfeld für ARRAYs sind die Daten, die über Zählschleifen in den Rechner eingelesen oder aus dem Rechner ausgegeben werden.

2.3.1.2.1 Einlesen eines eindimensionalen ARRAY

Mit dem altgedienten Programm, das uns die Berechnug der Ortskoordinaten des schiefen Wurfes ermöglichte (s. Abschn. 2.1.2), soll für verschiedene einzugebende Flugzeiten die erreichte Weite bestimmt werden. Die eingeführte Neuerung besteht darin, daß zur Ermittlung von mehreren Ergebnissen kein neuer Start des Programms nötig ist; alle Rechenoperationen werden sofort nacheinander ausgeführt und in die einzelnen Datenfelder gespeichert. Größere Datenmengen können also nach der Eingabe schnell in einem Arbeitsgang abgefertigt werden.

2.3.1.2.1.1 Struktogramm

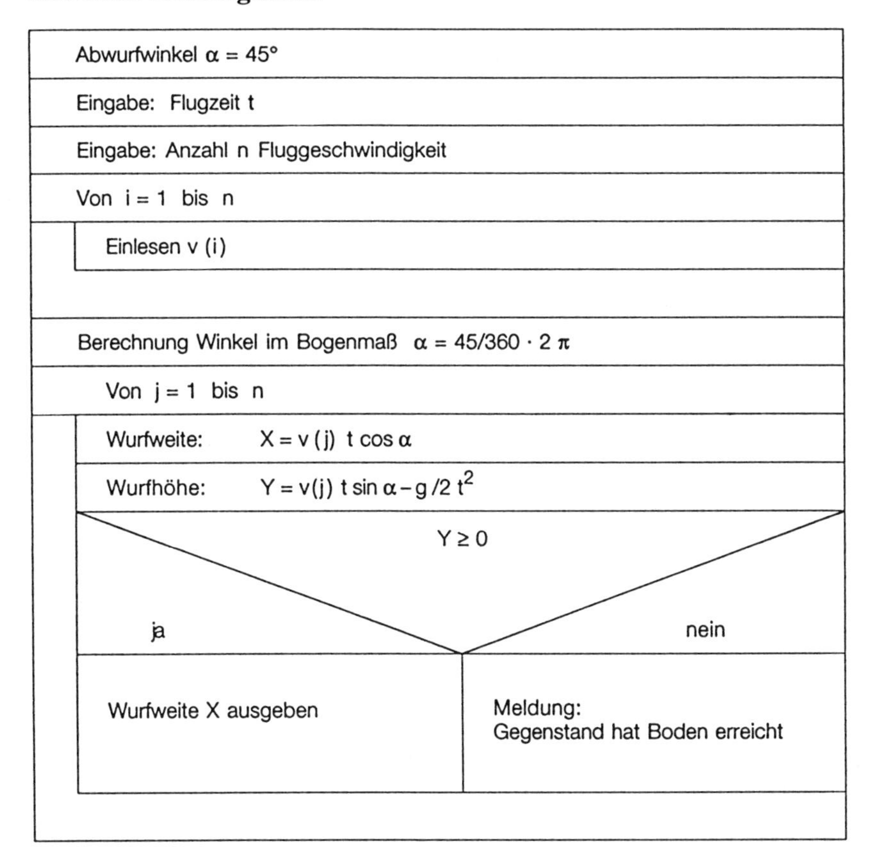

2.3.1.2.1.2 Programm (WURF3.PAS)

```
USES
  Crt;

VAR
  X,Y,t,a    :  REAL;
  v          :  ARRAY [1..20] OF REAL;
  i,n        :  BYTE;

CONST
  g = 9.81;

BEGIN
ClrScr;
WriteLn;
```

```
WriteLn;
WriteLn ('Bestimmung der Ortskoordinaten eines
         Gegenstandes beim schiefen Wurf');
WriteLn;
WriteLn ('  vorgegebener Abwurfwinkel α = 45');
WriteLn;
WriteLn;
WriteLn ('Berechnung von maximal 20 Werten');
WriteLn;

Write ('Eingabe der Flugzeit  in s                    : ');
ReadLn(t);
WriteLn;
Write ('Für wieviele Fluggeschwindigkeiten möchten Sie
        rechnen? ');
ReadLn (n);

(* Einleseschleife *)

FOR i:= 1 TO n DO BEGIN
  Write('Lies Anfangsgeschwindigkeit in m/s ein:  ');
  ReadLn(v[i]);
  END; (* Einleseschleife *)

(* Berechnung des Winkels im Bogenmaß *)

a:=45/360*2*Pi;
(* Berechnung der Wurfweiten *)

FOR i:=1 TO n DO BEGIN

  X := v[i]*t*cos(a);
  Y := v[i]*t*sin(a) - SQR(t)*g*0.5;

  IF Y >= 0
    THEN
      BEGIN
      WriteLn;
      WriteLn ('Gegenstand Nr.',i,' :');
      WriteLn (' die erreichte Weite beträgt :
                ',X:10:3,' m');
      WriteLn;
      END (* IF-Abfrage, Ja-Fall *)
    ELSE
      BEGIN
```

```
        WriteLn;
        WriteLn ('Der Gegenstand Nr.',i,' hat bereits
                 wieder den Boden erreicht !');
        END; (*IF-Abfrage *)

   END; (* FOR-Schleife *)

ReadLn;

END.
```

2.3.1.2.2 Einlesen eines zweidimensionalen ARRAY

Im Programm WURF4.PAS wird ein zweidimensionaler ARRAY eingelesen:

```
     v  :  ARRAY [1..10,1..3] OF REAL;
```

Das ist eine Tabelle mit 10 Spalten und drei Zeilen. Dort sind beispielsweise die drei Messungen abgelegt, die 10 Tage lang ermittelt wurden.

```
USES
   Crt;

VAR
        X,Y,t,a  :  REAL;
              v  :  ARRAY [1..10,1..3] OF REAL;
    i,j,k,n,s,c  :  BYTE;

CONST
   g = 9.81;

BEGIN
ClrScr;
WriteLn;
WriteLn;
WriteLn (' Bestimmung der Ortskoordinaten eines Gegenstandes beim
          schiefen Wurf');
WriteLn;
WriteLn;
WriteLn;
WriteLn (' vorgegebener Abwurfwinkel  α = 45°');
WriteLn;
WriteLn;
```

```
WriteLn (' Abbruch nach 30 Werten');
WriteLn;
WriteLn;

(* Eingabe der Flugzeit *)

Write (' Eingabe der Flugzeit in s : ');
ReadLn(t);
WriteLn;
WriteLn;

a:=45/360*2*Pi;

(* Anfangszähler auf null setzen *)

k:=0; n:=0; s:=0; c:=0;

(* Einlesen des zweidimensionalen ARRAYs *)

FOR i:=1 TO 10 DO BEGIN
    FOR j:=1 TO 3 DO BEGIN
      WriteLn (i, '. Tag  ', j, '. Messung');
      Write ('Eingabe der Anfangsgeschwindigkeit in m/s: ');
      ReadLn (v[i,j]);
      WriteLn;
      n:= n + 1;
    END; (* FOR j-Schleife *)
END; (* FOR i-Schleife *)

(* Abprüfen des Schleifenendes für n = 3 *)

WriteLn;

IF n<>0 THEN BEGIN
  IF n<3  THEN s:=n
          ELSE s:=3;

  (* Berechnen der Werte für X und Y *)

  FOR k:=1 TO i DO BEGIN
    FOR j:=1 TO s DO BEGIN
      X := v[k,j]*t*cos(a);
      Y := v[k,j]*t*sin(a) - SQR(t)*g*0.5;
      c := c+1;
      IF Y >= 0
        THEN
```

```
            BEGIN
            WriteLn;
            WriteLn (' Gegenstand Nr.',c);
            WriteLn (' die erreichte Weite beträgt : ',X:10:3,' m');
            END
          ELSE
            BEGIN
            WriteLn;
            WriteLn (' Der Gegenstand Nr.',c,' hat bereits wieder
                        den Boden erreicht !');
            END; (* der IF-Abfrage *)
        END; (* FOR-j-Schleife *)

      IF k=i-1 THEN
        s:=n-3*(i-1);
      END; (* IF-Abfrage *)

    END; (* FOR-k-Schleife *)
END.
```

2.3.2 Abweisende Schleife (WHILE..DO)

Die „WHILE..DO"-Schleife wird *abweisende* Schleife genannt, weil sie *vor Ausführung* eines Programmteils eine sogenannte *Ausführungsbedingung* abfragt:

„Während die Ausführungsbedingung erfüllt ist, mache ...".

Ist die Ausführungsbestimmung nicht erfüllt, dann werden die gesamten Anweisungen in der Schleife übersprungen, ohne eine einzige Operation auszuführen: Das Programm weist die Ausführung dieses Programmteils ab. Bild 2-14 zeigt das entsprechende Syntaxdiagramm.

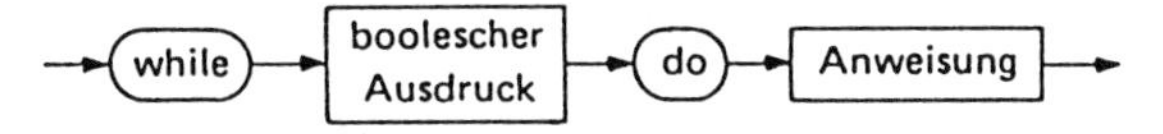

Bild 2-14 Syntaxdiagramm der DO..WHILE-Schleife

Die Ausführungsbedingung muß auf jeden Fall nachprüfbar sein. Beispielsweise müssen alle Variablen bei der Überprüfung der Ausführungsbedingung bekannt sein und einen Wert besitzen. Werden Teile der Ausführungsbedingung erst im Programmteil der Schleife selbst errechnet, dann müssen Hilfswerte so gesetzt werden, daß der erste Schleifendurchlauf ermöglicht wird.

Da die WHILE..DO-Schleife nur eine *kontrollierte* Verarbeitung zuläßt, ist sie – wenn immer möglich – der im nächsten Abschnitt beschriebenen REPEAT..UNTIL-Schleife vorzuziehen.

2.3.2.1 Strömungswiderstand einer laminaren Strömung in glatten Rohren (Reynolds-Zahl)

In unserem Beispiel soll der Strömungswiderstand (Fw) ermittelt werden. Als Strömungswiderstand bezeichnet man die Kraft, die ein umspülendes Medium auf einen Gegenstand ausübt. Die Kraft setzt sich dabei aus der Reibungskraft und der Druckkraft zusammen. Bei kleinen Strömungsgeschwindigkeiten ist jede reale Strömung laminar. Ab einem kritischen Grenzwert jedoch, der sogenannten Reynoldsschen Zahl (Re), ist die Strömung turbulent, d.h. der Strömungswiderstand nimmt erheblich zu.

Zu überprüfen ist nun, ab welcher Geschwindigkeit (v) eine bewegte Kugel in Glyzerin den für glatte Rohre geltenden Grenzwert der kritischen Reynoldszahl von Re=1160 erreicht.

Ausgegeben werden sollen die Geschwindigkeiten der Kugel und die entsprechenden Strömungswiderstände für den laminaren Bereich (solange die Reynoldszahl kleiner als 1160 ist).

Folgende Größen sind bekannt und konstant:

Kugelradius r=0,1m
größter Kugelquerschnitt A=0.2*Pi m^2
Widerstandsbeiwert der Kugel c=0,2 (dimensionslos)
Dichte von Glyzerin (20°C) ro=1261 kg/m^3
kinematische Viskosität von Glyzerin (20°C) n=1170E-6 m^2/s
Maximum für Re=1160 (dimensionslos)

Zu berechnen sind folgende Größen:

Relativgeschwindigkeit zwischen Kugel und Rohr v
Reynoldssche Zahl (Re) in Abhängigkeit von v

Dazu werden folgende Formeln verwendet:

Fw = c*A*0.5*ro*SQR(V)
Re = r*V/n

2.3.2.1.1 Struktogramm

<table>
<tr><td colspan="2">Eingabe der konstanten Werte:
r=0,1; A=0,2*Pi; c=0,2;
ro=1261; n=1170E–6;</td></tr>
<tr><td colspan="2">Startwert für v = 0; Re = 0</td></tr>
<tr><td colspan="2">WHILE Re < 1160 DO</td></tr>
<tr><td rowspan="4"></td><td>v = v + 0,1</td></tr>
<tr><td>Fw := c*A*0,5*ro*SQR(v)</td></tr>
<tr><td>Re := r*v/n</td></tr>
<tr><td>Ausgabe v, Fw</td></tr>
</table>

2.3.2.1.2 Programm (STROEMEN.PAS)

```
USES
   Crt;

CONST
   r  = 0.1;
   cw = 0.2;        (* Widerstandsbeiwert *)
   ro = 1261;       (* Dichte von Glyzerin *)
   k  = 1170E-6;    (* kinematische Viskosität *)

VAR
   Re,              (* Re: Reynoldzahl *)
   v,               (* v: Relativgeschwindigkeit der Kugel *)
   Fw :  REAL;      (* Fw: Strömungswiderstand *)


BEGIN
ClrScr;
Re := 0;
v  := 0;
WHILE  Re < 1160  DO
   BEGIN
```

```
    v  := v + 0.1;
    Fw := cw*pi*SQR(r)*0.5*ro*SQR(V);
    Re := (r*V)/k;
    WriteLn ('Geschwindigkeit der Kugel     : ',V:10:1,' m/s');
    WriteLn ('Strömungswiderstand           : ',Fw:10:3,' N');
    END; (* END der WHILE-Schleife *)
END.
```

2.3.3 Nicht abweisende Schleife (REPEAT..UNTIL)

Die „REPEAT..UNTIL"-Schleife prüft vor dem Schleifenbeginn keine Ausführungsbedingung, die zu einer Abweisung des Programmteils führen kann. Sie ist deshalb eine *nicht-abweisende* Schleife. Bei ihr werden also zunächst die in der Schleife enthaltenen Ausführungen durchgeführt und dann erst die Bedingung zum Wiederholen oder zur Beendigung der Schleife abgefragt. Es kann bei der nicht abweisenden Schleife also vorkommen, daß Berechnungen vorgenommen wurden, die gar *nicht erwünscht* sind. Das Programm hat nämlich zuerst gerechnet und dann festgestellt, daß die Bedingungen zum Beenden der Schleife erfüllt waren. In einem solchen Fall können Variable unbrauchbare Werte aufweisen, mit denen unter Umständen weitergerechnet wird. Wie daraus ersichtlich ist, muß man sich über diesen Sachverhalt genau im klaren sein, um nicht beispielsweise bei einer Auswertung großer Datenmengen völlig falsche Ergebnisse zu erhalten. Aus diesem Grund ist man generell mit der „WHILE..DO"-Schleife am besten beraten, einfach aus Sicherheitsgründen.

Frühere Programme haben jedoch auch den Vorteil der REPEAT-Until-Schleife gezeigt, weil damit Rücksprünge mit GOTO und LABEL zu verhindern sind. Dazu werden *logische Variable* festgelegt. Die Anweisungen werden mit einer nicht abweisenden REAPEAT-UNTIL-Schleife wiederholt, bis die logische Variable wahr (oder falsch) ist.

Bild 2-15 zeigt das Syntaxdiagramm der REPEAT-UNTIL-Anweisung.

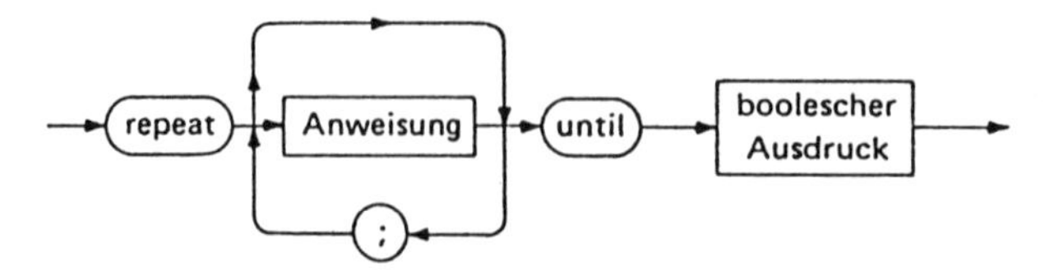

Bild 2-15 Syntaxdiagramm der REPEAT..UNTIL-Schleife

Als Beispiel wird das bereits aus Abschnitt 2.3.2. bekannte Programm „STROEMEN.PAS" nicht mit einer „WHILE..DO"-Schleife, sondern mit einer „REPEAT..UNTIL"-Schleife programmiert.

2.3.3.1 Strömungsprogramm mit der REPEAT .. UNTIL-Schleife

2.3.3.1.1 Struktogramm

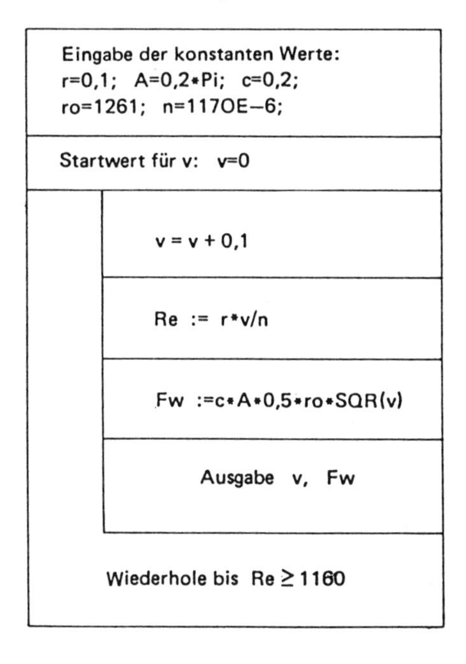

2.3.3.1.2 Programm (STROM2.PAS)

```
USES
   Crt;

CONST
   r  = 0.1;
   cw = 0.2;         (* Widerstandsbeiwert *)
   ro = 1261;        (* Dichte von Glyzerin *)
   k  = 1170E-6;     (* kinematische Viskosität *)

VAR
   Re, v, Fw :  REAL;

BEGIN
ClrScr;
v := 0;
```

```
REPEAT
  v  := v + 0.1;
  Fw := cw*pi*0.5*ro*SQR(r)*SQR(V);
  Re := (r*V)/k;
  WRITELN ('Geschwindigkeit der Kugel     : ',V:10:1,' m/s');
  WRITELN ('Strömungswiderstand           : ',Fw:10:3,' N');
  ReadLn;
  UNTIL  Re >= 1160;
END.
```

2.3.4 Geschachtelte Schleifen

Um das Programmiervergnügen noch zu steigern, sei an dieser Stelle erwähnt, daß man selbstverständlich auch alle Schleifenarten munter ineinander schachteln kann, d.h. in einer Schleife steht eine andere, in dieser dann wieder eine usw. Dieses Schachteln von Schleifen ist eine vielgebrauchte Möglichkeit, um bestimmte Probleme elegant zu lösen. Eine Hauptanwendung der geschachtelten Schleifen liegt zweifellos im Einlesen von zwei- oder mehrdimensionalen ARRAYs durch Zählschleifen und in der Möglichkeit, diese zu verarbeiten, etwa in Form von Matrizen oder zweidimensionalen Tabellen, die aus Zeilen und Spalten bestehen. Da bereits in Abschnitt 2.3.1.2 der prinzipielle Aufbau von ein- und mehrdimensionalen ARRAYs erklärt wurde, wird hier die Anwendung von ein- und zweidimensionalen ARRAYs bei Berechnungen vorgestellt.

2.3.4.1 Durchflußvolumen nach Hagen-Poiseuille

Mit dem Hagen-Poiseullischen Gesetz kann das Durchflußvolumen einer Flüssigkeit durch Rohre mit verschiedenen Radien errechnet werden. Dabei wird automatisch für Druckdifferenzen (p) von 1 bis 100 mbar zwischen den Rohrenden und für Rohrinnenradien (r) von 5 bis 40 mm das Volumen der Flüssigkeit errechnet, das in der Zeit t durch das Rohr strömt (beachten Sie: 1 mbar = 100 Pa).

Eingegeben wird lediglich die Viskosität der Flüssigkeit (e), die Durchflußdauer (t) und die Länge des Rohres (l). Die Berechnung des Durchflußvolumens geschieht nach folgender Formel:

$$V = Pi* \; p*t*r^4 \; / \; (8*e*l).$$

Die Ausgabe erfolgt dann selbständig, wobei die Druckdifferenz in 10er-Schritten, die Radien in 5er-Schritten erhöht und zur Berechnung herangezogen werden.

2.3.4.1.1 Struktogramm

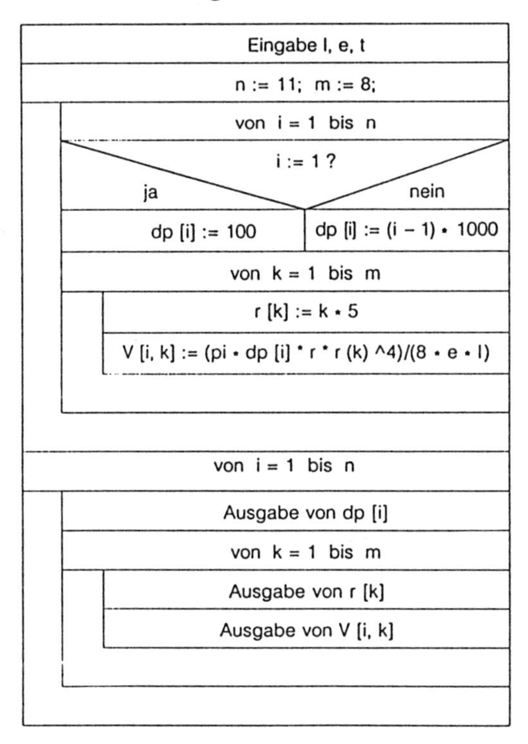

2.3.4.1.2 Programm (HAGEN.PAS)

```
USES
  Crt;

VAR
     l,t,e  : REAL;
         r  : ARRAY [1..20] OF BYTE;
         v  : ARRAY [1..11,1..20] OF REAL;
   n,m,i,k  : BYTE;
        dp  : ARRAY [1..11] OF INTEGER;

BEGIN
ClrScr;

(* Vorstellung des Programms *)

WriteLn ('Berechnung des in der Zeit t durch ein');
WriteLn ('Rohr fließenden Flüssigkeitsvolumens');
WriteLn ('nach dem Gesetz von Hagen-Poiseuille');
WriteLn;
```

```
WriteLn;

(* Eingabe der Werte für l, t und e *)

Write ('Eingabe der Rohrlänge : ');
ReadLn (l);
WriteLn;
Write ('Eingabe der Durchflußzeit : ');
ReadLn (t);
WriteLn;
Write ('Eingabe der Viskosität der Flüssigkeit : ');
ReadLn (e);

(* Schleifenende festlegen *)

n := 11; m := 8;

(* Außenschleife für die Druckdifferenzen *)

FOR  i:= 1 TO n DO
  BEGIN
  IF i=1
    THEN dp[i]  := 100
    ELSE dp[i]  := (i-1)*1000;

  (* Innenschleife für Rohr-Radien *)

  FOR k:= 1 TO m DO
    BEGIN
    r[k] := k * 5;
    v[i,k]  := (pi*dp[i]*t*SQR(r[k])*SQR(r[k]))/(8*e*l);
    END; (*Innenschleife: FOR-k *)
  END; (* Außenschleife: FOR-i *)

(* Ausdruck *)

FOR  i:= 1 TO n DO
  BEGIN
  WriteLn;
  WriteLn ('Druckdifferenz zwischen den Rohrenden : ',dp[i]);
  FOR k := 1 TO m DO
    BEGIN
    WriteLn;
    Write ('Rohrinnenradius : ',r[k]);
    WriteLn;
    Write ('Durchflußvolumen in der Zeit t : ',V[i,k]:10:2);
```

```
        ReadLn;
        END; (* Innenschleife: FOR-k *)
    END; (* Außenschleife: FOR-i *)

END.
```

2.3.4.2 Sortierverfahren nach dem Select-Sort-Algorithmus

Sortieren ist eine der Grundaufgaben der Datenverarbeitung, für die es eine Reihe von Verfahren gibt. Ohne die einzelnen Algorithmen in ihrer Leistungsfähigkeit vergleichen zu wollen, werden zwei der bekanntesten Sortierverfahren vorgestellt, das *Select-Sort-Verfahren* und das *Shell-Sort-Verfahren* (als Übungsaufgabe im Anhang).

Das Verfahren des Select-Sort ist ein Sortieren durch Auswahl. Es stellt sicher, daß immer auf der am weitesten links stehenden Position (angezeigt durch den Index I) die kleinste Zahl steht. Durch Vergleich der Nachbarzahlen (angezeigt durch den Index K) und durch eventuelles Vertauschen wird dies erreicht. Der Positionszeiger I rückt von 1 aus immer weiter vor (bis zur vorletzten Zahl I=N-1) und zeigt an, ab welcher Position noch zu sortieren ist (bis zur vorherigen Position ist bereits alles sortiert; ist beispielsweise I=4, dann sind die ersten 3 Positionen bereits sortiert und der aktuelle Sortiervorgang läuft ab Position 4).

2.3.4.2.1 Struktogramm

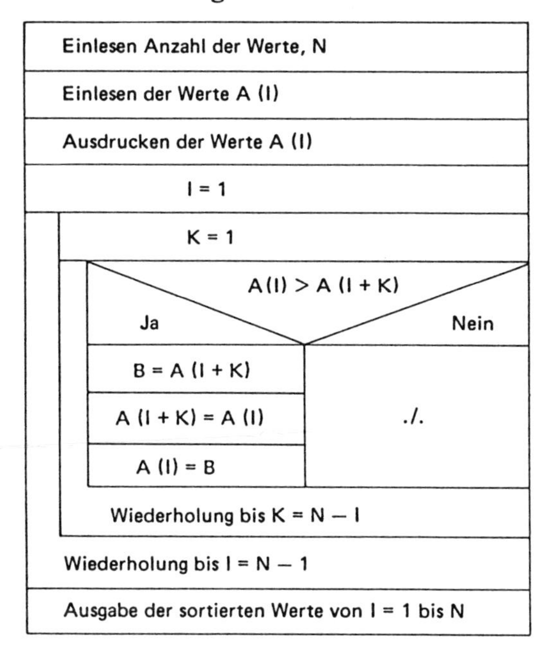

Wie das Struktogramm zeigt, steuert die innere Schleife (Index K) die Zahlenvergleiche und veranlaßt die Tauschoperation, während die äußere Schleife (Index I) die Anzahl der zu vergleichenden Zahlen steuert.

2.3.4.2.2 Programm (BUBBLE.PAS)

Anhand dieses Programms werden in Abschnitt 5 die *abstrakten Datentypen* und die *objektorientierte Programmierung* eingeführt.

```
USES
   Crt;

VAR
   n, i, k, b  :  INTEGER;
   A           :  ARRAY [1 .. 20] OF INTEGER;

BEGIN
ClrScr;
Write ('Anzahl der zu sortierenden Zahlen :  '); ReadLn (n);
WriteLn;
FOR i := 1 TO n DO BEGIN
   Write (' Bitte Zahl Nr.', i, ' eingeben :  ');
   ReadLn (A [i]);
   END; (* FOR-i-Schleife *)

FOR i := 1 TO n-1 DO
   FOR k := 1 TO n-i DO
      IF A [i] > A [i+k] THEN BEGIN
         b       :=  A [i+k];
         A [i+k] :=  A [i];
         A [i]   :=  b;
         END; (* IF *)
WriteLn;
WriteLn ('Reihenfolge der Zahlen :');   WriteLn;
FOR i := 1 TO n DO  WriteLn (' A(', i :2, ') = ', A [i]);
ReadLn;
END.
```

2.3.4.3 Übungsaufgabe: Sortierverfahren nach dem Shell-Sort-Algorithmus (SHELL.PAS)

Dieses Sortierverfahren wurde von D. L. Shell vorgeschlagen und fängt mit einer Grobsortierung an, die immer weiter verfeinert wird. Dazu wird die gesamte Zahlenmenge halbiert und eine Distanz D ausgerechnet (ganzzahliger Wert von D = N/2), über die jeweils zwei Elemente der beiden Felder miteinander verglichen und eventuell vertauscht werden. Die Felder werden solange halbiert und die jeweiligen Elemente verglichen und bei Bedarf getauscht, bis nur noch zwei benachbarte Elemente verglichen werden müssen. Dieses Verfahren ist bei sehr großen Datenmengen, die teilweise vorsortiert sind (da in Abständen Sortierläufe stattgefunden haben), äußerst effizient. Das zugehörige Struktogramm und das Programm in Turbo Pascal befindet sich im Anhang A 5.4.

3 Unterprogrammtechnik

Ein Programmierer sollte immer darauf achten, daß er seine Probleme durch möglichst übersichtliche, möglicherweise mit einem Kommentar versehene Programme löst. Sind die Probleme sehr umfangreich, so ist es sinnvoll, diese Probleme in eine Vielzahl kleinere, voneinander möglichst unabhängiger Teilprobleme zu zerlegen. Die Programme, die diese Teilprobleme lösen, sind die einzelnen *Module*, aus denen das Programm zusammengesetzt wird. Die Technik, mit der diese Module programmiert werden, wird *Unterprogrammtechnik* genannt.

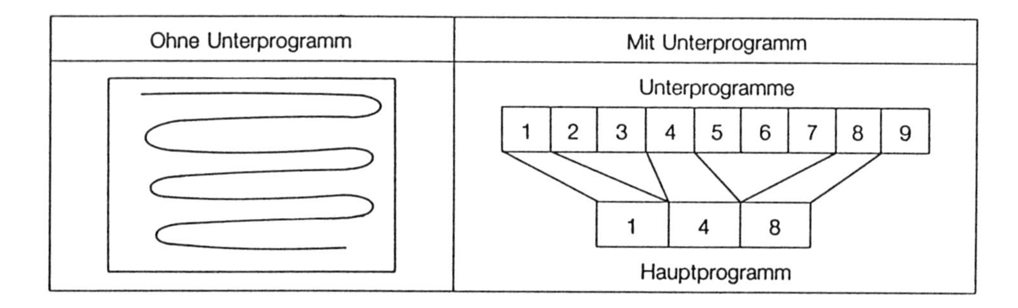

Bild 3-1 Vorteile der Unterprogrammtechnik

Den Vorteil veranschaulicht Bild 3-1: Statt eines sehr komplexen, unübersichtlichen Gesamtprogramms werden die Aufgaben in kleinere, übersichtliche Module aufgespalten. Auf diese Weise entstehen *übersichtliche* und *strukturierte* Programmteile (Unterprogramme), die von verschiedenen Programmierern erstellt und getestet werden können. Durch diese Arbeitsteilung können komplexe Programme *wirtschaftlich* und in *vertretbarer Zeit* erstellt werden. Im Hauptprogramm selbst werden diejenigen Module ausgewählt, die zur Lösung der Aufgabe erforderlich sind. Einmal programmierte Unterprogramme stehen auch anderen Programmen zur Verfügung, so daß eine rationelle *Wiederverwendung* möglich ist.

In Turbo Pascal ist jedes Unterprogramm eine selbständige Einheit und wird als *Prozedur* oder *Funktion* vereinbart.

3.1 Unterprogramme (Prozeduren)

In diesem Abschnitt werden die Unterprogramme, die als Prozeduren geschrieben werden, vorgestellt und erläutert. Generell gesagt ist eine Prozedur ein *„Programm im Programm“*, d.h. eine selbständige Einheit von Anweisungen, die ebenso wie das Hauptprogramm einen Namen besitzt und über einen Vereinbarungs- und einen Anweisungsteil verfügt. Genau wie das Hauptprogramm, wird auch das Unterprogramm durch Aufrufen seines Namens aktiviert. Bild 3-2 zeigt das Syntaxdiagramm einer Prozedur.

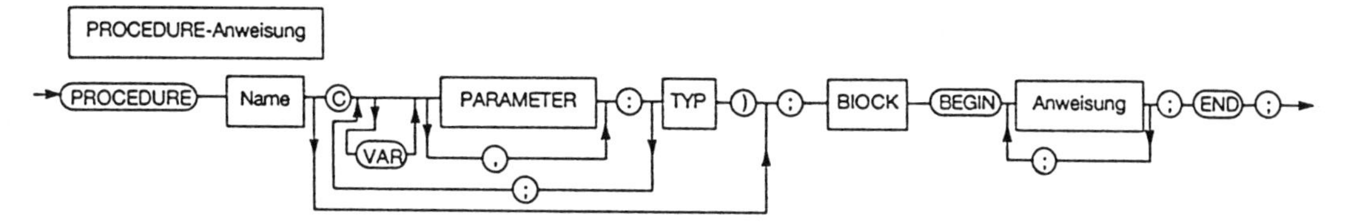

Bild 3-2 Syntaxdiagramm einer Prozedur

Um einen ersten Eindruck von der Wirkungsweise der Prozeduren und ihr Zusammenspiel in einem Programm zu vermitteln, gliedern wir ein einfaches Programm MITTELWE.PAS, das die Mittelwerte zweier Zahlen berechnet, in Unterprogramme auf, die wir als Prozeduren schreiben. Zum direkten Vergleich zeigen wir zuerst das Gesamtprogramm:

3.1.1 Programm Mittelwertbildung ohne Unterprogramm (MITTELWE.PAS)

```
USES
  Crt;

VAR
  Zahl1,
  Zahl2,
  Mittelwert : REAL;

BEGIN
ClrScr;
```

```
WriteLn ('Berechnung des Mittelwertes zweier Zahlen');
WriteLn;
WriteLn;
Write ('Eingabe der ersten  Zahl : ');
ReadLn (Zahl1);
Write ('Eingabe der zweiten Zahl : ');
ReadLn (Zahl2);
Mittelwert := (Zahl1+Zahl2)/2;
WriteLn ('Mittelwert : ',Mittelwert:10:2);
ReadLn;
END.
```

3.1.2 Programm Mittelwertbildung in Unterprogrammtechnik (MITTELW2.PAS)

```
USES
  Crt;

VAR
  Zahl1,
  Zahl2,
  Mittelwert : REAL;


PROCEDURE Eingabe;
  BEGIN
  ClrScr;
  WriteLn ('Berechnung des Mittelwertes zweier Zahlen');
  WriteLn;
  Write ('Bitte erste Zahl eingeben    : ');
  ReadLn (Zahl1);
  Write ('Bitte zweite Zahl eingeben   : ');
  ReadLn (Zahl2);
  END; (* Unterprogramm Eingabe *)


PROCEDURE Verarbeitung;
  BEGIN
  Mittelwert:= (Zahl1+Zahl2)/2;
  END; (* Unterprogramm Verarbeitung *)
```

```
PROCEDURE Ausgabe;
   BEGIN
   WriteLn;
   WriteLn ('Der Mittelwert beträgt : ',Mittelwert:10:2);
   END; (* Unterprogramm Ausgabe *)

(* Start des Hauptprogramms *)

BEGIN
Eingabe;
Verarbeitung;
Ausgabe;
ReadLn;
END.
```

Wie aus diesem Programm ersichtlich ist, steht der Name des Unterprogramms unmittelbar nach der Anweisung PROCEDURE. Unsere drei Unterprogramme sind die Prozeduren „Eingabe“, „Verarbeitung“ und „Ausgabe“. Im Hauptprogramm werden diese Prozeduren aufgerufen, indem der Name an die entsprechende Stelle geschrieben wird. Das Hauptprogramm selbst fängt wie üblich mit BEGIN an, besteht diesmal aber lediglich aus dem Aufrufen der Unterprogramme „Eingabe“, „Verarbeitung“ und „Ausgabe“.

Daß zwischen den beiden Programmen ohne und mit Unterprogrammtechnik im Grunde kein Unterschied besteht, wird spätestens klar, wenn man sich die jeweilige Ausführung der Programme (<CTRL> <F9>) ansieht. In beiden Fällen erscheint genau die gleiche Bildschirmausgabe.

Auch wenn in unserem Fall das Programm mit den Unterprogrammen länger ist als das ohne Unterprogramme, so sollten Sie doch folgende Vorteile der Unterprogrammtechnik erkennen:

1. Programmteile müssen nur *einmal* programmiert werden und können dann an verschiedenen Stellen desselben Programms oder in unterschiedlichen Programmen Verwendung finden.
2. Die einzelnen Unterprogramme können von *verschiedenen Personen* entwickelt und getestet werden. Damit kann ein großes Programmiervorhaben in kürzerer Zeit fertiggestellt werden.
3. Große Programme werden *übersichtlich* gegliedert; sie sind *zuverlässiger*, wenn sie aus einzelnen, bereits getesteten Unterprogrammen zusammengesetzt sind.

3.2 Lokale und globale Variable (Konstante)

Dem aufmerksamen Leser wird natürlich das Wort „Vereinbarungsteil" etwas seltsam erscheinen; denn normalerweise sind Variable ja im Hauptprogramm bereits definiert. Das ist auch bei Programmen mit Unterprogrammen der Fall, nur daß hier ein Unterschied zwischen den Gültigkeitsbereichen der einzelnen Variablen bzw. Konstanten besteht.

Diejenigen Variablen bzw. Konstanten, die im *Hauptprogramm* vereinbart werden, behalten ihre Gültigkeit während des *ganzen Programmablaufs* bei. Mit ihnen kann überall im Programm gearbeitet werden; sie haben *globale* Gültigkeit und werden deshalb als *globale Variablen* bzw. *globale Konstanten* bezeichnet.

Variablen und Konstanten, die nur im *Unterprogramm* vereinbart werden, haben ausschließlich dort Gültigkeit. Ihre Gültigkeit ist *lokal* auf das jeweilige Unterprogramm beschränkt; sie werden *lokale* Variable bzw. Konstante genannt. Werden im Hauptprogramm lokale Variable bzw. Konstante aufgerufen, so reagiert das System mit einer Fehlermeldung. Bild 3-3 zeigt die Wirkungsweise von globalen und lokalen Variablen.

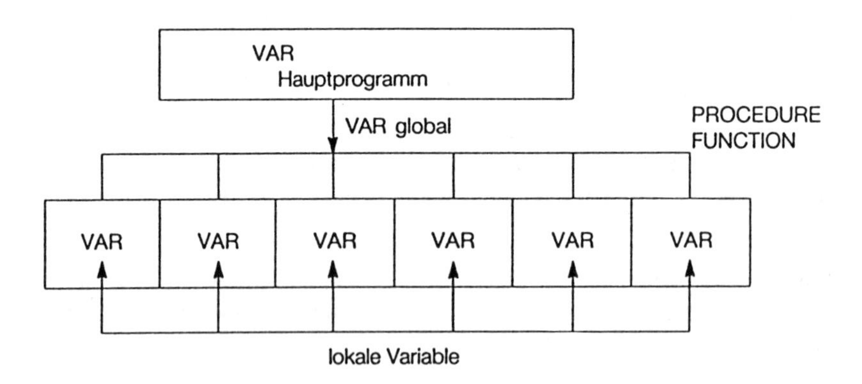

Bild 3-3 Globale und lokale Variable

Um die Gültigkeitsbereiche von lokalen und globalen Variablen zu zeigen, wird das Programm „KREISZB.PAS" (s. Abschn. 2.2.2.1.4) in Unterprogrammtechnik mit globalen und lokalen Variablen programmiert.

Die Konstante D sowie der Radius r müssen in *allen* Programmteilen verfügbar sein; sie werden deshalb im Hauptprogramm als *globale* Variablen definiert. Die übrigen

Variablen M, V und O brauchen nur in den jeweiligen Unterprogrammen bekannt zu sein; sie werden deshalb als *lokale* Variablen festgelegt.

Wie Sie am Schluß des Programms sehen, wurde für eine etwaige Wiederholung nicht die logische Variable „fertig" verwendet, sondern die Anweisung:

```
UNTIL W IN ['n', 'N'];
```

Dies lautet übersetzt: Wiederhole, „bis W ein Zeichen aus der Menge 'n' oder 'N' ist". Die Zeichenmenge (auch *SET* genannt) wird in eckigen Klammern festgelegt. Die Variable „W" ist als Datentyp CHAR definiert worden.

Programm KREISZ21.PAS

```
USES
  Crt;

VAR
  radius,
  hoehe   :  REAL;
  Auswahl :  BYTE;
  korrekt,
  ende    :  BOOLEAN;

PROCEDURE Volumen;
  VAR
    Volumen :  REAL;
  BEGIN
  WriteLn;
  WriteLn ('Volumenberechnung');
  Volumen :=  hoehe * SQR(radius) * Pi;
  WriteLn ('Das Volumen beträgt : ', Volumen:10:2, ' m3');
  END; (* Volumen *)

PROCEDURE Mantelflaeche;
  VAR
    Mantelflaeche : REAL;
  BEGIN
  WriteLn;
  WriteLn ('Mantelflächenberechnung');
  Mantelflaeche :=  hoehe * 2 * Pi * radius;
  WriteLn ('Die Mantelfläche beträgt :
            ', Mantelflaeche:10:2, ' m2');
  END; (* Mantelfläche *)
```

```
PROCEDURE Gesamtoberflaeche;
   VAR
     Gesamtoberflaeche : REAL;
   BEGIN
   WriteLn;
   WriteLn ('Berechnung der Gesamtoberfläche');
   Gesamtoberflaeche := 2 * Pi * radius * (radius+hoehe);
   WriteLn ('Die Gesamtoberfläche beträgt :
            ', Gesamtoberflaeche:10:2, ' m2');
   END; (* Gesamtoberfläche *)

PROCEDURE Fehleingabe;
   BEGIN
   ClrScr;
   WriteLn;
   WriteLn ('Falsche Eingabe! Bitte korrigieren!');
   WriteLn (CHR(7));
   END; (* Fehleingabe *)

BEGIN (* Hauptprogramm *)
REPEAT
   ende := FALSE;
   ClrScr;
   Write ('Programm zu wahlweisen Berechnungen');
   WriteLn (' an senkrechten Kreiszylindern');
   WriteLn;
   WriteLn;
   REPEAT
     WriteLn ('Es kann gewählt werden zwischen :');
     WriteLn;
     WriteLn ('  1 : Berechnung des Volumens');
     WriteLn ('  2 : Berechnung der Manteloberfläche');
     WriteLn ('  3 : Berechnung der Gesamtoberfläche');
     WriteLn ('  0 : Programmende');
     WriteLn;
     Write  ('Bitte die gewünschte Nummer eingeben : ');
     ReadLn (Auswahl);
     korrekt :=  Auswahl IN [0, 1, 2, 3];
     IF NOT korrekt THEN Fehleingabe;
     UNTIL korrekt;
   IF Auswahl=0 THEN ende := TRUE;
   IF NOT ende THEN
     BEGIN
     WriteLn;
     Write ('Höhe des Zylinders in Meter : ');
```

```
    ReadLn (hoehe);
    Write ('Radius des Zylinders in m : ');
    ReadLn (radius);
    CASE Auswahl OF
      1: Volumen;
      2: Mantelflaeche;
      3: Gesamtoberflaeche;
      END; (*CASE*)
    ReadLn;
    END; (* IF NOT ende *)
  UNTIL ende;

END.
```

3.3 Prozeduren mit Parameterübergabe

Ein sehr wesentlicher Vorteil bei der Verwendung von Unterprogrammstrukturen wird deutlich, wenn ein bestimmter Ablauf in einem Programm mehrmals benötigt wird, d.h. wenn beispielsweise eine Rechenoperation mehrmals ausgeführt werden muß. In diesem Fall genügt es, ein einziges Unterprogramm zu schreiben und dieses jeweils aufzurufen. Dadurch können die Anzahl der Programmzeilen und die Fehlermöglichkeiten erheblich verringert werden.

Die Hauptschwierigkeit beim mehrmaligen Aufrufen einzelner Unterprogramme an verschiedenen Stellen des Hauptprogramms liegt in der *Parameterübergabe,* d. h. in der Übergabe der richtigen Werte für die Variablen vom Hauptprogramm ins Unterprogramm und nach der Berechnung vom Unterprogramm wieder zurück ins Hauptprogramm. Es gibt mehrere Möglichkeiten, den Austausch von Variablen aus unterschiedlichen Programmteilen vorzunehmen. Sie werden anschließend vorgestellt.

Als Beispiel wird eine einfache Multiplikation gewählt, wie sie in folgendem Unterprogramm durchgeführt wird:

```
PROCEDURE Multiplikation
    BEGIN
      X := X * 2;
    END;
```

„X“ ist eine festgelegte Variable, die mit 2 multipliziert wird.

Bild 3-4 zeigt schematisch den Datenaustausch zwischen Haupt- und Unterprogramm.

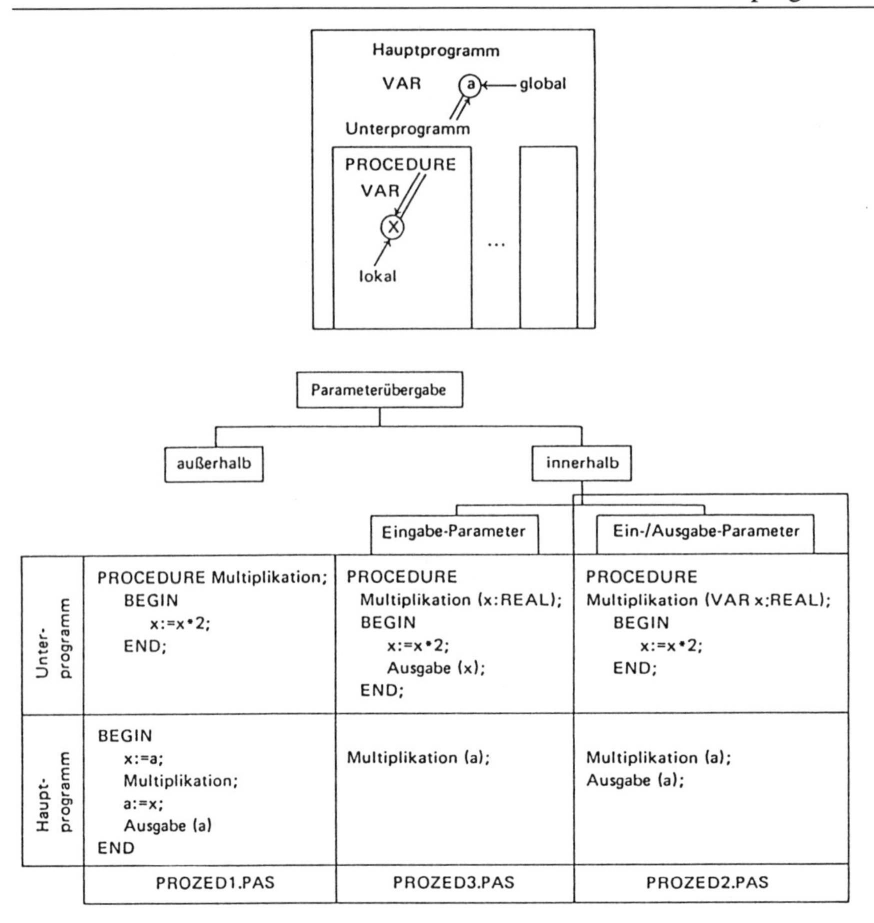

Bild 3-4 Parameterübergabe zwischen Haupt- und Unterprogramm

Die prinzipielle Schwierigkeit beim Arbeiten mit Unterprogrammen liegt darin, daß Unterprogramme vom Hauptprogramm aufgerufen werden, um mit unterschiedlichen Variablen Rechenoperationen auszuführen. Wie Bild 3-4 zeigt, gibt es generell die Möglichkeit, Parameter *außerhalb* oder *innerhalb* des Unterprogramms auszutauschen. Die Möglichkeit, Parameter außerhalb des Unterprogramms, d. h. im Hauptprogramm, auszutauschen, wird kaum verwendet, da sie nur für die vorher festgelegten Zuordnungen ausgeführt wird. In den meisten Fällen findet die *Parameterübergabe innerhalb* des Unterprogramms statt, die *Ausgabe* der entsprechenden Variablen dagegen im *Hauptprogramm.*

3.3.1 Parameterübergabe außerhalb der Prozedur

Wie bereits erwähnt, sind die globalen Variablen im gesamten Programm verfügbar, d.h. wenn eine Variable im Vereinbarungsteil des Hauptprogramms festgelegt worden ist, kann mit ihr auch im Unterprogramm gearbeitet werden. Soll nun ein entsprechendes Unterprogramm mehrmals aufgerufen werden, können die Variablen jeweils vor Beginn bzw. nach Beendigung des Unterprogramms ausgetauscht werden.

Das Programm PROZED1.PAS zeigt das entsprechende Vorgehen beim Programmieren. Die Variable X, die in der Prozedur „Multiplikation“ vorkommt, wird im Hauptprogramm definiert. Bevor das Unterprogramm aufgerufen wird, werden die Inhalte der im jeweiligen Abschnitt des Hauptprogramms einzugebenden Variablen (in diesem Fall die Variablen a und b) mit der in der Prozedur verwendeten Variablen (X) ausgetauscht:

```
X := a; Multiplikation; a := X;

X := b; Multiplikation; b := X;
```

Nach Abschluß des Unterprogramms tauscht man, wie oben angegeben, die Werte wieder zurück.

Das Programm PROZED1.PAS zeigt das Vorgehen:

Programm PROZED1.PAS

```
USES
  Crt;

VAR
  Zahl1,
  Zahl2   : REAL;
  hilf    : REAL;

PROCEDURE  Multiplikation;
  BEGIN
  hilf := hilf * 2;
  END; (* Multiplikation *)

 (* Hauptprogramm *)

BEGIN
ClrScr;
WriteLn ('  Zweimaliger Aufruf des Unterprogramms
             "Multiplikation"');
WriteLn;
WriteLn;
```

```
Write ('Eingabe der ersten Zahl :  ');
ReadLn (Zahl1);
hilf := Zahl1;
Multiplikation;
Zahl1 := hilf;
WriteLn;
WriteLn ('Ergebnis : ',Zahl1:5:2);

WriteLn;
WriteLn;
Write ('Eingabe der zweiten Zahl : ');
ReadLn (Zahl2);
hilf := Zahl2;
Multiplikation;
Zahl2 := hilf;
WriteLn;
WriteLn ('Ergebnis : ',Zahl2:5:2);
ReadLn;
END.
```

Der Nachteil dieser Methode liegt darin, daß bei jedem Aufrufen des Unterprogramms die Variablen durch direkte Anweisungen ausgetauscht werden müssen, d.h. der Programmierer muß in diesem Fall jeden Tausch ausdrücklich in das Programm hineinschreiben. Wie man sich diese Mühe sparen kann, erklärt der nächste Abschnitt.

3.3.2 Direkte Parameterübergabe innerhalb der Prozedur

In den Programmen PROZED2.PAS und PROZED3.PAS wird das Unterprogramm „Multiplikation" wiederum jeweils zweimal aufgerufen. Um dabei die Variablen direkt übergeben zu können, wird eine sogenannte *formale* Variable (X) im Unterprogramm definiert, die die Aufgabe hat, beim späteren Programmablauf die Inhalte der *aktuellen* Variablen (a und b) zu übernehmen. Als *aktuelle* Variable bezeichnet man diejenige Variable, mit der das *Hauptprogramm* zum Zeitpunkt des Unterprogramm-Aufrufs *gerade arbeitet.*

Eine formale Variable wird folgendermaßen vereinbart: Hinter dem Unterprogrammnamen steht in Klammern die Variable und der entsprechende Datentyp. Dabei kann festgelegt werden, ob es sich bei der formalen Variablen um einen Ein- und Ausgabeparameter handeln soll oder nur um einen Eingabeparameter.

Im Programm PROZED2.PAS wird „X" folgendermaßen definiert:

```
    PROCEDURE Multiplikation  (VAR  X:REAL);

      BEGIN ...
```

Durch die Festlegung von „VAR“ wird dem Hauptprogramm mitgeteilt, daß es sich bei der Variablen „X“ sowohl um einen Ein- als auch um einen Ausgabeparameter handelt. Vom Hauptprogramm aus kann die Variable „X“ also eingelesen und abgerufen werden.

Im Programm PROZED3.PAS wird „X“ ohne den Zusatz „VAR“ definiert. In diesem Fall kann „X“ vom Hauptprogramm aus nur eingelesen, nicht aber ausgegeben werden. „X“ ist somit in bezug auf das Unterprogramm ein reiner Eingabeparameter.

```
    PROCEDURE Multiplikation  (X:REAL);

      BEGIN ...

        WRITELN ('Ausgabe : ',X);...
```

Der Unterschied der Variablendefinition im Unterprogrammteil ist folgender:

Eine Variable kann im Unterprogramm als Ein- und Ausgabeparameter vereinbart werden (VAR X: REAL) und eine andere Variable nur als *Eingabeparameter* definiert sein (Y: REAL). Die beiden folgenden Abschnitte zeigen den Unterschied beider Variablendeklarationen im einzelnen.

3.3.2.1 Festlegung der Variablen als Ein- und Ausgabeparameter (PROZED2.PAS)

```
USES
  Crt;

VAR
   zahl1,
   zahl2 : REAL;


PROCEDURE  Multiplikation (VAR  X:REAL);
  BEGIN
  X := X * 2;
  END; (* Multiplikation *)
```

```
BEGIN
ClrScr;
WriteLn (' Zweimaliger Aufruf des Unterprogramms
"Multiplikation"');
WriteLn;
WriteLn;

Write ('Eingabe der ersten Zahl :  ');
ReadLn (zahl1);
Multiplikation (zahl1);
WriteLn;
WriteLn ('Ergebnis : ',zahl1:5:2);
WriteLn;
WriteLn;

Write ('Eingabe der zweiten Zahl : ');
ReadLn (zahl2);
Multiplikation (zahl2);
WriteLn;
WriteLn ('Ergebnis : ',zahl2:5:2);
ReadLn;
END.
```

3.3.2.2 Festlegen der Variablen als Eingabe-Parameter (PROZED3.PAS)

```
USES
  Crt;

VAR
  zahl1,
  zahl2 : REAL;

PROCEDURE  Multiplikation (X : REAL);
  BEGIN
  X := X * 2;
  WriteLn;
  WriteLn ('Ergebnis : ', X:5:2);
  END;

BEGIN
ClrScr;
WriteLn ('Zweimaliger Aufruf des Unterprogramms
"Multiplikation"');
```

```
WriteLn;
WriteLn;

Write ('Eingabe der ersten Zahl :  ');
ReadLn (zahl1);
Multiplikation (zahl1);
WriteLn;
WriteLn;

Write ('Eingabe der zweiten Zahl : ');
ReadLn (zahl2);
Multiplikation (zahl2);
ReadLn;
END.
```

Wie aus diesem Programm zu erkennen ist, wird das Unterprogramm durch die Anweisung „Multiplikation (a)“ bzw. „Multiplikation (b)“ aktiviert. Die formale Variable X wird dabei durch die aktuellen Variablen a und b ersetzt.

3.3.2.3 Definition mehrerer formaler Variablen

Selbstverständlich kann eine Prozedur mehrere dieser formalen Variablen enthalten, die analog den gegebenen Beispielen definiert werden. Eine Variable kann im Unterprogramm als Ein- und Ausgabeparameter vereinbart werden (VAR X: REAL) und eine andere Variable nur als *Eingabeparameter* definiert sein (Y: REAL), wie das Programm PROZED4.PAS zeigt.

Programm PROZED4.PAS

```
USES
  Crt;

VAR
  zahl1,
  zahl2 : REAL;

PROCEDURE  Multiplikation(VAR Ergebnis : REAL;
  Zahl : REAL);
  BEGIN
  Ergebnis := Ergebnis * Zahl;
  END;
```

```
BEGIN
ClrScr;
WriteLn (' Zweimaliger Aufruf des Unterprogramms
"Multiplikation"');
WriteLn;
WriteLn;

Write ('Eingabe der ersten Zahl  :  ');
ReadLn (zahl1);
Write ('Eingabe der zweiten Zahl :  ');
ReadLn (zahl2);

Multiplikation (zahl1,zahl2);
WriteLn;
WriteLn ('Ergebnis : ',zahl1:5:2);
WriteLn;
WriteLn;

Write ('Eingabe der dritten Zahl : ');
ReadLn (zahl1);
Write ('Eingabe der vierten Zahl : ');
ReadLn (zahl2);
Multiplikation (zahl1,zahl2);
WriteLn;
WriteLn ('Ergebnis : ',zahl1:5:2);
ReadLn;
END.
```

3.3.2.4 Übergabe zweier beliebiger Zahlen

Das Programm PROZED5.PAS übergibt zwei beliebige Zahlen in das Hauptprogramm und schreibt das Ergebnis in eine neue Variable zurück. Wie man sieht, bleibt dann der Wert der ursprünglichen Variablen erhalten.

Programm PROZED5.PAS

```
USES
   Crt;

VAR
  zahlx,
  zahly,
  Ergebnis : REAL;
```

```
PROCEDURE  Multiplikation (VAR Multiplikation   : REAL;
                               Zahl1,Zahl2      : REAL);
  BEGIN
  Multiplikation := Zahl1 * Zahl2;
  END;

BEGIN
ClrScr;
WriteLn(' Zweimaliger Aufruf des Unterprogramms
"Multiplikation"');
WriteLn;
WriteLn;

Write ('Eingabe der ersten Zahl  :  ');
ReadLn (zahlx);
Write ('Eingabe der zweiten Zahl :  ');
ReadLn (zahly);
Multiplikation (Ergebnis,zahlx,zahly);
WriteLn;
WriteLn ('Ergebnis : ',Ergebnis:5:2);
WriteLn;
WriteLn;

Write ('Eingabe der dritten Zahl : ');
ReadLn (zahlx);
Write ('Eingabe der vierten Zahl : ');
ReadLn (zahly);
Multiplikation (Ergebnis,zahlx,zahly);
WriteLn;
WriteLn ('Ergebnis : ',Ergebnis:5:2);
ReadLn;
END.
```

3.4 Funktionen

Unterprogramme, die nur *ein einziges* Ergebnis ermitteln sollen, können in Turbo Pascal als *Funktionen* vereinbart werden. Der Name kommt vom mathematischen Funktionsbegriff. Werden Werte für die unabhängigen Variablen in eine Funktionsgleichung eingesetzt (z. B. für x), dann wird der Wert für die Funktion errechnet (z. B. y). Bild 3-5 zeigt das entsprechende Syntaxdiagramm.

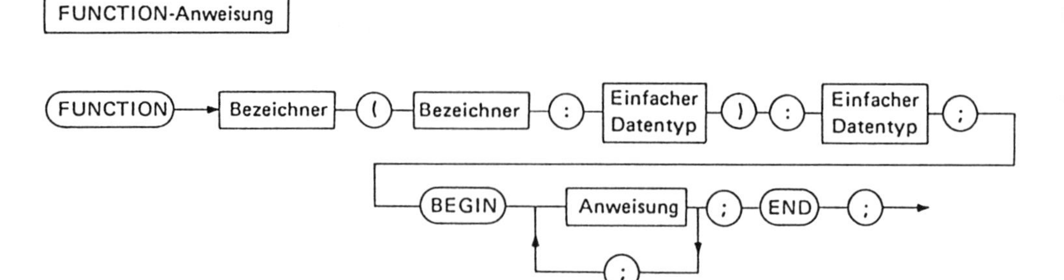

Bild 3-5 Syntaxdiagramm des Unterprogrammtyps FUNCTION

Unsere in den Programmen PROZED1.PAS bis PROZED3.PAS beschriebenen Unterprogramme erfüllen diese Bedingung, so daß sie ohne weiteres auch als Funktion definiert werden können. Der Aufbau der Funktion „Multiplikation" weicht nur unwesentlich von demjenigen der Prozedur „Multiplikation" ab. Ein wichtiger Unterschied ist in der Kopfzeile zu erkennen:

```
FUNCTION  Multiplikation : REAL;
```

Bei der Bestimmung von Funktionen muß angegeben werden, welchen Datentyp das Ergebnis der Funktion haben wird. In unserem Fall ist das Ergebnis der Funktion „Multiplikation" eine Zahl vom Datentyp REAL. Für das durch „FUNCTION" definierte Wort „Multiplikation" muß also nach Ablauf dieser Funktion ein konkretes Ergebnis vorliegen, d.h. mindestens eine Wertzuweisung muß an die Funktion selbst erfolgen, wie folgender Programmausschnitt zeigt:

```
FUNCTION  Multiplikation  : REAL;

  BEGIN
    Multiplikation := ...;
  END;
```

Soll eine Funktion mehrere Male aufgerufen werden, sind die jeweils auszutauschenden Variablen wiederum eingeklammert direkt nach dem Namen der Funktion aufzuführen:

```
FUNCTION  Multiplikation (X:REAL)  :  REAL;

  BEGIN
    Multiplikation := X * 2;
  END;
```

Der aufmerksame Leser wird das Wort VAR bei der oben erfolgten Festlegung der formalen Variablen X vermissen. Die Variable „X“ wurde absichtlich nur als Eingabevariable festgelegt.

Beim Umgang mit Funktionen als Unterprogramme ist es aus Gründen der Übersichtlichkeit und Strukturiertheit sinnvoll, folgenden Hinweis zu beachten:

> ***Hinweis!*** *In einer Funktion kann die Vereinbarung VAR stehen und somit Variablenwerte sowohl als Ein- als auch als Ausgabeparameter definieren. Da bei einer Funktion aber aus Eingabewerten immer ein Funktionswert als Ausgabewert errechnet wird, genügt es, sich auf Funktionen mit Eingabeparametern zu beschränken, d.h. Sie sollten nur diejenigen globalen Variablen verändern, die unmittelbar zur Ermittlung des Funktionsergebnisses notwendig sind.*

Der Aufruf einer Funktion im Hauptprogramm unterscheidet sich ebenfalls nur geringfügig von dem der Prozedur. Allerdings kann ein Funktionsaufruf keine eigenständige Anweisung darstellen, sondern ist immer *Bestandteil* eines Befehls, wie folgende Beispiele zeigen:

```
X := Multiplikation (X);
```

oder

```
IF Multiplikation (X) < 10 THEN...
```

Zum Schluß dieses Abschnitts wird ein Programm mit einem Unterprogramm vom Typ Funktion vorgestellt:

Programm FUNKTION.PAS

```
USES
  Crt;

VAR
  a,b : REAL;

FUNCTION  Multiplikation (X:REAL) : REAL;

  BEGIN
    Multiplikation := X * 2;
  END; (* Multiplikation *)
```

```
BEGIN (* Hauptprogramm *)

ClrScr; WriteLn; WriteLn;
WriteLn('Zweimaliger Aufruf des Unterprogramms "Multiplikati-
on"');
WriteLn;WriteLn;

Write ('Eingabe der ersten Zahl :  '); ReadLn (a);
  a := Multiplikation (a);
WriteLn; WriteLn ('Ergebnis : ',a:5:2);
WriteLn;WriteLn;

Write ('Eingabe der zweiten Zahl : '); ReadLn (b);
  b := Multiplikation (b);
WriteLn; WriteLn ('Ergebnis : ',b:5:2);
END.
```

3.5 Rekursive Abläufe (Rekursionen)

Alle Unterprogramme können prinzipiell aufgerufen werden, sobald sie vereinbart worden sind. Es ist daher auch möglich, ein Unterprogramm in anderen Unterprogrammen oder *während des eigenen Ablaufs* aufzurufen, d.h. das Unterprogramm kann sich immer wieder selbst aufrufen. Dabei entsteht durch eine immer weitergehende Schachtelung eine Wiederholungsstruktur, die genau wie eine Schleife durch Festlegen einer Abbruchbedingung beendet werden muß, da sonst die Programmausführung endlos fortgesetzt werden würde. Dieses „Sich-selbst-Aufrufen" eines Unterprogramms wird *Rekursion* genannt.

Jedes Problem, das über eine Rekursion (Wiederholung mittels Schachtelung von Unterprogrammen) abgehandelt wird, kann auch durch Einsatz einer Iteration (Wiederholung mittels Schleife) gelöst werden. Dies kann aber sehr aufwendig sein, weshalb Rekursionen in diesen Fällen eine elegantere Lösung darstellen.

Zur Demonstration einer Rekursion wird im Programm FAKUL10.PAS die Fakultät einer eingegebenen Zahl berechnet. Anschließend wird im Programm FAKUL20.PAS die iterative Lösung dieses Problems gezeigt. Der Wert der Fakultät wird einer ganzen Zahl (INTEGER) zugewiesen. Da INTEGER-Zahlen nur bis 32 767 definiert sind, dürfen Fakultäten nur bis zur Zahl 33 berechnet werden.

3.5.1 Rekursives Programm zur Fakultätsermittlung (FAKUL10.PAS)

```
USES
  Crt;

VAR
  Zahl : INTEGER;

FUNCTION Fakultaet (Zahl : INTEGER) : REAL;
  BEGIN
  IF Zahl = 0
    THEN Fakultaet :=  1
    ELSE Fakultaet :=  Zahl * Fakultaet (Zahl-1);
  END; (* Fakultaet *)

BEGIN (* Hauptprogramm *)
  ClrScr;
  WriteLn;  WriteLn;
  WriteLn(' ':11, 'Berechnung der Fakultät über eine
             Rekursion');
  WriteLn;  WriteLn;
  Write   (' Eingabe einer Zahl < 34, deren Fakultät
             berechnet werden soll :  ');
  ReadLn (Zahl);
  WriteLn;  WriteLn;
  WriteLn(' ', Zahl,' ! ergibt ', Fakultaet (Zahl), '.');
  WriteLn;
  WriteLn ('Programmende');
  ReadLn;
END.
```

3.5.2 Iteratives Programm zur Fakultätsermittlung (FAKUL20.PAS)

```
USES
  Crt;

VAR
  Zahl :  BYTE;

FUNCTION Fakultaet (Zahl: INTEGER): INTEGER;
 VAR
    i, Fakul: INTEGER;
  BEGIN
  Fakul := 1;
```

```
   FOR i := 1 TO Zahl DO Fakul := Fakul * i;
   Fakultaet := Fakul;
   END; (* Funktion Fakultaet *)

BEGIN
ClrScr;
WriteLn ('     Berechnung der Fakultät über eine Iteration');
WriteLn;
WriteLn;
Write ('Eingabe einer Zahl < 34, deren Fakultät berechnet
werden soll: ');
ReadLn (Zahl);

WriteLn;
WriteLn;
WriteLn ('   ', Zahl, '! ergibt ', Fakultaet(Zahl), '.');
WriteLn;
WriteLn ('Programmende');
ReadLn;
END.
```

4 Datentypen, Datenstrukturen und Dateiverwaltung

Die Möglichkeiten, Datentypen festzulegen, sind in Turbo Pascal äußerst vielfältig, wie nachstehendes Syntaxdiagramm zeigt.

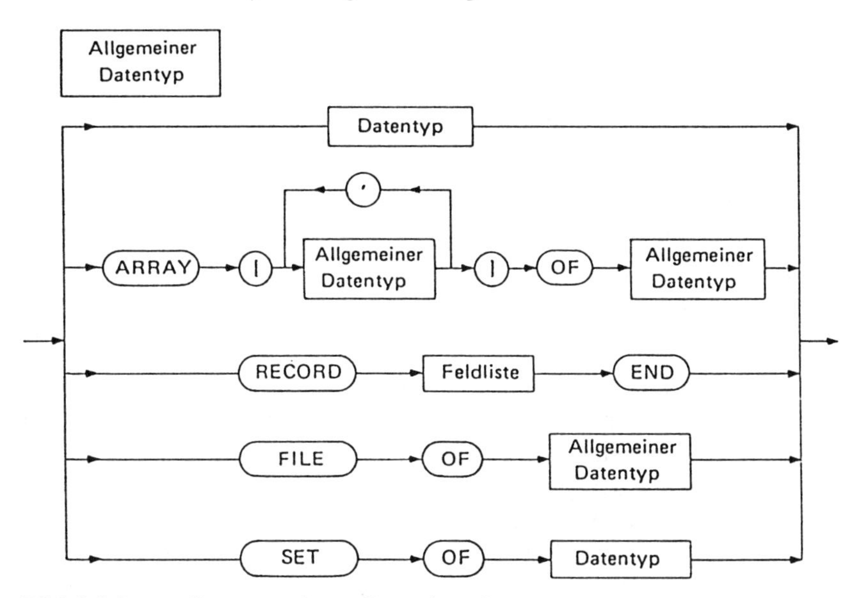

Bild 4-1 Syntaxdiagramm eines allgemeinen Datentyps

Die meisten von ihnen wurden bereits besprochen (s. Bild 2-7 a und b sowie Bild 2-13). In diesem Kapitel werden die für eine Dateiverwaltung notwendigen Datentypen besprochen.

4.1 Definition von Datentypen durch den Benutzer (TYPE-Anweisung)

In den vorangegangenen Kapiteln sind uns die Datentypen BYTE, CHAR, STRING, INTEGER, REAL und BOOLEAN immer wieder begegnet. Kein Programm, das in Turbo Pascal geschrieben ist, kommt ohne die im Vereinbarungsteil definierten Variablen und ihre Datentypen aus.

Der Benutzer von Turbo Pascal kann jedoch auch *selbständig neue Datentypen* festlegen, d.h. er kann abweichend von den oben genannten, fest vorgegebenen Möglichkeiten Datentypen vereinbaren, die in seinem Programm benötigt werden. Hierzu dient die Anweisung „TYPE“, die beispielsweise einen einfachen Zugriff auf die noch zu besprechende Datenstruktur RECORD erlaubt. Das Syntaxdiagramm zeigt Bild 4-2.

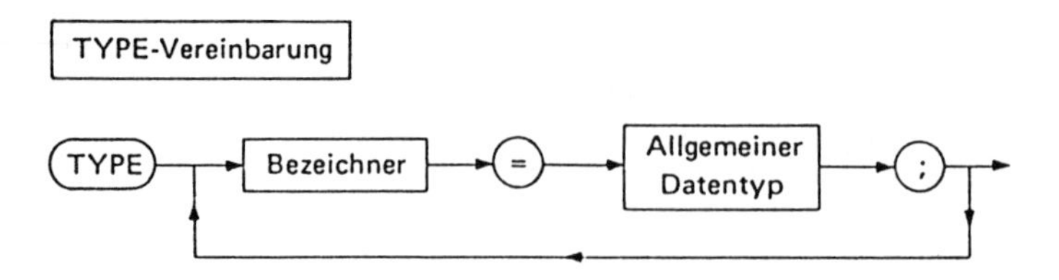

Bild 4-2 Syntaxdiagramm des Datentyps TYPE

Im Programm „TYP1.PAS“ wird beispielsweise ein Datentyp namens „ErsatzteilTyp“ durch Aufzählung seiner Elemente vereinbart, d.h. genau wie der Datentyp BYTE in Turbo Pascal für alle ganzen Zahlen zwischen 0 und 255 verwendet wird, so steht der Datentyp „ErsatzteilTyp“ für „Keilriemen, Batterie, Zündkerzen usw.“.

Bei der Variablendeklaration wird dann einer Variablen dieser Datentyp zugeordnet. Mit dem Inhalt dieser Variablen kann dann wie gewöhnlich verfahren werden. Wird mit einer FOR-Schleife gearbeitet, dann kommt es allerdings genau wie bei einem ARRAY auf die Reihenfolge der Elemente an, d.h. die Elemente werden ab dem ersten nacheinander abgearbeitet. Es ist zu empfehlen, den selbst definierten Datentyp am Schluß immer mit dem Zusatz „*Typ*“ enden zu lassen (z. B. ErsatzteilTyp). Dann erkennen Sie dieses Wort immer als Datentyp und nicht fälschlicherwiese als Variable.

Wie man die Eigenschaften eines selbst festgelegten Datentyps ausnutzen kann, läßt sich aus dem Programm „TYP1.PAS“ ersehen. Gewünscht wird eine Ersatzteilliste, in die für namentlich vorgegebene Ersatzteile jeweils Preis und vorhandene Lagermenge eingegeben werden können. Zunächst wird der Datentyp „ErsatzteilTyp“ festgelegt, in dem die einzelnen Ersatzteilarten aufgezählt sind. Für Preis und Lagermenge wird je ein ARRAY definiert, dessen Inhalt durch den Datentyp „ErsatzteilTyp“ festgelegt wird. In die zur Vereinbarung des ARRAY nötigen eckigen Klammern trägt man deshalb „ErsatzteilTyp“ ein. So werden, auch bei einer später erfolgenden Änderung des Inhalts von „ErsatzteilTyp“, die ARRAYs automatisch an die aktuelle Liste angepaßt. Anstelle der Dimensionierung der ARRAYs durch „ErsatzteilTyp“ können auch die Namen des ersten und letzten Elements von „ErsatzteilTyp“ (in unserem Fall „Batterie“ bzw. „Zuendkerzen“, siehe ARRAY „Name“ im Unterprogramm „Listenausgabe“) eingegeben werden, bzw. diejenigen Elemente verwendet werden, die einen bestimmten Bereich innerhalb von „ErsatzteilTyp“ abgrenzen. Man kann also sowohl die ganzen, in „ErsatzteilTyp“ vereinbarten Elemente zur Definition eines ARRAY heranziehen als auch nur Teile davon.

Bei der oben angesprochenen, eventuell erforderlichen Änderung müßten nur das erste und letzte Element von „ErsatzteilTyp“ gleichbleiben, da über sie die beiden Eingabeschleifen gesteuert werden. Hintenangestellte Änderungen würden bei Ausführung des Programms nicht beachtet, da die Schleifen nur bis „Zuendkerzen“ laufen.

Programm TYP1.PAS

```
USES
   Crt;

TYPE
   ErsatzteilTyp = (Batterie,Keilriemen,Oelfilter,
   Turbolader,Zuendkerzen);

CONST
   Ersatzteilname : ARRAY [ErsatzteilTyp] OF
   STRING [11] =
   ('Batterie','Keilriemen','Oelfilter','Turbolader',
   'Zuendkerzen');

VAR
   Preis        : ARRAY [ErsatzteilTyp] OF REAL;
   Lagermenge   : ARRAY [ErsatzteilTyp] OF REAL;

PROCEDURE Listeneingabe;
  VAR
     I : ErsatzteilTyp;
   BEGIN
   ClrScr;
   WriteLn ('                   Lagerliste');
   WriteLn;
   WriteLn;
   FOR I := Batterie TO Zuendkerzen DO
      BEGIN
      WriteLn (Ersatzteilname[I],':');
      Write (' Eingabe des Stückpreises in DM     : ');
      ReadLn (Preis[I]);
      Write (' Eingabe der gelagerten Menge in Stück : ');
      ReadLn (Lagermenge[I]);
      WriteLn;
      END; (* FOR I *)
   END; (* Listeneingabe *)
```

```
PROCEDURE Listenausgabe;
  VAR
     I : ErsatzteilTyp;
  BEGIN
  ClrScr;
  WriteLn ('                    Lagerliste :');
  WriteLn;
  WriteLn;
  WriteLn ('         Anzahl :   Stückpreis :');
  WriteLn;
  FOR I := Batterie TO Zuendkerzen DO
    WriteLn (Ersatzteilname [I], '': 16-LENGTH
            (Ersatzteilname [I]),
            Lagermenge [I]:5:0,'      ', Preis [I]:6:2);
  END; (* Listenausgabe *)

PROCEDURE Gesamtwertberechnung;
  VAR
     Gesamtwert  : REAL;
     I           : ErsatzteilTyp;
  BEGIN
  Gesamtwert := 0;
  FOR I := Batterie TO Zuendkerzen DO
    Gesamtwert := Gesamtwert + Preis [I] * Lagermenge [I];
  WriteLn;
  WriteLn (' Gesamtwert aller gelagerten Ersatzteile :
              ',Gesamtwert:9:2,' DM');
  END; (* Gesamtwertberechnung *)

BEGIN
Listeneingabe;
Listenausgabe;
Gesamtwertberechnung;
ReadLn;
END.
```

4.2 Strukturierung von Daten als RECORD

In der Verwendung von ARRAYs liegt nach bisherigem Kenntnisstand die einzige Möglichkeit, bestimmte Datentypen zu strukturieren, d.h. zu einem Verbund zusammenzufassen. Man kann dabei ein- oder mehrdimensionale ARRAYs (Vektoren bzw. Matrizen) definieren, deren Elemente jedoch alle vom gleichen Datentyp sein müssen. Durch die Festlegung:

```
X : ARRAY [1..10] OF INTEGER
```

werden für X nur Eingaben vom INTEGER-Typ akzeptiert, bei anderen Datentypen reagiert das System mit einer Fehlermeldung.

Dieser Nachteil kann durch Verwendung eines RECORD (Datensatz) als Datenstruktur aufgehoben werden. Bild 4-2 zeigt das Syntaxdiagramm der Vereinbarung RECORD.

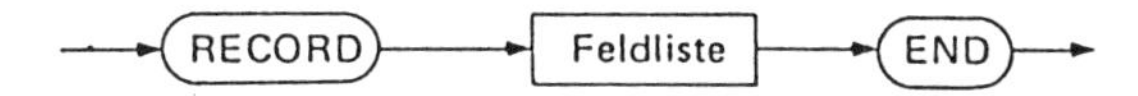

Bild 4-3 Syntaxdiagramm des Datentyps RECORD

Im Gegensatz zum ARRAY können im RECORD auch Daten verschiedenen Typs abgelegt werden (s. Abschn. 1.2, Bild 1-1). Im folgenden wird dies gezeigt.

```
DatensatzTyp = RECORD
                  Name :  STRING [25];
                  Strasse:  STRING [25];
                  Ort  :  STRING [25];
                  Telefon:  REAL;
                  Umsatz :  REAL;
                  Kundennr.    :  INTEGER;
               END;
```

Wie der oben wiedergegebene RECORD zeigt, der z.B. Bestandteil einer Kundendatei sein könnte, ist der Einsatz aller Datentypen in dieser Datenstruktur möglich. Bei Ablauf des entsprechenden Programms wird mindestens ein Datensatz, bestehend aus Name, Straße usw., als Eingabe verlangt. Die Definition eines RECORD erfolgt entweder im Vereinbarungsteil des Programms oder vor demselben:

```
VAR
  Datensatz : RECORD
                  Name   : STRING [25]
              END;
```

oder:

```
TYPE
   DatensatzTyp = RECORD
                       Name   :   STRING [25]
                  END;
```

Im Programm „RECORD1.PAS“ wird der Umgang mit einem RECORD aufgezeigt. Die Eingabe der einzelnen Komponenten erfolgt im Unterprogramm „Eingabe“ durch vier aufeinanderfolgende READ-Anweisungen. Dabei wird in die READ-Anweisung zunächst der Variablenname des RECORD notiert und, durch einen Punkt „.“ getrennt, der Name der einzugebenden Komponente geschrieben:

```
READ (Ein.Name);
```

Der Komponente „Name“ des RECORD „DatensatzTyp“ wird bei Ablauf des Programms dann z. B. „Maier“ zugeordnet. Die Eingabe in einen RECORD kann also immer nur komponentenweise erfolgen, genauso die Ausgabe, d. h. jede Komponente muß namentlich einzeln aufgeführt werden.

Durch die REPEAT..UNTIL-Schleife können maximal 100 Datensätze eingegeben werden; durch Eingabe von „0“ für die Komponente „Name“ ist ein Abbruch auch vor dieser Grenze möglich. Die in „DatensatzTyp“ eingegebenen Werte werden im ARRAY „Speicher“ abgelegt. Hier kann man eine mögliche Verknüpfungen zwischen ARRAY und RECORD deutlich erkennen:

Während im ARRAY eigentlich keine Daten verschiedenen Typs stehen dürfen, kann man durch Definition des RECORD als Datentyp dennoch verschiedene Datentypen in einen ARRAY schreiben. In jeder „Schublade“ des ARRAY ist zwar derselbe Datentyp, nämlich „DatensatzTyp“ abgelegt. Da aber „DatensatzTyp“ als RECORD definiert ist, enthält der ARRAY verschiedene Datentypen (STRING, INTEGER usw.).

Im Unterprogramm „Ausgabe“ soll der Zugriff auf die Datensätze über die Komponente „Name“ erfolgen, d.h. der gesamte Datensatz, in dem der einzugebende Vergleichsname mit der Komponente „Name“ übereinstimmt, wird ausgegeben. Wie man erkennen kann, sind auch Vergleichsoperationen in RECORDs, genau wie Ein- und Ausgaben, nur komponentenweise möglich.

Das Programm „RECORD1.PAS“ wird später Bestandteil des Dateiprogramms „Datei“ sein, bei dem es nicht mehr nötig ist, nach jedem Programmstart die einzelnen Datensätze einzugeben. Diese werden üblicherweise als Datei auf Externspeichern (Diskette) bereits vorliegen.

Programm RECORD1.PAS

```
USES
  Crt;

TYPE
  DatensatzTyp =  RECORD
                     Name    :  STRING [25];
                     Strasse :  STRING [25];
                     Ort     :  STRING [25];
                     Telefon :  REAL;
                     END;

VAR
  Speicher : ARRAY [1..100] OF DatensatzTyp;
  Anzahl   : BYTE;

PROCEDURE Eingabe;
  VAR
    Ende :  BOOLEAN;
  BEGIN
  ClrScr;
  Ende :=  FALSE;
  GotoXY (20,3);
  WriteLn ('Eingabe der Datensätze:');
  GotoXY ( 2,6);
  WriteLn ('Ende durch Eingabe von "0" für "Name".');
  GotoXY ( 2,7);
  WriteLn(' Telefonnummer ohne Schrägstrich nach
          Vorwahl eingeben!');
  WriteLn;
  Anzahl := 0;
  REPEAT
    Anzahl :=  Anzahl+1;
    Write ('  Name         : ');
    ReadLn (Speicher [Anzahl].Name);
    IF Speicher [Anzahl].Name = '0'
      THEN
        BEGIN
        Anzahl :=  Anzahl-1;
        Ende   :=  TRUE;
        END
      ELSE
        BEGIN
        Write ('  Strasse    : ');
        ReadLn (Speicher [Anzahl].Strasse);
```

```
        Write ('  Ort          : ');
        ReadLn (Speicher [Anzahl].Ort);
        Write ('  Telefonnr. : ');
        ReadLn (Speicher [Anzahl].Telefon);
        WriteLn;
        END; (* IF-THEN-ELSE *)
    UNTIL Ende;
  END; (* Eingabe *)

PROCEDURE Ausgabe;
  VAR
    Vergleichsname : STRING [25];
    I            : BYTE;
    gefunden       : BOOLEAN;
  BEGIN
  ClrScr;
  GotoXY (15,3);
  WriteLn ('Zugriff auf die Datensätze:');
  GotoXY ( 2,6);
  Write  ('Eingabe des Vergleichnamens : ');
  ReadLn (Vergleichsname);
  gefunden := FALSE;
  FOR I := 1 TO Anzahl DO
    IF Vergleichsname = Speicher [I].Name THEN
      BEGIN
      gefunden := TRUE;
      WriteLn;
      WriteLn;
      WriteLn ('  Datensatz zu ', Vergleichsname);
      WriteLn;
      WriteLn(' Wohnort     : ',   Speicher[I].Ort     );
      WriteLn(' Strasse     : ',   Speicher[I].Strasse);
      WriteLn(' Telefonnr. : ',Speicher[I].Telefon :10:0);
      END; (* IF-Abfrage *)
  IF NOT gefunden THEN
    WriteLn ('  Datensatz nicht gefunden!!!');
  WriteLn;
  WriteLn ('  Programmende');
  ReadLn;
  END; (* Ausgabe *)

BEGIN (* Hauptprogramm *)
Eingabe;
Ausgabe;
END.
```

4.3 Vereinfachte Bearbeitung von RECORDs (WITH-Anweisung)

Das Syntaxdiagramm zur WITH-Anweisung zeigt Bild 4-4.

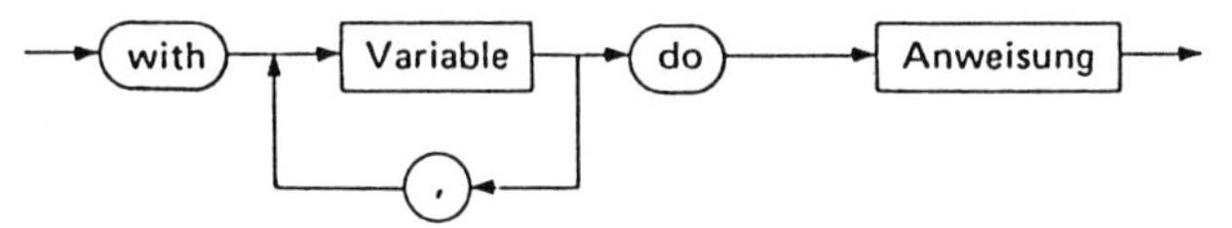

Bild 4-4 Syntaxdiagramm der WITH-Anweisung

Durch die Anweisung WITH wird der Zugriff auf RECORD-Komponenten vereinfacht. Soll beispielsweise ein bestimmter Name aus dem bereits beschriebenen RECORD ausgegeben werden, der in der Variablen „Speicher" enthalten ist, so müßte man normalerweise folgende Befehlskombination verwenden:

```
WRITELN (Speicher.Name);
WRITELN (Speicher.Strasse);
```

Für jede Komponente aus dem RECORD vom Typ „DatensatzTyp" müßte eine solche Schreibweise verwendet werden. Um auf die Wiederholung der RECORD-Bezeichnung (in unserem Fall „Speicher") verzichten zu können, wurde die Turbo Pascal-Anweisung WITH eingeführt.

```
WITH Speicher DO BEGIN
  WRITELN (Name);
  WRITELN (Strasse);  usw.
END; (*WITH*)
```

Verwendung findet diese Anweisung auch in den nachfolgenden Dateiprogrammen. Zunächst soll die Wirkungsweise der WITH-Anweisung an folgendem Programm gezeigt werden.

Programm RECORD2.PAS

```
USES
  Crt;

TYPE
  DatensatzTyp =  RECORD
                    Name    :  STRING [25];
                    Strasse :  STRING [25];
                    Ort     :  STRING [25];
                    Telefon :  REAL;
                    END;
```

```
VAR
  Speicher  : ARRAY [1..100] OF DatensatzTyp;
  Anzahl    : BYTE;

PROCEDURE Eingabe;
  VAR
    Ende :  BOOLEAN;
  BEGIN
  ClrScr;
  Ende :=  FALSE;
  GotoXY (20,3);
  WriteLn ('Eingabe der Datensätze:');
  GotoXY ( 2,6);
  WriteLn ('Ende durch Eingabe von "0" für "Name".');
  GotoXY ( 2,7);
  WriteLn ('Telefonnummer ohne Schrägstrich nach
         Vorwahl eingeben!');
  WriteLn;
  Anzahl := 0;
  REPEAT
   Anzahl := Anzahl+1;
   WITH Speicher[Anzahl] DO
       BEGIN
       Write ('  Name        : ');
       ReadLn (Name);
       IF Name = '0'
         THEN
           BEGIN
           Anzahl := Anzahl-1;
           Ende   :=  TRUE;
           END (* IF-THEN *)
         ELSE
           BEGIN
           Write ('  Strasse     : ');
           ReadLn (Strasse);
           Write ('  Ort         : ');
           ReadLn (Ort);
           Write ('  Telefonnr. : ');
           ReadLn (Telefon);
           WriteLn;
           END; (* IF-THEN-ELSE *)
       END; (* WITH-Anweisung *)
    UNTIL Ende;
  END; (* Eingabe *)
```

```
PROCEDURE Ausgabe;
  VAR
    Vergleichsname : STRING [25];
    gefunden       : BOOLEAN;
    I              : BYTE;
  BEGIN
  ClrScr;
  GotoXY (15,3);
  WriteLn ('Zugriff auf die Datensätze:');
  GotoXY ( 2,6);
  Write  ('Eingabe des Vergleichnamens : ');
  ReadLn (Vergleichsname);
  gefunden := FALSE;
  FOR I := 1 TO Anzahl DO
   IF Vergleichsname = Speicher [I].Name THEN
       BEGIN
       gefunden := TRUE;
       WriteLn;
       WriteLn;
       WriteLn ('  Datensatz zu ', Vergleichsname);
       WriteLn;
       WriteLn (' Wohnort: ', Speicher [I].Ort      );
       WriteLn (' Strasse: ', Speicher [I].Strasse );
       WriteLn (' Telefonnr.  : ', Speicher [I].Telefon :10:0);
       END;  (* IF-Abfrage *)
  IF NOT gefunden THEN
    WriteLn ('  Datensatz nicht gefunden!!!');
  WriteLn;
  WriteLn ('  Programmende');
  ReadLn;
  END; (* Ausgabe *)

BEGIN (* Hauptprogramm *)
Eingabe;
Ausgabe;
END.
```

4.4 Strukturierung von Daten als FILE (Datei)

Nachdem nun einige Hilfsmittel zur Definition von Datentypen und zur Strukturierung von Daten erläutert wurden, soll in diesem Abschnitt die Anordnung von Daten in einer Datei (FILE) besprochen werden. Bild 4-5 zeigt das zugehörige Syntaxdiagramm:

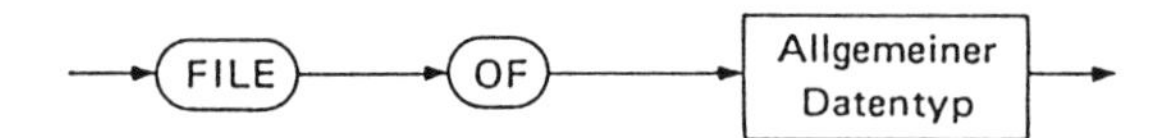

Bild 4-5 Syntaxdiagramm des Datentyps FILE

Das Anlegen von Dateien und ihre Verwaltung gehört zu den vordringlichsten Aufgaben der Datenverarbeitung. Der Einsatz von Rechnern als Unterstützung hierbei ist in nahezu allen Bereichen zur Selbstverständlichkeit geworden. In diesem Abschnitt soll nur ein bescheidener Einblick in das Anlegen und Verwalten von Dateien gegeben werden; denn dieses Thema könnte mühelos ein eigenes Buch füllen.

Das Ziel ist die Erstellung und Bearbeitung einer sequentiellen Datei und deren Umgestaltung zu einer Direktzugriff-Datei. Die Bedeutung dieser Begriffe werden im Laufe der nächsten Abschnitte klar.

4.4.1 Organisationsformen von Dateien

Grundsätzlich unterscheidet man verschiedene Arten von Dateien. In diesem Abschnitt werden die beiden in Turbo Pascal wichtigen Dateiarten anhand eines Programmbeispiels besprochen, die

- sequentielle Datei und die
- Direktzugriff-Datei.

Worin besteht nun der Unterschied zwischen den einzelnen Dateiformen?

Arbeitet man mit einer sequentiellen Datei, dann wird nach dem Starten des Programms die gesamte Datei von Externspeichern (Diskette, Festplatte) aus in den Arbeitsspeicher des Rechners geladen. Der Umfang einer solchen Datei wird deshalb im wesentlichen von der Kapazität des Arbeitsspeichers bestimmt (mit Blöcken und Puffern kann man Speicherplatz sparen).

Überschreitet die Datenmenge den Hauptspeicherplatz, muß eine satzweise arbeitende Dateiverwaltung angewendet werden. Dies bedeutet, daß nur einzelne Datensätze (z.B. ein Inhalt des RECORD über die Variable „Speicher“) von den Externspeichern in den Arbeitsspeicher geladen, dort bearbeitet und sofort nach Ausführung der gewünschten Operation wieder in den Externspeicher zurückübertragen werden. Es findet also ein ständiger Dialog statt. Der Zugriff erfolgt *direkt* über eine *Adresse*. Die Adresse wird entweder aus einer Tabelle übernommen oder über einen Algorithmus (*Hash*-Verfahren) errechnet. Der Vorteil dieser Methode liegt darin, daß die Dateigröße unabhängig vom Platzangebot im Hauptspeicher des Rechners ist und daß die Zugriffe sehr schnell sind.

Eine Gegenüberstellung zwischen dateiweisem und datensatzweisem Zugriff verdeutlicht Bild 4-6:

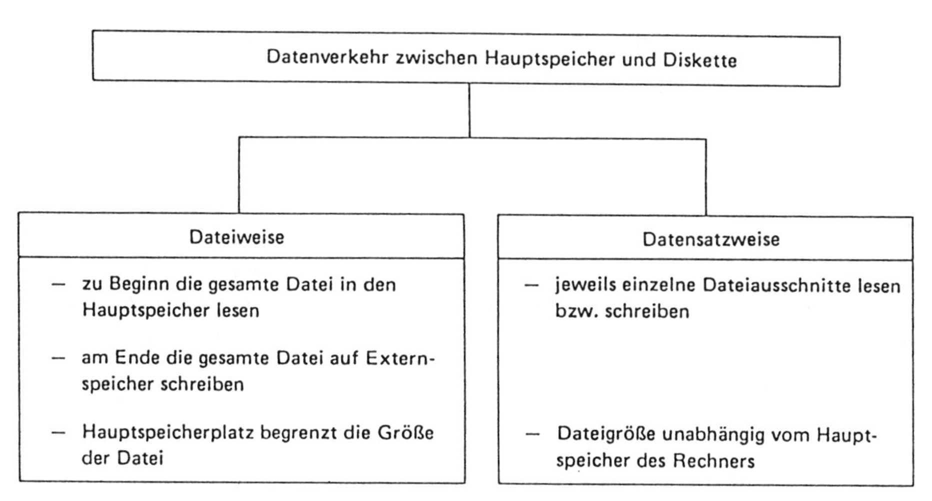

Bild 4-6 Dateiweiser und datensatzweiser Verkehr zwischen Hauptspeicher und Diskette

4.4.2 Arbeit mit Dateien

4.4.2.1 Anweisungen

Zum Erstellen und Bearbeiten von Dateien werden in Turbo Pascal folgende Befehle benötigt:

a) Vereinbarungsteil

Bei der Festlegung der Variablen steht beispielsweise:

```
Liste   :  FILE OF INTEGER;
```

Durch die Kennzeichnung der Variablen „Liste“ als FILE wird bei Ablauf des Programms eine Datei namens „Liste“ vereinbart, die Datensätze vom Typ INTEGER enthält.

b) Programmteil

Folgende Schritte sind erforderlich:

1. Zuweisung eines Namens

```
ASSIGN (Liste,´FStkList.Dat´);
```

Der mit der Variablen „Liste“ vereinbarten Datei wird der DOS-Name ‘FStkList.Dat’ zugewiesen. Überträgt man die Datei jetzt auf einen externen

Speicher, so ist sie dort unter dem Namen abgelegt, der ihr mit ASSIGN gegeben wurde (*logischer Dateiname*).

2. *Neueinrichten der Datei*

```
REWRITE (Liste);
```

Der Befehl REWRITE richtet eine Datei namens „Liste“ neu ein, d.h. eine unter gleichem Namen bereits existierende Datei wird gelöscht. Die neu erstellte Datei ist leer, der Dateizeiger steht auf der ersten Komponente mit der Nummer 0.

Achtung! Eine Lesedatei darf niemals mit REWRITE geöffnet werden, da sie dadurch gelöscht wird!

3. *Springen zum Anfang der Datei*

```
RESET (Liste);
```

Die Datei mit Namen ‘FStkList.Dat’ wird im angewählten externen Speicher gesucht; der Dateizeiger wird auf die erste Komponente gesetzt, die die Nummer 0 hat.

4. *Lesen und Schreiben der Datenfelder*

Das Einlesen in den Arbeitsspeicher erfolgt mit der Anweisung READ (bzw. READLN). Das Schreiben der Daten vom Arbeitsspeicher auf ein externes Speichermedium (z. B. Festplatte) besorgt der Befehl WRITE (bzw. WRITELN). Wie die einzelnen Datenfelder aus den Datensätzen eingelesen werden, zeigt folgende Anweisung:

```
WITH Speichern DO BEGIN;
```

Der Datensatz wird über die Variable ‘Speicher’ aufgerufen, und in eckiger Klammer steht die Feldnummer des entsprechenden Datenelementes.

5. *Schließen der Datei*

```
CLOSE (Liste);
```

Mit der Anweisung CLOSE wird eine Datei nach Abschluß der gewünschten Arbeiten geschlossen.

6. *Feststellen der Anzahl der Elemente der Datei*

```
n := FILESIZE (Liste);
```

Die Funktion FILESIZE ermöglicht es, die Anzahl der Elemente einer Datei zu ermitteln. „n" ist die Anzahl der Einträge, die in der Datei „Liste" vorgenommen wurden. Diese Anweisung wird bevorzugt beim Einlesen von Dateien in den Arbeitsspeicher angewendet, da sich mit FILESIZE die Eingabeschleife exakt dimensionieren läßt. Eine andere Möglichkeit wäre, den Datensatz solange zu durchlaufen, bis die Datei zu Ende ist (EOF: End of file). Dies kann man mit einer Schleifenkonstruktion: WHILE NOT EOF (filename) programmieren.

4.4.2.2 Schematische Darstellung von Dateiaufbau und Dateiverwaltung

Bild 4-7 zeigt das grobe Schema und Bild 4-8 die einzelnen Schritte für die Dateierstellung (1), für die externe Speicherung der Daten (2), für das Einlesen der Daten vom externen Speicher in den Rechner (3) und für die Datenausgabe (4).

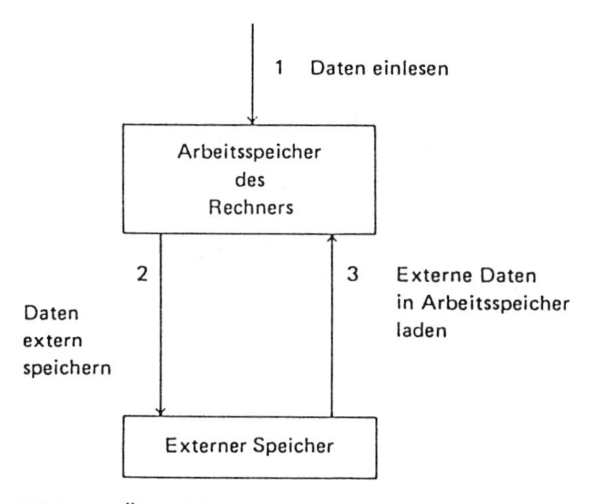

Bild 4-7 Übersichtsschema Datenverkehr

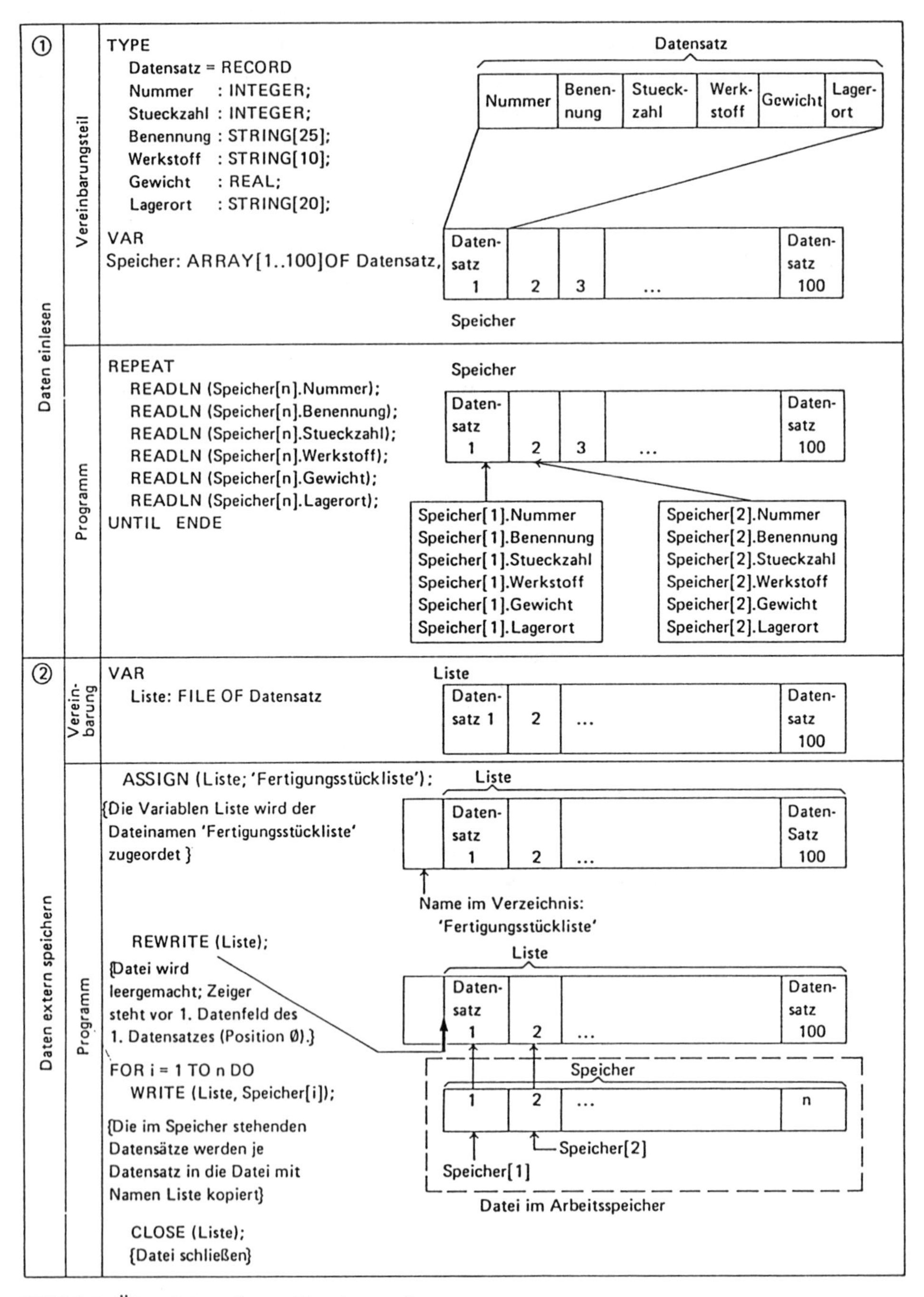

Bild 4-8 Übersichtsschema Dateiverwaltung

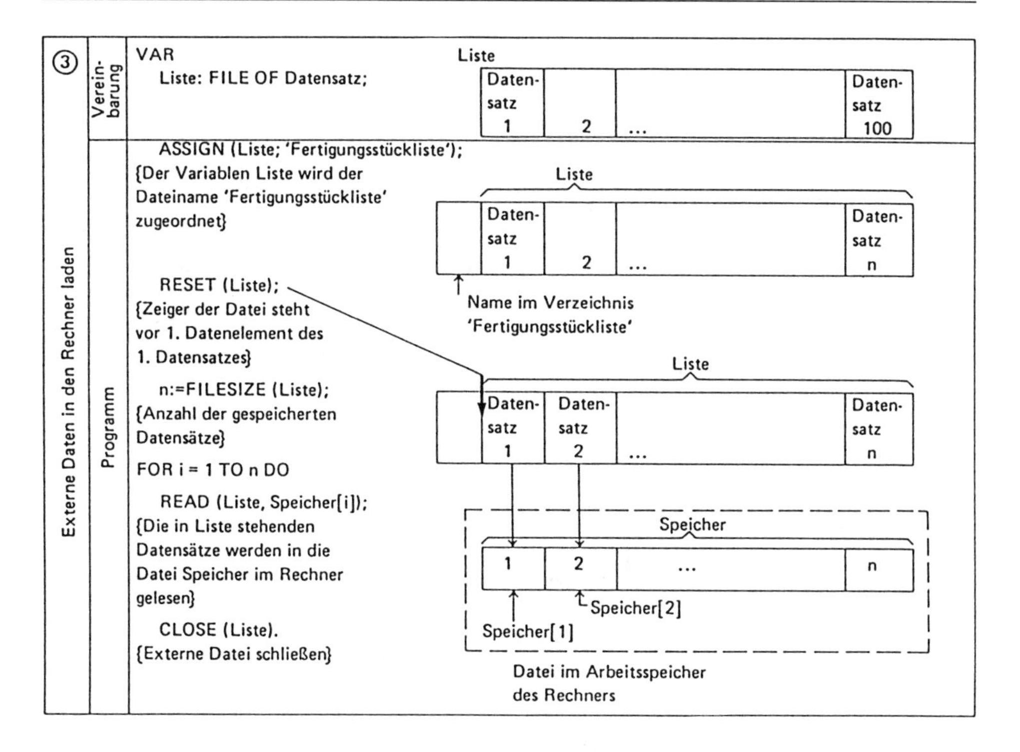

4.4.3 Aufstellen einer Datei mit dateiweisem Datenverkehr

Um eine sequentielle Datei einzugeben, zu laden und zu speichern, sind nun keine weiteren Kenntnisse mehr notwendig. Deshalb erläutern wir an dieser Stelle das Programm „DATEI1.PAS“.

Der RECORD des Typs „DatensatzTyp“ besteht, wie Bild 4-8 zeigt, aus folgenden Feldern:

```
DatensatzTyp = RECORD
               Nummer     :  INTEGER;
               Stueckzahl :  INTEGER;
               Benennung  :  STRING[25];
               Werkstoff  :  STRING[10];
               Gewicht    :  REAL;
               Lagerort   :  STRING[20];
               END;
```

Durch den ARRAY „Speicher“ wird ein Vektor mit 100 einzelnen Feldern definiert, der den Inhalt der Datei „Liste“ aufnimmt, sobald diese in den Rechner geladen wird. Jedes Feld des Vektors wird dabei mit dem Inhalt eines RECORD „DatensatzTyp“ belegt. Dieser ARRAY beschränkt die Größe der Datei „Liste“ auf 100 Datensätze.

Mit dem Befehl:

```
Liste   :   FILE OF DatensatzTyp;
```

wird die extern abzulegende Datei „Liste“ definiert, die als einzelnes Element den Inhalt eines RECORD „Datensatz“ enthält.

Alle mit der Datei im Zusammenhang stehenden Tätigkeiten werden durch die Unterprogramme „Menue, Eingabe, Speichern, Laden, Zugriff und Ausgabe“ in Turbo Pascal formuliert. Die Prozedur „Begruessung“ dient dem Benutzer als allgemeiner Einstieg in den Programmablauf (s. Bild 4-9).

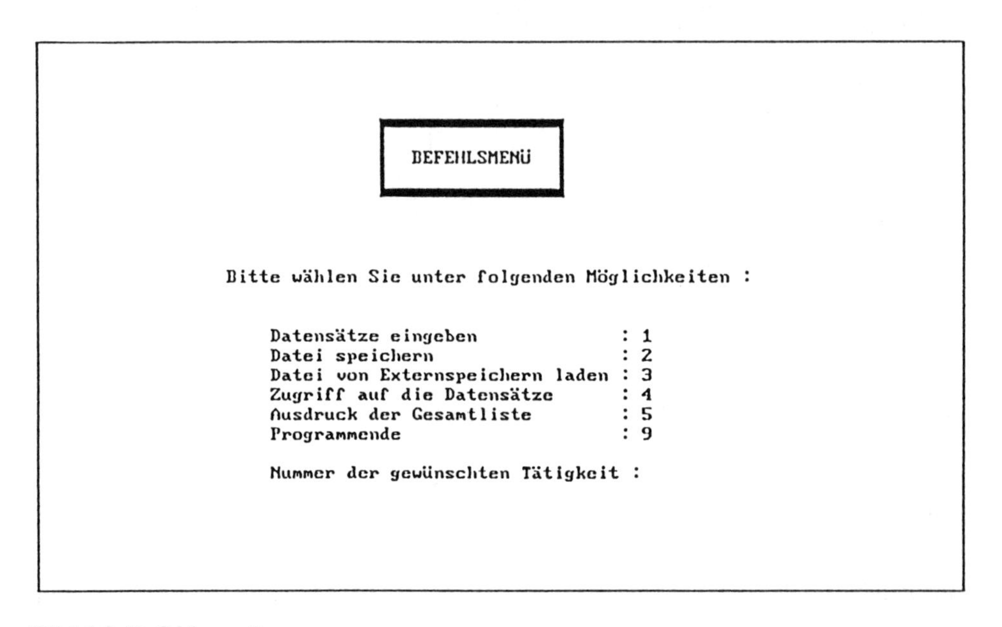

Bild 4-9 Befehlsmenü

Mit Hilfe des Unterprogramms „Eingabe“ werden die einzelnen Datensätze, bestehend aus „Laufende Nummer, Benennung, Stückzahl, Werkstoff, Gewicht und Lagerort“ in den RECORD „DatensatzTyp“ eingegeben. Jeder RECORD wird seinerseits dann im ARRAY „Speicher“ abgelegt. Dieser Eingabevorgang dauert solange an, bis entweder 100 Datensätze eingelesen wurden oder die „0“ für „Laufende Nummer“ eingetippt worden ist.

Soll die Fertigungsstückliste später komplett ausgegeben werden, so ist unbedingt als „Laufende Nummer“ des vorletzten Datensatzes „999“ einzugeben (s. Bild 4-10).

```
                    Eingabe der Datensätze:

Die Datensatzeingabe kann durch Eingabe von "0" unter "Laufende Nummer"
unterbrochen werden.
Bitte beenden Sie die Dateneingabe in jedem Fall mit "999" im Eingabefeld
"Laufende Nummer" ! In die anderen Felder schreiben Sie "0".

Laufende Nummer       : 1
Benennung             : Zylinderschraube
benötigte Stückzahl   : 125
Werkstoff             : St.37
Gewicht (kg/Stück)    : 0.05
Lagerort              : Geislingen/Steige

Laufende Nummer       : 999
Benennung             : 0
benötigte Stückzahl   : 0
Werkstoff             : 0
Gewicht (kg/Stück)    : 0
Lagerort              : 0

Laufende Nummer       : 0
 Nach der Eingabe der Datensätze bitte speichern!

 Zurück zum Menü durch Drücken einer beliebigen Taste.
```

Bild 4-10 Eingabe der Datensätze

Nach Ablauf dieses Unterprogramms wird der Benutzer aufgefordert, die Prozedur „Speichern" aufzurufen, denn seine eingegebenen Daten sind noch nicht in der Datei „Liste" abgelegt worden. Bei Abbruch des Programms wären die Daten sonst verloren.

Das Unterprogramm „Speichern" eröffnet die Datei „Liste" durch den Befehl „REWRITE", d.h. die Datei „Liste" wird völlig neu vereinbart. Eine bisher bereits bestehende Datei gleichen Namens wird dabei gelöscht.

Durch die Anweisung:

```
...WRITE (Liste,Speicher[i]);
```

wird der Inhalt des ARRAY „Speicher" in die Datei „Liste" geschrieben.

Das Aufrufen des Unterprogramms „Laden" ist nur sinnvoll, wenn sich bereits eine Datei auf einem externen Speicher befindet; denn dieses Unterprogramm lädt die Datei „Liste" in den Arbeitsspeicher des Rechners. Dabei darf, wie bereits erwähnt, der Befehl „REWRITE" nicht angewandt werden (da die Datei gelöscht wird), sondern man muß mit „RESET" arbeiten.

Das Unterprogramm „Zugriff" ermöglicht die Ausgabe eines bestimmten Datensatzes, der über die Eingabe der „Bauteilbenennung" angesprochen wird. Gibt man als Bauteilbenennung z. B. „Schraube" ein, dann wird der Datensatz mit Speicher[i].Benennung = Schraube ausgegeben.

Das Hauptprogramm besteht wieder „nur" aus dem Aufrufen der oben genannten Unterprogramme in definierter Reihenfolge.

Wenn Sie im Befehlsmenü „Ausdruck der Gesamtliste" anwählen (Nr. 5), erscheint folgender Ausdruck für die Fertigungsstückliste:

```
Lfd.   Benennung           Stück-   Werkstoff      Gewicht       Lagerort
Nr.                        zahl                    (kg/Stück)

1      Zylinderschraube    1000     St.37          0.050         Lautern
2      Dichtring           1250     Papier         0.010         Geislingen/Steige
3      Sprengring          2500     Federstahl     0.010         Böbingen/Rems
4      Vorderachse         50       V2A            135.000       Degerloch
5      Kurbelwelle         55       verg.Stahl     12.000        Waldhausen
6      Planetengetr.       11       geh.Stahl      1.370         Möglingen
7      Hinterachse         50       V2A            140.000       Stuttgart

  Dies sind alle in der Liste vorhandenen Daten.
  1. Blatt der Fertigungsstückliste
  Zur Fortsetzung beliebige Taste drücken !
```

Bild 4-11 Fertigungsstückliste

Programm DATEI1.PAS

```
USES
  Crt;

TYPE
  DatensatzTyp = RECORD
                   Nummer     : INTEGER;
                   Stueckzahl : INTEGER;
                   Benennung  : STRING [25];
                   Werkstoff  : STRING [10];
                   Gewicht    : REAL;
                   Lagerort   : STRING [20]
                   END;

VAR
  Liste             :  FILE OF DatensatzTyp;
  Speicher          :  ARRAY [1..100] OF DatensatzTyp;
  Auswahl, Anzahl   :  BYTE;
```

```
PROCEDURE Begruessung;
  BEGIN
  ClrScr;
  GotoXY (23,  7);
  WriteLn ('VERWALTUNG EINER FERTIGUNGSSTÜCKLISTE');
  GotoXY ( 3, 15);
  WriteLn('Beim erstmaligen Programmstart ist im'
         ,' nachfolgenden Auswahlmenü die "1"');
  GotoXY ( 3, 16);
  WriteLn ('für "Eingabe" einzugeben.');
  GotoXY ( 3, 18);
  WriteLn('Zur Fortsetzung des Programmablaufs bitte'
         ,' beliebige Taste drücken!');
  GotoXY (70, 18);
  REPEAT UNTIL KeyPressed;
  END; (* Begruessung *)

PROCEDURE Menue;
  BEGIN
  ClrScr;
  GotoXY (30,  3); WriteLn(' ▄▄▄▄▄▄▄▄▄▄▄▄▄▄▄▄▄▄▄▄ ');
  GotoXY (30,  4); WriteLn(' █                  █ ');
  GotoXY (30,  5); WriteLn(' █   BEFEHLSMENÜ    █ ');
  GotoXY (30,  6); WriteLn(' █                  █ ');
  GotoXY (30,  7); WriteLn(' ▀▀▀▀▀▀▀▀▀▀▀▀▀▀▀▀▀▀▀▀ ');
  GotoXY (16, 11);
  WriteLn (' Bitte wählen Sie unter folgenden
             Möglichkeiten :');
  GotoXY (20, 14); WriteLn ('Datensätze eingeben: 1');
  GotoXY (20, 15); WriteLn ('Datei speichern    : 2');
  GotoXY (20, 16); WriteLn ('Datei von Externspeichern
                             laden                : 3');
  GotoXY (20, 17); WriteLn ('Zugriff auf die
                             Datensätze           : 4');
  GotoXY (20, 19); WriteLn ('Programmende         : 9');
  GotoXY (20, 21); Write   ('Nummer der gewünschten
                             Tätigkeit            : ');
  ReadLn (Auswahl);
  END; (* Menue *)


PROCEDURE Eingabe;
  VAR
    n : BYTE;
    Ende : BOOLEAN;
  BEGIN
```

```
ClrScr;
Ende := FALSE;
GotoXY (20, 3);
WriteLn ('Eingabe der Datensätze:');
GotoXY ( 2, 6);
WriteLn ('Die Datensatzeingabe kann durch'
       ,' Eingabe von "0" unter ');
GotoXY ( 2, 7);
WriteLn ('"Laufende Nummer" unterbrochen werden.');
WriteLn;
n:=0;
REPEAT
   n :=  n + 1;
   WITH Speicher[n] DO BEGIN
      Write ('  Laufende Nummer : ');
      ReadLn (Nummer);
      IF Nummer <> 0
         THEN
            BEGIN
            Write (' Benennung  : ');
            ReadLn (Benennung);
         Write ('Stückzahl       : ');
            ReadLn (Stueckzahl);
               Write ('Werkstoff       : ');
            ReadLn (Werkstoff);
               Write ('Gewicht kg/Stck: ');
            ReadLn (Gewicht);
            Write ('Lagerort        : ');
            ReadLn (Lagerort);
               WriteLn;
               END  (* IF-THEN-Abfrage *)
      ELSE
            BEGIN
            n    :=  n - 1;
            Ende :=  TRUE;
            END; (* IF-ELSE-Abfrage *)
      END; (* WITH Speicher[n] DO BEGIN *)
   UNTIL Ende; (* REPEAT-Schleife *)
Anzahl := n;
WriteLn;
WriteLn;
WriteLn (' Nach der Eingabe der Datensätze bitte speichern!');
WriteLn;
Write ('  Zurück zum Menü durch Drücken einer
          beliebigen Taste.');
```

```
  REPEAT UNTIL KeyPressed;
  END; (* Eingabe *)


PROCEDURE Speichern;
  VAR
    i: BYTE;
  BEGIN
  ClrScr;
  ASSIGN (Liste, 'FStkList.Dat');
  REWRITE (Liste);
  FOR i := 1 TO Anzahl DO
    Write (Liste, Speicher [i]);
  WriteLn;
  WriteLn;
  WriteLn (' ':7,Anzahl,' Einträge vom Arbeitsspeicher');
  WriteLn (' ':7,'in die Fertigungsstückliste
           vorgenommen.');
  WriteLn;
  Write ('  Zurück zum Menü durch Drücken einer beliebigen
           Taste. ');
  CLOSE (Liste);
  REPEAT UNTIL KeyPressed;
  END; (* Speichern *)


PROCEDURE Laden;
  VAR
    i: BYTE;
  BEGIN
  ClrScr;
  ASSIGN (Liste, 'FStkList.Dat');
  RESET  (Liste);
  Anzahl :=  FILESIZE (Liste);
  FOR i := 1 TO Anzahl DO
    Read (Liste, Speicher [i]);
  WriteLn;
  WriteLn;
  WriteLn (' ':4,Anzahl,' Einträge der
         Fertigungsstückliste');
  WriteLn ('    in den Arbeitsspeicher.');
  WriteLn;
  Write ('    Zurück zum Menü durch Drücken einer
        beliebigen Taste.  ');
  CLOSE (Liste);
```

```
  REPEAT UNTIL KeyPressed;
  END; (* Laden *)


PROCEDURE Zugriff;
  VAR
    i : BYTE;
    Bauteilbenennung : STRING [25];
    gefunden : BOOLEAN;
  BEGIN
  ClrScr;
  GotoXY (15, 3);
  WriteLn ('Zugriff auf die Datensätze:');
  GotoXY ( 2, 6);
  Write ('Eingabe der Bauteilbenennung : ');
  ReadLn (Bauteilbenennung);
  gefunden := FALSE;
  FOR i := 1 TO Anzahl DO
    IF Speicher [i].Benennung = Bauteilbenennung THEN
      BEGIN
      gefunden := TRUE;
      WriteLn;
      WriteLn;
      WriteLn (' Ausgabe Datensatz ', Bauteilbenennung);
      WriteLn;
      WITH Speicher[i] DO BEGIN
          WriteLn ('Laufende Nr.   : ',Nummer);
          WriteLn ('Benennung      : ',Benennung);
          WriteLn ('Stückzahl      : ',Stueckzahl);
        WriteLn ('Werkstoff      : ',Werkstoff);
        WriteLn ('Gewicht kg/St. : ',Gewicht:4:3);
        WriteLn ('Lagerort       : ',Lagerort);
        END; (* WITH Speicher[i] *)
      END; (*IF*)
  IF NOT gefunden THEN
    WriteLn (' Datensatz nicht gefunden!!!');
  WriteLn;
  WriteLn;
  Write (' Zurück zum Menü durch Drücken einer
         beliebigen Taste.  ');
  REPEAT UNTIL KeyPressed;
  END; (* Zugriff *)
```

```
BEGIN (* Hauptprogramm *)

Begruessung;
REPEAT
   Menue;
   CASE Auswahl OF
      1: Eingabe;
      2: Speichern;
      3: Laden;
      4: Zugriff;
      ELSE;
      END; (*CASE*)
   UNTIL Auswahl = 9;
ClrScr;
WriteLn;
WriteLn;
WriteLn ('Programmende');
ReadLn;
END.
```

4.4.4 Aufstellen einer Direktzugriff-Datei

Um aus einer sequentiellen Datei eine Datei mit datensatzweisem Datenverkehr zu machen, ist nur die Kenntnis eines weiteren Befehls erforderlich:

```
SEEK
```

Mit dieser Anweisung läßt sich der Dateizeiger, der bisher durch den Benutzer nicht beeinflußt werden konnte, manipulieren. Der Dateizeiger kann also eine vom Benutzer selbst festgelegte Position einnehmen und den jeweils gewünschten Datensatz direkt ansprechen. Der Vorteil einer Direktzugriff-Datei liegt, um es noch einmal zu betonen, darin, daß durch den datensatzweisen Zugriff auf die externe Datei die Größe der Datei vom Arbeitsspeicher des Rechners unabhängig ist.

Im Programm DATEI2 verarbeiten die Unterprogramme also nicht wie im Programm DATEI1 Datenelemente eines internen ARRAY, sondern Datensätze einer externen Datei. Hierzu sind, außer der Verwendung der Anweisung „SEEK", noch einige Änderungen im Hauptprogramm und in den Unterprogrammen notwendig:

Im Hauptprogramm wird zu Beginn des Programmablaufs die Verbindung zwischen dem Namen 'Fertigungsstückliste' auf dem externen Speicher und dem Arbeitsspeicher (Dateivariable „Liste") hergestellt:

```
ASSIGN (Liste,'Fertigungsstückliste');
```

Da in jeder Prozedur jetzt auf die externe Datei zugegriffen werden soll, muß die Fertigungsstückliste in jedem Unterprogramm des Programms „Datei2“ durch RESET bzw. REWRITE geöffnet werden. Der dann jeweils anzusprechende Datensatz muß durch SEEK festgelegt, mit READ eingelesen, bearbeitet und mit WRITE wieder zurückgeschrieben werden.

Mit der Prozedur „Loeschen“ kann die externe Datei „Liste“ komplett gelöscht werden. Man sollte daher mit dem Aufruf dieses Unterprogramms sehr vorsichtig sein; die Datei „Liste“ ist im Arbeitsspeicher ja nicht vorhanden und somit nach Ablauf von „Loeschen“ verloren.

Durch Einsatz der Direktzugriff-Datei verkürzt sich das Programm „DATEI2.PAS“ bei gleichbleibendem Leistungsangebot gegenüber dem Programm „Datei1“ erheblich. Die Unterprogramme „Laden und Speichern“ aus „Datei1“ werden durch die Prozedur „Eingabe“ in „Datei2“ ersetzt.

Der Nachteil von Direktzugriff-Dateien gegenüber sequentiellen Dateien liegt in der längeren Zeit, die beim Ablauf von Sortierroutinen benötigt wird. Normalerweise wird verlangt, daß die Datensätze eines Dateiprogramms in alphabetischer Reihenfolge vorliegen müssen. Der Programmierer muß also Sortierroutinen in seinem Programm vorsehen, die z.B. vorgenommene Änderungen an der richtigen Stelle einfügen. Solche Sortierroutinen sind mit den Programmen „BUBBLE.PAS“ (s. Abschn. 2.3.4.2.2) und „SHELL.PAS“ (s. Anhang A 5.4) bereits vorgestellt worden. Da bei Direktzugriff-Dateien die Datensätze im dauernden Dialog mit dem Externspeicher abgerufen, verglichen und zurückgeschrieben werden müssen, ist für das Sortieren natürlich mehr Zeit nötig, als wenn die Datensätze komplett im Arbeitsspeicher vorliegen.

Programm DATEI2.PAS

```
USES
   Crt;

TYPE
   DatensatzTyp = RECORD
                     Nummer       :  INTEGER;
                     Stueckzahl   :  INTEGER;
                     Benennung    :  STRING [25];
                     Werkstoff    :  STRING [10];
                     Gewicht      :  REAL;
                     Lagerort     :  STRING[20];
                     END;
```

```
VAR
  Liste   :  FILE OF DatensatzTyp;
  Auswahl :  BYTE;


PROCEDURE Begruessung;
  BEGIN
  ClrScr;
  GotoXY (23, 7);
  WriteLn ('VERWALTUNG EINER FERTIGUNGSSTÜCKLISTE');
  GotoXY ( 3,15);
  WriteLn ('Beim erstmaligen Programmstart ist im'
         ,' nachfolgenden Auswahlmenü die "1"');
  GotoXY ( 3,16);
  WriteLn ('für "Alte Datei löschen" einzugeben.');
  GotoXY ( 3,18);
  WriteLn ('Zur Fortsetzung des Programmablaufs'
         ,' bitte beliebige Taste drücken!');
  GotoXY (70,18);
  REPEAT UNTIL KeyPressed;
  END; (* Begruessung *)


PROCEDURE Menue;
  BEGIN
  ClrScr;
  GotoXY (30, 3);  WriteLn (' ▄▄▄▄▄▄▄▄▄▄▄▄▄▄▄▄▄▄ ');
  GotoXY (30, 4);  WriteLn (' █                █ ');
  GotoXY (30, 5);  WriteLn (' █  BEFEHLSMENÜ   █ ');
  GotoXY (30, 6);  WriteLn (' █                █ ');
  GotoXY (30, 7);  WriteLn (' ▀▀▀▀▀▀▀▀▀▀▀▀▀▀▀▀▀▀ ');
  GotoXY (16,11);
  WriteLn (' Bitte wählen Sie unter folgenden
           Möglichkeiten :');
  GotoXY (20,14);  WriteLn ('Alte Datei löschen          : 1');
  GotoXY (20,15);  WriteLn ('Datensätze eingeben         : 2');
  GotoXY (20,16);  WriteLn ('Zugriff auf die Datensätze : 3');
  GotoXY (20,17);  WriteLn ('Programmende                : 9');
  GotoXY (20,20);  Write   ('Nummer der gewünschten
                            Tätigkeit                 : ');
  ReadLn  (Auswahl);
  END; (* Menue *)
```

```
PROCEDURE Loeschen;
  BEGIN
  REWRITE (Liste);
  ClrScr;
  WriteLn;
  WriteLn;
  WriteLn;
  Write ('  Alte Datei gelöscht!  ');
  DELAY (2000);
  END; (* Loeschen *)


PROCEDURE Eingabe;
  VAR
    Ende : BOOLEAN;
    Satz : DatensatzTyp;
  BEGIN
  ClrScr;
  Ende :=  FALSE;
  GotoXY (25,3);
  WriteLn ('Eingabe der Datensätze:');
  GotoXY (10,6);
  WriteLn ('Die Datensatzeingabe kann durch Eingabe'
        ,' von "0" unter ');
  GotoXY (10,7);
  WriteLn ('"Laufender Nr." unterbrochen werden.');
  WriteLn;

  RESET (Liste);
  SEEK (Liste, FILESIZE (Liste));   (* ans Ende der
       Datei springen *)
  WITH Satz DO
    REPEAT
      Write ('  Kundennummer : ');
      ReadLn (Nummer);
      IF Nummer <> 0
        THEN
          BEGIN
          Write ('Benennung : '); ReadLn (Benennung);
          Write ('Stückzahl : '); ReadLn (Stueckzahl);
          Write ('Werkstoff : '); ReadLn (Werkstoff);
          Write ('Gewicht kg/St.: '); ReadLn (Gewicht);
          Write ('Lagerort  : '); ReadLn (Lagerort);
          WriteLn;
          Write (Liste, Satz);
          END  (* IF-THEN *)
```

```
          ELSE
            Ende := TRUE;
        UNTIL Ende;
    CLOSE (Liste);

    WriteLn;
    WriteLn;
    Write (' Zurück zum Menü durch Drücken einer
            beliebigen Taste. ');
    REPEAT UNTIL KeyPressed;
    END; (* Eingabe *)


PROCEDURE Zugriff;
    VAR
      Vergleichsname : STRING [25];
      Satz           : DatensatzTyp;
      i              : BYTE;
      gefunden       : BOOLEAN;
    BEGIN
    ClrScr;
    GotoXY (15,3);
    WriteLn ('Zugriff auf die Datensätze:');
    GotoXY ( 2,6);
    Write   ('Eingabe der Bauteilbezeichnung : ');
    ReadLn  (Vergleichsname);

    RESET (Liste);
    gefunden := FALSE;
    IF NOT EOF(Liste) THEN
      REPEAT
        Read (Liste,Satz);
        gefunden := (Satz.Benennung = Vergleichsname);
        UNTIL gefunden OR EOF(Liste);
    IF gefunden
      THEN
        WITH Satz DO BEGIN
          WriteLn;
          WriteLn;
          WriteLn (' Ausgabe Datensatz ',
                Vergleichsname);
          WriteLn;
          WriteLn ('Laufende Nr.    : ', Nummer);
          WriteLn ('Stückzahl       : ', Stueckzahl);
          WriteLn ('Werkstoff       : ', Werkstoff);
```

```
        WriteLn ('Gewicht         : ', Gewicht);
        WriteLn ('Lagerort        : ', Lagerort);
        END (* WITH Satz *)
    ELSE
      WriteLn (CHR(7),'Datensatz nicht
               gefunden!!!');
  CLOSE (Liste);
  WriteLn;
  WriteLn;
  Write ('  Zurück zum Menü durch Drücken einer
         beliebigen Taste.');
  REPEAT UNTIL KeyPressed;
  END; (* Zugriff *)


BEGIN (* Hauptprogramm *)
ASSIGN (Liste, 'FStkList.Dat');
Begruessung;
REPEAT
  Menue;
  CASE Auswahl OF
    1 : Loeschen;
    2 : Eingabe;
    3 : Zugriff;
    ELSE ;
    END; (*CASE*)
  UNTIL Auswahl = 9;
ClrScr;
WriteLn;
WriteLn;
WriteLn (' Programmende');
ReadLn;
END.
```

4.5 Übungsaufgabe zur Dateiverwaltung

Programmieren Sie die Verwaltung einer Kundendatei mit den Möglichkeiten: Dateneingabe, Speichern, Laden und Zugriff. Die Datensätze für die Kunden haben folgende Felder:

Nummer, Name, Straße, Ort und Telefon.

Die Lösung finden Sie im Anhang (A 5.5).

5 Abstrakte Datentypen und objektorientierte Programmierung

Programme zur Lösung komplexer Fragestellungen zerlegt man praktischerweise in *kleinere, in sich geschlossene Abschnitte*. Dazu dient die Unterprogrammtechnik, die in Abschnitt 3 vorgestellt wurde. Dort wurden auch die Vorteile ihrer Anwendung genannt:

- *Übersichtlichkeit* des Programmtextes,
- *Arbeitsteilung* innerhalb eines Programmierteams und
- *Wiederverwendung* von Programmteilen.

Wird ein Programm aus *Bausteinen* (Unterprogrammen, Modulen) zusammengesetzt, erhöht sich auch die *Sicherheit*; denn Module können gezielter auf ihre Korrektheit überprüft werden. Modular aufgebaute Programme sind *einfacher zu ändern*, da ihre Teilfunktionen schneller aufzufinden und leichter zu überschauen sind. *Neue Funktionen* können *einfacher eingefügt* werden, indem man ein entsprechendes Unterprogramm schreibt und an den richtigen Stellen aufruft.

Sind Programme streng in Unterprogramme gegliedert, kann man die Beziehungen zwischen den Programmkomponenten in einem Baum darstellen: das Hauptprogramm ist die Wurzel, die Unterprogramme sind die übrigen Knoten, und die Kanten zeigen die Abhängigkeit durch Aufrufe (Bild 5-1). Eine solches *hierarchisches Aufrufdiagramm* zeigt die *statische Programmgliederung*. Der Ablauf eines Programms, sein *dynamisches Verhalten*, kann aus den schon erwähnten *Struktogrammen* abgelesen werden.

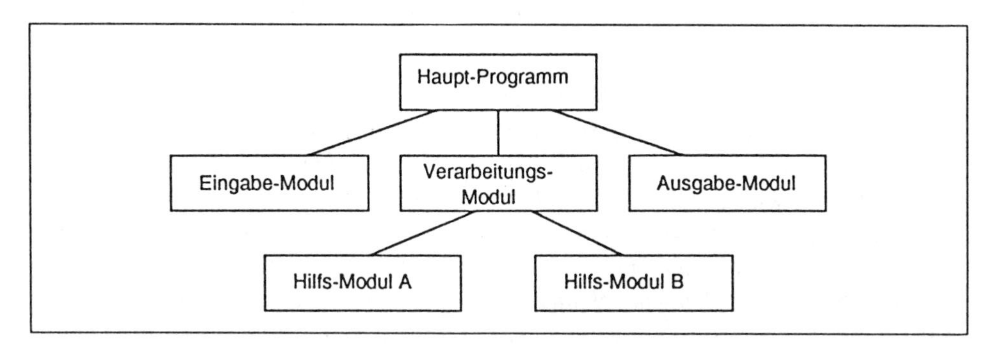

Bild 5-1 Hierarchisches Aufrufdiagramm der Module

Daten, die in den Programmen bearbeitet werden, sind meist umfangreich und weisen komplexe Strukturen auf (s. Abschn. 1, Bild 1-1 und Bild 1-3). Was für die Anweisungen der Programme gilt, wird auch für die Daten gefordert: *Gliederung* der *Daten* in *eigenständige Strukturen*, mit denen die unterschiedlichen Eigenschaften der Programmgegenstände beschrieben werden (Bild 5-2). Möglichkeiten dazu bieten die *strukturierten Datentypen* ARRAY und SET (Abschnitt 2) sowie RECORD und FILE (Abschnitt 4). Die Gültigkeit der Daten soll nur auf diejenigen Module beschränkt sein, die diese Daten wirklich benötigen (*lokale Variable*). Werden die Daten auf diese Weise strukturiert, ergeben sich ähnliche Vorteile für die Programmentwicklung und -pflege wie bei der Modularisierung, nämlich: *Übersichtlichkeit*, *Erweiterbarkeit*, *Wiederverwendbarkeit* und *geringer Wartungsaufwand*.

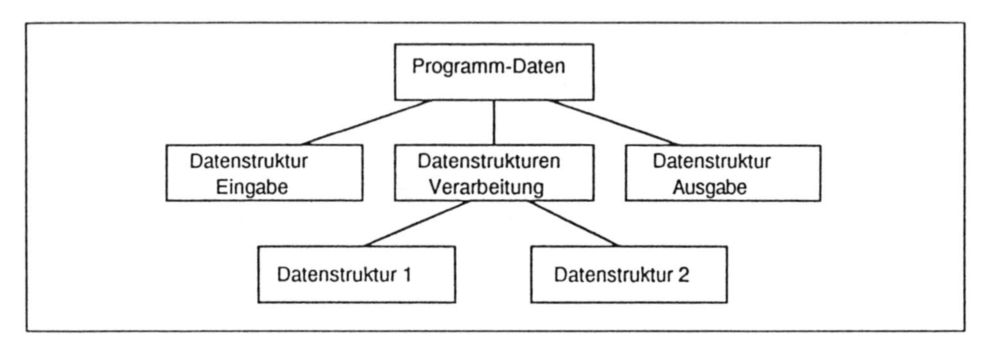

Bild 5-2 Hierarchische Gliederung der Datenstruktur

Moderne Programmiersprachen unterstützen schon lange die angesprochenen Konzepte. Sie werden in komfortablen Entwicklungsumgebungen auf breiter Ebene eingesetzt. Dennoch hat sich die Produktivität in der Software-Entwicklung nicht in dem erwarteten Maße erhöht. Zuviele Anforderungen (*Funktionalitäten*) werden immer aufs neue programmiert, weil vorhandene Programmteile den gerade vorliegenden Sonderfall nicht berücksichtigen. Eine Änderung oder Erweiterung des bestehenden Programmteils wäre aber unter Umständen zu riskant, da Auswirkungen auf andere Programmteile, die diese Funktionalität ebenfalls benutzen, schwer vorauszusehen sind.

In der *traditionellen* strukturierten Programmierung sind *Daten* und *Anweisungen* (Operationen) *getrennt* (Bild 5-3a); es läßt sich nur schwer verhindern, daß sich Operationen mit den falschen Daten befassen. In der *objektorientierten Programmierung* (OOP) wird das durch *Kapselung* von *Daten* und *zugehörigen Operationen* verhindert. Auf diese Weise entstehen *Objekte*, also Einheiten, in denen die zusammengehörigen Daten und Unterprogramme (Operationen) zusammengefaßt sind (Bild 5-3b). *Vererbungsmechanismen* sorgen dafür, daß der auf Objekten basierende Kode *leicht verändert* und *erweitert* werden kann. So können bestehende Programmteile in anderen Programmen wiederverwendet werden.

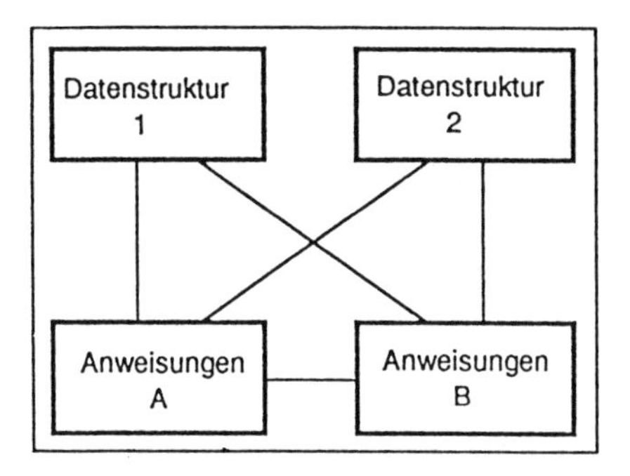

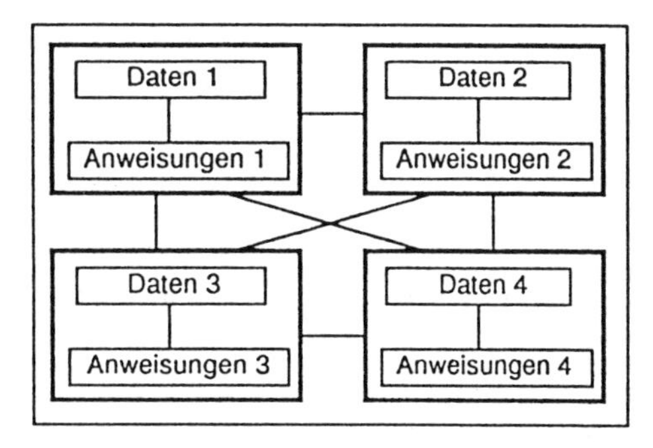

Bild 5-3 Strukturierte (Bild a) und objektorientierte Programmierung (Bild b)

In diesem Abschnitt wird an Beispielen eine knappe Einführung in die wichtigsten Konzepte der OOP gegeben, wie sie in Turbo Pascal (Version 6.0) implementiert sind. In Abschnitt 5.1 wird das bereits in Abschnitt 2 entworfene Sortier-Programm durch Modularisierung weiterentwickelt. In Abschnitt 5.2 werden *abstrakte Datentypen (ADT)* erläutert, eine der Grundlagen der OOP. Abschnitt 5.3 zeigt die Entwicklung von *UNITs*, das sind unabhängig übersetzbare Module, die als Bausteine wiederverwendet werden können. Auf diesen Grundlagen wird in Abschnitt 5.4 die OOP-Syntax entwickelt. In Abschnitt 5.5 schließlich werden die entscheidenden Eigenschaften von Objekten erläutert: *Vererbung* und *Überschreibung*. In Abschnitt 6 wird als Anwendungsbeispiel ein objektorientiertes, interaktives Grafikprogramm vorgestellt.

5.1 Prozeduren und Funktionen als Bausteine eines Programms

Ausgangspunkt ist das Sortierprogramm des Abschnitts 2.3.4.2. Dabei interessiert nicht der gewählte Sortier-Algorithmus; im Gegenteil: Das Programm soll so umgestaltet werden, daß jemand, der es zu pflegen hat, jederzeit leicht die vorgeschlagene Variante des Sortierens durch Auswahl („select sort") durch ein ihm günstiger erscheinendes Verfahren ersetzen kann. Leicht heißt, daß die Programmteile, die geändert werden müssen, schnell gefunden werden können, daß möglichst wenige Änderungen vorgenommen werden müssen, und daß die Änderungen auf einen engen Bereich (lokal) begrenzt werden.

Ein Programm wird nach der *Top-Down-Methode* entwickelt, wenn man zuerst die Hauptaufgaben des Programms, seine Funktionalitäten, beschreibt und diese später in Unterprogramm-Modulen (Prozeduren und Funktionen) realisiert. In einem groben Programmentwurf setzt man den Inhalt der Unterprogramme als gegeben voraus und verwendet sie wie Standard-Anweisungen:

```
PROGRAMM Select
Lies Daten und speichere in Liste
Sortiere Liste
Schreib Liste
```

Diese Formulierung enthält neben der Aufgabenstellung auch schon die Reihenfolge der Bearbeitungsschritte. Das Aufrufdiagramm dazu könnte wie in Bild 5-4 aussehen:

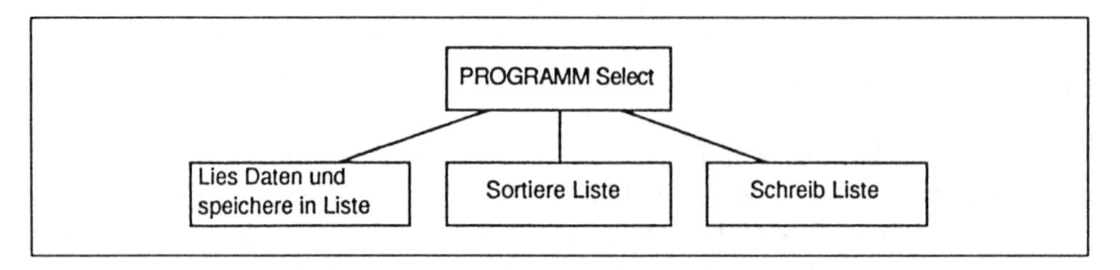

Bild 5-4 Hierarchisches Aufrufdiagramm zum Grobentwurf

Die Daten – in diesem Fall ganze Zahlen – sollen einzeln interaktiv vom Programm angefordert und vom Benutzer über die Tastatur eingegeben werden. Gespeichert werden sie in einer Liste, die als ARRAY realisiert ist. Sie soll maximal 20 Elemente enthalten können; wieviele Zahlen der Benutzer tatsächlich sortieren will, muß er anfangs dem Programm mitteilen.

Vom Hauptprogramm aus gesehen wird eine Prozedur **Lies** aufgerufen, welche *Liste* mit *Anzahl* Elemente beschafft. Diese wird an die Prozedur **Sortiere** weitergereicht, die sie sortiert zurückgibt. Das Hauptprogramm veranlaßt schließlich die Prozedur **Schreib**, die *Liste* mit *Anzahl* Elementen anzuzeigen. Daraus ergibt sich das Programmgerüst SELECT0. Dieses Rumpfprogramm ist wohlgemerkt schon lauffähig, ohne allerdings Sinnvolles zu tun. Seine Module werden aber korrekt aufgerufen und melden sich jeweils mit einem kurzen Hinweis.

```
PROGRAM Select0;

USES
  Crt;

TYPE
  ListTyp =  ARRAY [1 .. 20] OF INTEGER;

VAR
  Liste  :  ListTyp;
  Anzahl :  INTEGER;
```

```
PROCEDURE Lies (VAR A : ListTyp;    VAR n : INTEGER);
  BEGIN
  writeln ('*** Prozedur Lies ***')
  END; (* Lies *)

PROCEDURE Schreib (A : ListTyp;  n : INTEGER);
  BEGIN
  writeln ('*** Prozedur Schreib ***')
  END; (* Schreib *)

PROCEDURE Sortiere (VAR A : ListTyp;  n : INTEGER);
  BEGIN
  writeln ('*** Prozedur Sortiere ***')
  END; (* Sortiere *)


BEGIN (* Hauptprogramm *)
Lies      (Liste, Anzahl);
Sortiere  (Liste, Anzahl);
Schreib   (Liste, Anzahl);
END.
```

Sogar Empfang und Weitergabe der Daten sind schon vorbereitet. Die Namen der *formalen Parameter* in den *Prozedurköpfen* können *verschieden* von den *Namen* der *aktuellen Parameter* in den Prozeduraufrufen gewählt werden. Das ist wichtig; denn so kann der Bearbeiter einer Prozedur seine Namen unabhängig von den rufenden Modulen vergeben. Formale und aktuelle Parameter müssen lediglich in ihrer *Zahl* und den *Datentypen* übereinstimmen. Dazu muß strukturierten Datentypen ein *Name* gegeben werden, der dann in der Variablen-Deklaration und der formalen Parameterliste benutzt wird. Dies ist hier am Beispiel der *Liste* vom *ListTyp* demonstriert.

Beachtet werden muß der Unterschied zwischen Daten, die von einer Prozedur in das rufende Hauptprogramm transportiert werden – sie werden in der formalen Parameterliste als Variablen-Parameter aufgeführt (mit VAR, z.B. *A* und *n* in **Lies**) –, und solchen Daten, die vom rufenden Programm lediglich empfangen werden – sie werden in der formalen Parameterliste als Wert-Parameter deklariert (z.B. *A* und *n* in **Schreib**). Der Parameter *A* in **Sortiere** soll die unsortierte Liste vom Hauptprogramm entgegennehmen und sortiert an dieses zurückgeben; er ist daher auch Variablen-Parameter.

Im Zuge der Top-Down-Entwicklung werden nun die Prozeduren den Vorgaben entsprechend mit Inhalten gefüllt (Programm SELECT1). Diese sind fast identisch mit den entsprechenden Teilen des Programms aus Abschnitt 2.3.4.2. Bei einer Neuentwicklung würde man aber erst die Ein- und Ausgabemodule implementieren und testen. Das Sortiermodul würde in den schon funktionierenden Rahmen eingepaßt.

```
PROGRAM Select1;
USES
  Crt;
TYPE
  ListTyp =  ARRAY [1 .. 20] OF INTEGER;
VAR
  Liste  :  ListTyp;
  Anzahl :  INTEGER;

PROCEDURE Lies (VAR A : ListTyp;   VAR n : INTEGER);
  VAR
    i : INTEGER;
  BEGIN
  ClrScr;
  Write ('Anzahl der zu sortierenden Zahlen :  ');
  ReadLn (n);
  WriteLn;
  FOR i := 1 TO n DO BEGIN
    Write (' Bitte Zahl Nr.', i, ' eingeben :  ');
    ReadLn (A [i]);
    END; (*FOR*)
  END; (* Lies *)

PROCEDURE Schreib (A : ListTyp;  n : INTEGER);
  VAR
    i : INTEGER;
  BEGIN
  WriteLn;
  WriteLn ('Reihenfolge der Zahlen :');   WriteLn;
  FOR i := 1 TO n DO WriteLn (' A(', i :2, ') = ', A [i]);
  ReadLn;
  END; (* Schreib *)

PROCEDURE Sortiere (VAR A : ListTyp;  n : INTEGER);
  VAR
    i, k, hilf :  INTEGER;
  BEGIN
  FOR i := 1 TO n-1 DO
    FOR k := 1 TO n-i DO
      IF A [i] > A [i+k] THEN BEGIN
        hilf    :=  A [i+k];
        A [i+k] :=  A [i];
        A [i]   :=  hilf;
      END; (*IF*)
  END; (* Sortiere *)
```

```
BEGIN (* Hauptprogramm *)
Lies      (Liste, Anzahl);
Sortiere  (Liste, Anzahl);
Schreib   (Liste, Anzahl);
END.
```

Im Vergleich zu früher hat sich die Zahl der Variablen im Hauptprogramm drastisch verringert. Dort muß nur *Liste* bekannt sein – außerdem die *Anzahl* der Listenelemente, um unnötige Arbeit mit nicht besetzten Listenpositionen zu vermeiden. Die Schleifenvariablen *i* und *k* sowie die Hilfsgröße *hilf* tauchen nur noch in den Prozeduren auf, in denen sie verwendet werden.

Die Prozedur **Sortiere** enthält einen Abschnitt, der in drei Zeilen das Vertauschen der Inhalte zweier Speicherplätze besorgt. Diesen Tauschvorgang kann man in eine eigene Prozedur mit dem Namen **Tausche** verlegen, die innerhalb von **Sortiere** lokal definiert ist:

```
PROCEDURE Sortiere (VAR A : ListTyp;  n : INTEGER);
  VAR
    i, k :  INTEGER;

  PROCEDURE Tausche (VAR a, b : INTEGER);
    VAR
      hilf :  INTEGER;
    BEGIN
    hilf :=  a;
    a    :=  b;
    b    :=  hilf;
    END; (* Tausche *)

  BEGIN (* Sortiere *)
  FOR i := 1 TO n-1 DO
    FOR k := 1 TO n-i DO
      IF A [i] > A [i+k] THEN Tausche (A [i], A [i+k]);
  END; (* Sortiere *)
```

Das Tauschen als eigenes Modul innerhalb des Sortierens macht die Sortier-Prozedur lesbarer, ebenso wie das Hauptprogramm durch Modularisierung verständlicher geworden ist.

Wegen des modularen Aufbaus des Programms kann das Sortier-Modul mit Tausch-Prozedur das Sortier-Modul in der bisherigen Fassung ersetzen. Voraussetzungen dafür sind:

1. *gleiche Namen*: das neue Modul hat den gleichen Namen wie das alte;
2. *gleiche Schnittstelle*: die formale Parameterliste (als Schnittstelle zwischen rufendem und gerufenem Modul) entspricht dem Aufruf;
3. *gleiche Funktionalität*: der Funktionsumfang des neuen Moduls enthält mindestens die Funktionen des alten Moduls.

Bild 5-5 zeigt das Aufrufdiagramm nach diesem Austausch.

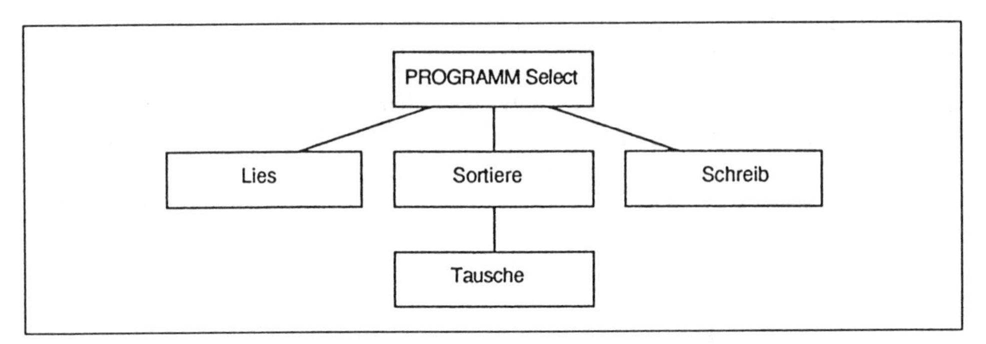

Bild 5-5 Verfeinertes Aufrufdiagramm

Das Hauptprogramm beim Austausch eines Moduls bleibt unverändert. Man erkennt den großen Vorteil der modularen Programmierung: *Änderungen* der Module sind ohne großen Aufwand möglich; die *Struktur* des Gesamtprogramms bleibt erhalten.

5.2 Abstrakte Datentypen

Im Hauptprogramm von SELECT1 sind deutlich dessen Aufgaben abzulesen: es wird eine Liste (von Zahlen) gelesen, diese Liste wird sortiert und schließlich geschrieben. Jedes Unterprogramm bearbeitet die Liste (Bild 5-6). **Lies** *besetzt* die Datenfelder mit Anfangswerten; **Sortiere** *verändert* die Datenfelder der Liste; **Schreib** *kopiert* die Inhalte auf den Bildschirm. Die drei Unterprogramme stehen mit dem Hauptprogramm über Parameter in Kontakt. Das Hauptprogramm versorgt die Unterprogramme mit der Liste bzw. erhält die Liste zurück. Man kann auch sagen: Die Unterprogramme *operieren* auf der Liste. Die Unterprogramme unseres Beispiels können als *Operatoren* auf Daten des Typs *ListTyp* angesehen werden.

Daten, die den Typ *ListTyp* haben, sollten nur noch von den typeigenen Operatoren **Lies, Sortiere** und **Schreib** bearbeitet werden. Ebenso werden beispielsweise Daten des Typs INTEGER oder REAL nur von den typeigenen Operatoren wie + oder * bearbeitet. Daten hätten in der Programmierung wenig Sinn, wenn man mit ihnen

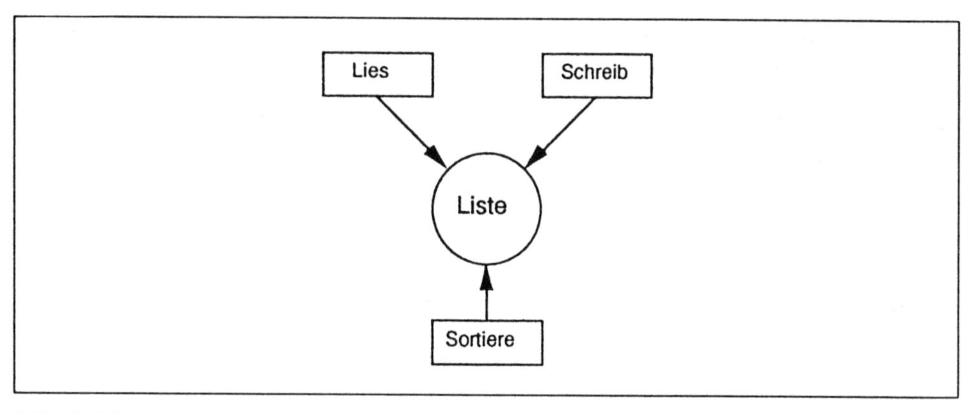

Bild 5-6 Prozeduren operieren auf Daten

nicht rechnen könnte, d.h. wenn für sie nicht die arithmetischen Operatoren definiert wären. Die in Pascal vordefinierten Datentypen INTEGER, REAL, BOOLEAN und CHAR bestehen also eigentlich aus der *Menge der Werte*, die ihre Variablen annehmen können und den *Operationen*, die man auf diese Variablen anwenden kann:

Datentyp = Menge der möglichen Werte + Menge der möglichen Operationen

Für mit TYPE selbstdefinierte Datentypen wie *ListTyp* gilt natürlich Gleiches: Sie können nur sinnvoll eingesetzt werden, wenn man mit ihnen arbeiten kann. Die Mindestforderung ist, daß für einen Datentyp *Operatoren* zum Besetzen mit und Lesen der Werte existieren. Im Beispiel sind dies die in Prozeduren definierten Operatoren **Lies** und **Schreib**. In der Regel existieren auch Operatoren zum Verändern der Werte. Die Prozedur **Sortiere** verändert den 'Wert' der Liste; denn aus der unsortierten Liste wird eine sortierte. Im vorliegenden Beispiel wurde also ein vollwertiger neuer Datentyp eingeführt, nämlich *ListTyp*:

ListTyp = Menge aller ARRAYs mit max. 20 ganzen Zahlen + Operationen Lies, Schreib, Sortiere

Ein solcher selbstdefinierter Datentyp wird als *abstrakter Datentyp (ADT)* bezeichnet. Der Programmierer einer Anwendung kann ihn wie einen vordefinierten Typ benutzen. Eine konsequente Realisierung sollte allerdings folgende Eigenschaften haben:

1. Dem Benutzer des Datentyps stehen die zugehörigen *Operatoren automatisch* zur Verfügung.
2. Den Benutzer muß *nicht interessieren*, wie der (daher abstrakte) Datentyp *realisiert* ist: weder Art der Speicherplätze für die Werte noch der Kode der Operator-Prozeduren müssen ihm bekannt sein.
3. Der Benutzer braucht lediglich Variable des Datentyps zu deklarieren und wendet dann die Operatoren auf die Variablen in der Reihenfolge an, die ihm für die Bewältigung einer Aufgabe sinnvoll erscheint.

Im Beispiel sollte der Programmierer nur von der Existenz eines Datentyps *ListTyp* sowie der dazu definierten Operatoren Kenntnis haben müssen. Dazu gehört selbstverständlich die Gebrauchsanweisung für jeden Operator (*Funktionsweise* und *Art des Aufrufs*). Die in Bild 5-7 grau markierten Programmteile könnten aber vor dem Programmierer *verborgen* bleiben. Sie würden auf eine andere Weise dem Programm bekannt gemacht. Sie könnten auf Diskette in Maschinenkode gekauft und in das Programm kopiert werden. Details der Realisierung müssen nicht bekannt sein.

```
PROGRAM Select0;

USES
   Crt;

TYPE
   ListTyp =  ARRAY [1 .. 20] OF INTEGER;

VAR
   Liste  :  ListTyp;
   Anzahl :  INTEGER;

PROCEDURE Lies (VAR A : ListTyp;   VAR n : INTEGER);
   BEGIN
   writeln ('*** Prozedur Lies ***')
   END; (* Lies *)

PROCEDURE Schreib (A : ListTyp;  n : INTEGER);
   BEGIN
   writeln ('*** Prozedur Schreib ***')
   END; (* Schreib *)

PROCEDURE Sortiere (VAR A : ListTyp;  n : INTEGER);
   BEGIN
   writeln ('*** Prozedur Sortiere ***')
   END; (* Sortiere *)

BEGIN (* Hauptprogramm *)
Lies     (Liste, Anzahl);
Sortiere (Liste, Anzahl);
Schreib  (Liste, Anzahl);
END.
```

Bild 5-7 Abstrakter Datentyp *ListTyp*

Umständlich an dem Programm nach Bild 5-7 ist, daß in den Prozeduraufrufen jedes Mal die Variable *Anzahl* mitgegeben werden muß. In ihr ist vermerkt, wieviele der möglichen 20 Speicherplätze tatsächlich gerade benutzt werden. Die Kenntnis ihres Wertes ist für die Operationen wichtig, und er wird auch von ihnen verwaltet. Er ist eine Kenngröße des momentanen Zustands einer Variablen vom *ListTyp* und sollte eigentlich Teil des ADT sein. Mit der Verbundstruktur RECORD können die ARRAY-Struktur und die Zustandsvariable zu einem neuen Typ zusammengefaßt werden:

```
TYPE
  ListTyp =  RECORD
               A :  ARRAY [1 .. 20] OF INTEGER;
               n :  INTEGER;
               END;
```

Der Datenteil des ADT *ListTyp* enthält nun zwei Bestandteile: die eigentlichen Datenfelder der Liste (das ARRAY *A*) und das Feld für die Anzahl der tatsächlich besetzten ARRAY-Komponenten (die INTEGER-Größe *n*). Den Operationen muß nur noch *eine* Variable vom *ListTyp* übergeben werden, die in den Operationen entsprechend bearbeitet werden. Die verbesserte Version zeigt das Programm SELECT2.

```
PROGRAM Select2;

USES
  Crt;

TYPE
  ListTyp =  RECORD
               A :  ARRAY [1 .. 20] OF INTEGER;
               n :  INTEGER;
               END;

PROCEDURE Lies (VAR List : ListTyp);
  VAR
    i :  INTEGER;
  BEGIN
  WITH List DO BEGIN
    ClrScr;
    Write ('Anzahl der zu sortierenden Zahlen :  ');
    ReadLn (n);
    WriteLn;
    FOR i := 1 TO n DO BEGIN
      Write (' Bitte Zahl Nr.', i, ' eingeben :  ');
      ReadLn (A [i]);
```

```
        END; (*FOR*)
      END; (*WITH*)
    END; (* Lies *)


PROCEDURE Schreib (List : ListTyp);
    VAR
      i :  INTEGER;
    BEGIN
    WriteLn;
    WriteLn ('Reihenfolge der Zahlen :');  WriteLn;
    WITH List DO
      FOR i := 1 TO n DO WriteLn (' A(', i :2 ,') = ', A [i]);
    ReadLn;
    END; (* Schreib *)


PROCEDURE Sortiere (VAR List : ListTyp);
    VAR
      i, k :  INTEGER;


    PROCEDURE Tausche (VAR a, b : INTEGER);
      VAR   hilf :  INTEGER;
      BEGIN
      hilf :=  a;
      a    :=  b;
      b    :=  hilf;
      END; (* Tausche *)

    BEGIN (* Sortiere *)
    WITH List DO
      FOR i := 1 TO n-1 DO
        FOR k := 1 TO n-i DO
          IF A [i] > A [i+k] THEN  Tausche (A [i], A [i+k]);
    END; (* Sortiere *)

VAR
    Liste :  ListTyp;

BEGIN
Lies     (Liste);
Sortiere (Liste);
Schreib  (Liste);
END.
```

Die Operation (Prozedur) **Lies** hat die Aufgabe, die Variable *Liste* vom *ListTyp* (als formaler Parameter unter dem Namen *List* erreichbar) mit Werten zu versorgen. **Lies** kennt *Liste* unter dem Namen *List* (formaler Parameter) und beschafft die Werte *List.n* sowie *List.A*. Diese werden als Paket *Liste* dem Hauptprogramm zugänglich gemacht.

Die Operation **Schreib** bekommt dieses Paket, entnimmt ihm die Größe *n* und schreibt demgemäß die ersten *n* Komponenten des Feldes *A* auf den Bildschirm. Auch die Operation **Sortiere** zerlegt die ihr übergebene Variable in ihre Bestandteile, wendet dann den Algorithmus des „Sortierens durch Auswahl" auf die ersten *n* Komponenten des Feldes *A* an und gibt die sortierte Liste einschließlich des Wertes von *n* geschlossen zurück.

> ***Hinweis!*** *In Turbo Pascal muß die Standard-Reihenfolge der Deklarationen nicht eingehalten werden (Abschnitt 1.6.2). Es muß lediglich der Deklarationsteil vor dem Anweisungsteil stehen. Die Deklarationen CONST, TYPE, VAR, PROCEDURE und FUNCTION können also in beliebiger Reihenfolge und sogar mehrmals im Deklarationsteil auftreten. Zu beachten ist nur, daß alle Bezeichner vor ihrem ersten Auftreten erklärt sein müssen. Außerdem steht die USES-Klausel immer vor allen Deklarationen.*

Im Programm nach SELECT3 (Abschn. 5.3) wird von dieser Lockerung Gebrauch gemacht, indem alles, was den ADT *ListTyp* erklärt, *zusammengefaßt* wird: die *Struktur der Daten* und die *Algorithmen der Operationen*. Erst danach erscheint die VAR-Deklaration, die diese ADT benutzt.

Mit dieser Formulierung der Datenstruktur wurde ein wichtiger Nebeneffekt erreicht: die Prozedur **Sortiere** *kann nicht mehr* auf jedes beliebige Feld mit zwanzig ganzen Zahlen angewendet werden – Pascal sorgte sowieso dafür, daß nur ein Feld vom *ListTyp* zugelassen wird; **Sortiere** kann nur auf einer Verbundstruktur aus Feldelementen und Zählvariablen wirken. Der *Mißbrauch* der Prozedur für nicht vorgesehene Anwendungen ist *erheblich erschwert* worden.

Wie oben geschildert, sollte ein Anwendungsprogrammierer nur Kenntnis von der Existenz der ADT (hier *ListTyp*) haben müssen, nicht aber von ihren Details. In der Praxis könnte das so aussehen, daß er den Quellkode der ADT kauft oder von einem anderen Mitglied seines Programmierteams entwerfen läßt. Bei der Entwicklung seiner Anwendung kopiert er diesen an die richtige Stelle. Das Programm wird anschließend samt ADT übersetzt. Turbo Pascal läßt jedoch, wie der nächste Abschnitt zeigt, praktikablere und vielseitigere Möglichkeiten der Wiederverwendung von Programmkodes zu.

5.3 Abstrakte Datentypen in Modulen

Turbo Pascal stellt – wie die meisten anderen Pascal-Dialekte auch – ein Sprachmittel zur Verfügung, das es erlaubt, einzelne Teile eines umfangreichen Programms in abgeschlossenen Modulen zu kodieren, zu speichern und separat in Maschinenkode übersetzen zu lassen. Der Compiler kann den Maschinenkode eines solchen Moduls mit einem Programm und anderen Modulen kombinieren. Ein Modul heißt in Turbo Pascal *UNIT* („*Einheit*"). Der Quellkode einer UNIT wird in einer Datei mit der Erweiterung .PAS gespeichert: Das Ergebnis der *Übersetzung* steht in einer Datei mit der Erweiterung *.TPU* („Turbo Pascal Unit").

Im Programm SELECT2 mußte man noch den Quellkode des ADT *ListTyp* in den Deklarationsteil mit aufnehmen, obwohl er den Anwendungsprogrammierer wenig interessierte; nur so aber konnte seine Funktion dem Programm zugänglich gemacht werden. Tatsächlich wichtig sind aber nur die Namen des Datentyps (*ListTyp*) und der Operationen (**Lies, Schreib, Sortiere**), ihre Eigenschaften und die Art ihres Aufrufs. Mit Hilfe einer UNIT können diese Informationen (INTERFACE = öffentliche Schnittstelle) weiterhin zur Verfügung gestellt sein, ohne daß die Details der Implementierung bekannt werden (IMPLEMENTATION = geheimer Realisierungsteil).

Der folgende Programmteil zeigt, wie eine UNIT zum Sortieren von Zahlenlisten aufgebaut sein kann:

```
UNIT ListTyp3;

(**************************************************************************)

INTERFACE

TYPE
  ListTyp =  RECORD
               A :  ARRAY [1 .. 20] OF INTEGER;
               n :  INTEGER;
               END;

PROCEDURE Lies      (VAR List : ListTyp);
PROCEDURE Schreib   (    List : ListTyp);
PROCEDURE Sortiere  (VAR List : ListTyp);
(**************************************************************************)

(**************************************************************************)
IMPLEMENTATION
USES
  Crt;
```

```
PROCEDURE Lies (VAR List : ListTyp);
  ...
  (* identisch mit Prozedur Lies von SELECT2 *)
  ...
  END; (* Lies *)

PROCEDURE Schreib (List : ListTyp);
  ...
  (* identisch mit Prozedur Schreib von SELECT2 *)
  ...
  END; (* Schreib *)

PROCEDURE Sortiere (VAR List : ListTyp);
  ...
  (* identisch mit Prozedur Sortiere von SELECT2 *)
  ...
  END; (* Sortiere *)
(**********************************************************************)
(* INITIALISIERUNG *)
BEGIN
END.
```

Im UNIT-Kopf steht der Namen des Moduls (**ListTyp3**). Dann wird gezeigt, wie die Schnittstelle zwischen der UNIT und der Öffentlichkeit beschaffen sein soll. Alle Bezeichner, die im *INTERFACE-Teil* erklärt sind, sind auch außerhalb der UNIT bekannt; sie können *exportiert* werden. Hier sind es die Namen des Datentyps und der auf ihn anwendbaren Operationen. Dabei stehen im INTERFACE-Teil der UNIT nur die Köpfe dieser Operationen.

Der vollständige Kode der *öffentlichen Prozeduren und Funktionen* ist im *IMPLEMENTATION-Teil* zu finden. Dieser ist „*geheim*" (oder „privat"), d.h. der Anwender der UNIT braucht seinen Inhalt nicht zu kennen, um mit der UNIT korrekt arbeiten zu können. Die Detailinformationen sind vor dem Anwender versteckt; man spricht von „*information hiding*". Der geheime Teil kann weitere Deklarationen enthalten, die aber außerhalb der UNIT nicht verwendbar sind. Die Prozeduren für die UNIT ListTyp3 wurden aus Platzgründen nicht erneut abgedruckt; sie sind völlig identisch mit den gleichnamigen im Programm SELECT2.

Die UNIT schließt mit dem *Initialisierungs-Teil*, der zwischen BEGIN und END zusätzliche Anweisungen enthalten kann, z. B. Zuweisung von Anfangswerten an Variable. Er ist – wie die anderen beiden Teile – *obligatorisch*, kann aber (wie hier) leer sein.

Die UNIT wird unter ihrem Namen (max. 8 Zeichen!) und der Erweiterung .PAS gespeichert (LISTTYP3.PAS) und übersetzt. Der resultierende Maschinenkode steht dann in der Datei LISTTYP3.TPU bereit und kann in unser Anwendungsprogramm eingebunden werden (Programm SELECT3), in dem das Modul angefordert wird und der ADT *ListTyp* verwendet wird.

```
PROGRAM Select3;

USES
  ListTyp3;
VAR
  Liste  :  ListTyp;
BEGIN
Lies     (Liste);
Sortiere (Liste);
Schreib  (Liste);
END.
```

Es genügt, dem Compiler *vor allem Deklarationen* mitzuteilen, daß Sie in Ihrem Programm auf die UNIT **ListTyp3** zurückgreifen wollen. Dazu dient die *USES-Anweisung*, die die Namen der benutzten UNITs enthält.

Eine UNIT kann ihrerseits andere UNITs benutzen. Diese werden dann im INTERFACE- oder IMPLEMENTATION-Teil über die USES-Anweisung angefordert, je nachdem, an welcher Stelle sie benötigt werden. In dem Beispiel für die UNIT ListTyp3 wird die **Standard-UNIT Crt** für die Implementation der Prozedur **Lies** benötigt; sie wird also im IMPLEMENTATION-Teil angefordert.

Aus dem Programm SELECT3 ist deutlich zu erkennen, daß durch den modularen Aufbau das Anwendungsprogramm gewaltig geschrumpft ist. Es enthält nur noch Anweisungen, die unmittelbar mit der eigentlichen Aufgabe zu tun haben. Es bedient sich dabei der Hilfsmittel, die in einem *Werkzeugkasten* („*toolbox*“) gesammelt sind, nämlich einer *UNIT*.

Ein Programm, das auf UNITs zurückgreift, wird in Turbo Pascal mit dem Befehl *Make* aus dem Menü *Compile* übersetzt. Die UNITs liegen schon in Maschinenkode vor und werden beim Einbinden *nur dann* neu übersetzt, wenn ihr *Quellkode verändert* worden ist. Übrigens werden nur diejenigen Teile einer UNIT eingebunden, die das Programm tatsächlich benötigt („*intelligent linking*“). So kann man bedenkenlos auch umfangreiche UNITs ansprechen, ohne „Platzangst“ haben zu müssen.

Bei der Weiterentwicklung des Programms SELECT2 wurde der ADT *ListTyp* in eine UNIT verpackt. Sie stellt dem Programmierer zwar die Funktionalität des ADT zur Verfügung, nicht aber die Details seiner Implementation. Diese sind ja auch selten für ihn interessant. Allerdings muß er in der bisherigen Version wissen, daß *ListTyp* höchstens 20 ganze Zahlen verarbeiten kann. Mehr Werte oder andere Arten von Daten, z. B. Zeichen oder Wörter, können in einer Variablen des vorliegenden *ListTyp* nicht gespeichert und sortiert werden. Der ADT ListTyp ist in dieser Form noch nicht sehr vielseitig einsetzbar.

Die nächste Version des Programms zeigt eine einfache Möglichkeit der *Verallgemeinerung*. Der ADT-Modul läßt die Art der Listendaten und die maximale Anzahl offen:

```
UNIT ListTyp4;

(**************************************************************************)
INTERFACE
USES
  ListSpc4;
TYPE
  ListTyp =   RECORD
                A :  ARRAY [1 .. MaxListSize] OF ListDataTyp;
                n :  INTEGER;
                END;
PROCEDURE Lies      (VAR List : ListTyp);
PROCEDURE Schreib   (    List : ListTyp);
PROCEDURE Sortiere  (VAR List : ListTyp);
(**************************************************************************)
IMPLEMENTATION
USES
  Crt;
PROCEDURE Lies      (VAR List : ListTyp);           )
PROCEDURE Schreib   (    List : ListTyp);           )
PROCEDURE Sortiere  (VAR List : ListTyp);           )
  ...
PROCEDURE Tausche   (VAR a, b: ListDataTyp); ) hier wird der
    VAR                                      ) neue Datentyp
      hilf :  ListDataTyp;                   ) verwendet
    BEGIN
    hilf :=  a;
    a    :=  b;
    b    :=  hilf;
    END; (* Tausche *)
  ...
  END; (* Sortiere *)
(**************************************************************************)
BEGIN
END.
```

In der UNIT **ListTyp4** wird dazu die Länge des ARRAY, das die Speicher für die Listenelemente festlegt, mit einer symbolischen Konstanten *MaxListSize* angegeben. Der Datentyp der einzelnen Listenelemente, also der Basistyp des ARRAY, wird abstrakt *ListDataTyp* genannt. Die neuen Namen müssen im Implementationsteil der

Prozedur **Tausche** berücksichtigt werden. Die neu eingeführten Namen *MaxListSize, ListDataTyp* erhalten ihre Bedeutung nicht in der UNIT **ListTyp4** selbst, sondern werden in einer vom Anwender geschriebenen UNIT **ListSpc4** definiert. Dort sind sie im *öffentlichen* Teil *festgelegt*, können also exportiert werden. Über die USES-Deklaration sind sie der UNIT **ListTyp4** bekannt. Wie zu sehen ist, kann ein Teil einer UNIT auch leer bleiben, wie hier der IMPLEMENTATION-Teil.

```
UNIT ListSpc4;

(************************************)
INTERFACE
CONST
  MaxListSize =  20;
TYPE
  ListDataTyp =  INTEGER;
(************************************)
IMPLEMENTATION
(************************************)
BEGIN
END.
```

Das Anwendungsprogramm SELECT4 ändert nur den UNIT-Namen der USES-Anweisung. Es funktioniert genauso wie die vorherige Version (SELECT3).

```
PROGRAM Select4;

USES
  ListTyp4;
...                 sonst wie PROGRAM Select3
```

Abhängig von den Angaben in der Benutzer-UNIT können mit der ADT-UNIT alle Listen sortiert werden, deren Elemente mit dem Operator „>“ vergleichbar sind. In der UNIT **ListSpc5** wird der *ListTyp* der UNIT **ListTyp5** als ARRAY-Struktur von 30 Speicherplätzen für die Listenelemente definiert. Jedes Listenelement ist eine Zeichenkette („string“) mit maximal 10 Zeichen.

```
UNIT ListSpc5;

(************************************)
INTERFACE
CONST
  MaxListSize =  30;
TYPE
  ListDataTyp =  STRING [10];
(************************************)
IMPLEMENTATION
(************************************)

BEGIN
END.
```

Die folgende UNIT **ListTyp5** ist mit **ListTyp4** identisch, außer daß eine andere Spezifikations-UNIT angefordert wird.

```
UNIT ListTyp5;

INTERFACE
USES
  ListSpc5;
...             sonst wie UNIT ListTyp4
```

Das Programm muß eigentlich nicht geändert werden. Im Programm SELECT5 soll trotzdem gezeigt werden, wie man Prozeduren einer UNIT explizit mit ihrer Herkunft ansprechen kann. Wegen der Eindeutigkeit der Bezeichner (Angabe, aus welchem Modul die Prozeduren importiert werden) könnte der Anwendungsprogrammierer durchaus noch eine eigene Prozedur **Lies** definieren, die mit der Prozedur **ListTyp5.Lies** nicht in Konflikt gerät.

```
PROGRAM Select5;

USES
  ListTyp5;
VAR
  Liste :  ListTyp;
BEGIN
ListTyp5.Lies       (Liste);
ListTyp5.Sortiere   (Liste);
ListTyp5.Schreib    (Liste);
END.
```

Auf dem Weg zu modularer Software wurde ein entscheidenden Meilenstein erreicht: Es können *Teilaufgaben* in *Unterprogrammen* bearbeitet werden, die in *echten Modulen* verpackt sind. Solche Module werden unabhängig vom Hauptprogramm entwickelt, übersetzt und getestet. In Turbo Pascal heißt ein solches Modul *UNIT*.

Eine Programmeinheit (Hauptprogramm oder anderes Modul) kann die Leistungen eines Moduls mit der Anweisung USES benutzen. Alle Bezeichner, die im *öffentlichen* („*public*") Teil (*Schnittstelle, INTERFACE*) des Moduls erklärt sind, stehen dem *benutzenden Programm* ohne weiteres *zur Verfügung*. Das Modul exportiert als *Dienstleister* („*server*") Konstanten, Datentypen, Variablen, Prozeduren und Funktionen über seine Schnittstelle. Weitere Konstanten, Typen, Variablen, Prozeduren und Funktionen können auch nur im *privaten* („private") Teil (*Realisierungsteil, IMPLEMENTATION*) des Moduls erscheinen; sie sind dann *nicht exportfähig*. Die *Einzelheiten* (z. B. *lokale Größen, Algorithmen*) auch der öffentlichen Unterprogramme sind *immer privat*. Eine Programmeinheit, die Leistungen eines Moduls *importiert*, ist *Kunde* („*client*") dieses Moduls.

Bild 5-8 zeigt, daß das Client-Modul die Bezeichner und die zugehörigen Funktionalitäten aus dem öffentlichen Teil des Server-Moduls importieren kann.

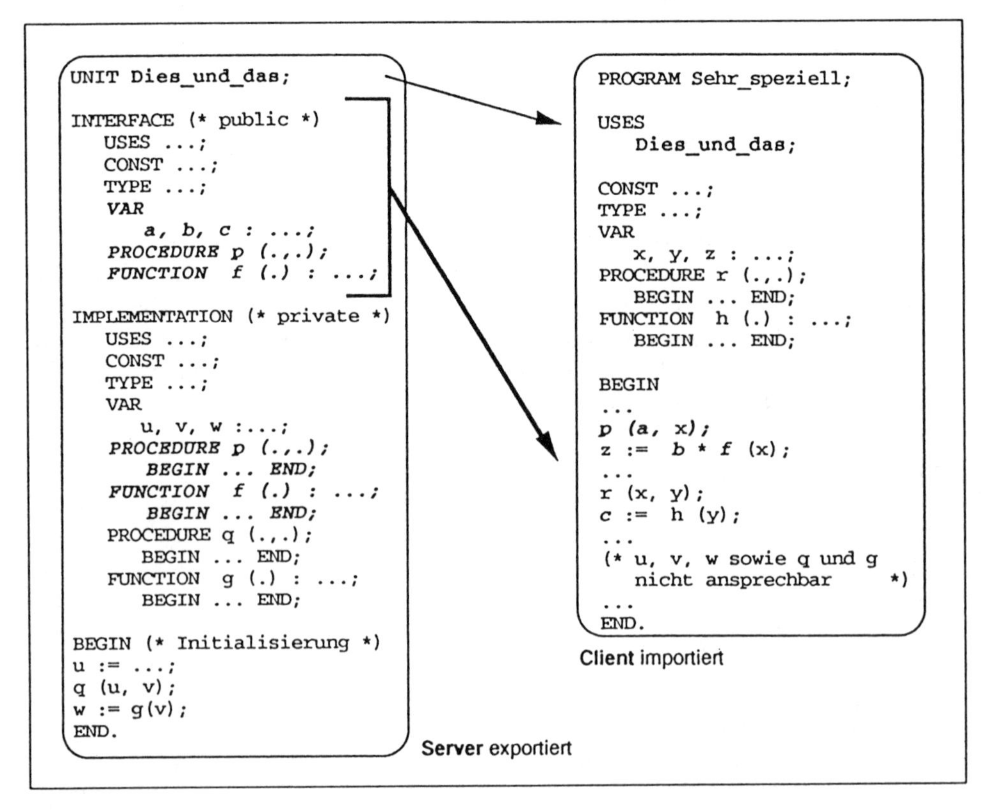

Bild 5-8 Exportierender Server und importierender Client

Programmierung auf der Basis des vorgestellten Modulkonzepts bietet folgenden Vorteil: Große Softwareprojekte lassen sich übersichtlicher verwalten. Hat man sich auf Funktionalitäten und Schnittstellen geeinigt, kann die Entwicklung der weitgehend *unabhängigen* Bausteine parallel abeitenden Gruppen übertragen werden. Durch diese Parallelentwicklung werden umfangreiche Softwareprojekte in kürzerer Zeit fertiggestellt. Sind die Lösungen in den Modulen nicht nur auf den speziellen Fall abgestellt, sondern allgemeiner formuliert, können sie später auch ohne Mühe in anderen Projekten *weiterverwendet* werden. Die Wartung des entstandenen Programmsystems, also *Fehlerbeseitigung*, *Veränderung* und *Erweiterung* ist erleichtert worden, da man sich mit nur wenigen Modulen befassen muß, und weil in einem modularen System neue Bausteine leichter hinzugefügt werden können.

In den vorgestellten Programmen sind aber nicht nur einzelne Funktionalitäten als Prozeduren und Funktionen in Module zusammengefaßt worden, sondern ebenso die daran gekoppelten Daten bzw. Datenstrukturen. Daten und Operationen sind in einer UNIT gekapselt. Diese *Kapselung von Daten und Kode* entspricht dem Konzept des *abstrakten Datentyps (ADT)*. Sie unterstützt die Forderung, Daten nur mit den dafür gedachten Operationen zu verwenden. Versehentlicher Mißbrauch von Daten oder Operationen ist nicht mehr so naheliegend.

Wenn auch die logische Zusammengehörigkeit und Abhängigkeit der Daten und Algorithmen (die in den Unterprogrammen realisiert sind) schon lange bekannt und ausführlich untersucht sind, so ist doch erst seit einiger Zeit diejenige Programmiertechnik im Gespräch, bei der das Denken in abstrakten Datentypen geradezu Voraussetzung ist: die ***objektorientierte Programmierung (OOP)***.

5.4 Abstrakte Datentypen in Objekten

Die gezeigte Modultechnik kommt der Technik der objektorientierten Programmierung (OOP) bereits recht nahe, zumindest in dem Sinne, daß *Daten und Algorithmen* zu einem Paket geschnürt werden können, und der *Mißbrauch* der *öffentlichen Operationen* erheblich *erschwert* ist. Theoretisch ist aber immer noch folgendes denkbar (UNIT ListTyp3 und Programm SELECT3):

1. Auf eine zweite Verbundvariable *ListX* mit *ListTyp* wird **Sortiere** der UNIT **ListTyp3** angewandt, obwohl die Werte des Feldes *ListX.A* gar nicht der Größe nach sortiert werden dürften (*Mißbrauch einer Operation*).
2. Auf die Variable *Liste* wird eine Prozedur angewandt, die nicht von vornherein als Operation auf der Struktur *ListTyp* in das Modul (UNIT) mit aufgenommen wurde (*Mißbrauch der Daten*).

Das bedeutet: Mit der Deklaration einer Variablen vom *ListTyp* liegt eben noch lange nicht fest, von welchen Prozeduren sie verwendet werden kann. Umgekehrt können Prozeduren auch Daten bearbeiten, für die sie gar nicht vorgesehen waren. Solche Verhältnisse erschweren Fehlersuche und Änderungen in einem großen Programmsystem ungemein, da nicht eindeutig festgelegt ist, welche Daten mit welchen Unterprogrammen zusammenarbeiten dürfen.

Hier schafft die objektorientierte Programmierung Abhilfe. Was mit den abstrakten Datentypen schon konzipiert und in den Modulen verwirklicht wurde, kann in Objekten vollends realisiert werden. Mit *Objektklassen* (Schlüsselwort *OBJECT*) lassen sich Datenstrukturen und Operationen in einem neuen Typ zu einer Einheit verbinden. Das angestrebte Prinzip der *Kapselung* von Daten und Kode ist mit einem neuen Sprachelement verwirklicht.

```
TYPE
  ListClass    =  OBJECT
                     A :  ARRAY [1 .. MaxListSize] OF
                          ListDataTyp;
                     n :  INTEGER;

          PROCEDURE Lies;
          PROCEDURE Schreib;
          PROCEDURE Sortiere;
          END;
VAR
  Liste :  ListClass;
```

In obigem Programmteil wurde die bisherige Datenstruktur *ListTyp* zur Objektklasse *ListClass* erweitert, die nun auch die Operationen umfaßt. Dabei ist schon die Verallgemeinerung der ARRAY-Deklaration berücksichtigt, wie sie in UNIT **ListTyp4** und UNIT **ListSpc4** eingeführt wurde. Die Variable *Liste* kann mit diesem Klassentyp deklariert werden. Als Vertreter einer Objektklasse ist sie ein *Objekt*. Man sagt auch: *Liste* ist ein Repräsentant oder eine *Instanz* der Objektklasse *ListClass*. Zu dem Objekt *Liste* gehören die Datenfelder *A* und *n*, die *Eigenschaften* des Objekts. Die Operationen **Lies**, **Schreib** und **Sortiere** können nur von Objekten der Klasse *ListClass*, z.B. von *Liste*, aufgerufen werden. Man nennt sie *Methoden* der Objektklasse.

Das Programm OSELECT1 zeigt, wie der frühere ADT *ListTyp* des Programms SELECT2 als Objektklasse *ListClass* formuliert wird.

```
PROGRAM OSelect1;

USES
  Crt;

CONST
  MaxListSize = 20;
```

```
TYPE
  ListDataTyp =  INTEGER;

TYPE
  ListClass =  OBJECT
                 A :  ARRAY [1 .. MaxListSize] OF
                      ListDataTyp;
                 n :  INTEGER;

                 PROCEDURE Lies;
                 PROCEDURE Schreib;
                 PROCEDURE Sortiere;
                 END;


PROCEDURE ListClass.Lies;
  VAR
    i :  INTEGER;
  BEGIN
  ClrScr;
  Write ('Anzahl der zu sortierenden Zahlen :  ');
  ReadLn (n);
  WriteLn;
  FOR i := 1 TO n DO BEGIN
    Write (' Bitte Zahl Nr.', i, ' eingeben :  ');
    ReadLn (A [i]);
    END; (*FOR*)
  END; (* ListClass.Lies *)

PROCEDURE ListClass.Schreib;
  VAR
    i :  INTEGER;
  BEGIN
  WriteLn;   WriteLn ('Reihenfolge der Zahlen :');  WriteLn;
  FOR i := 1 TO n DO WriteLn (' A(', i :2 ,') = ', A [i]);
  ReadLn;
  END; (* ListClass.Schreib *)

PROCEDURE ListClass.Sortiere;
  VAR
    i, k :  INTEGER;

  PROCEDURE Tausche (VAR a, b : ListDataTyp);
    VAR
      hilf : ListDataTyp;
    BEGIN
```

```
      hilf :=a;
      a    :=b;
      b    :=hilf;
      END; (* Tausche *)

   BEGIN (* Sortiere *)
   FOR i := 1 TO n-1 DO
      FOR k := 1 TO n-I DO
         IF A [i] > A [i+k] THEN Tausche (A [i], A [i+k]);
   END; (* ListClass.Sortiere *)

VAR
   Liste :  ListClass;

BEGIN
Liste.Lies;
Liste.Sortiere;
Liste.Schreib;
END.
```

Es ist zu beachten, daß die Objektklasse neben den *Datendefinitionen* nur die *Prozedurköpfe* der *Methoden* enthält. Damit entspricht ihr Inhalt dem *öffentlichen Teil* der UNITs. Die Implementierung der Methoden steht im Deklarationsteil. Die Zugehörigkeit einer Methode zu einer Objektklasse wird bei der Implementierung dadurch dokumentiert, daß der *Klassenname* dem Methodennamen vorangestellt wird. Analog zu Verbundvariablen wird dafür die Punktnotation verwendet, z.B. *PROCEDURE ListClass.Lies*.

Mit der VAR-Deklaration wird dem Objekt *Liste* Platz im Arbeitsspeicher für die Felder *A* und *n* reserviert. Durch die Aufrufe **Liste.Lies**, **Liste.Schreib** und **Liste.Sortiere** werden die Felder *Liste.A* und *Liste.n* diesen Methoden wie Parameter zur Verfügung gestellt.

Den Methoden einer Klasse stehen die Datenfelder der Klasse automatisch zur Verfügung.

Tatsächlich ist bei der Definition einer Methode ein versteckter formaler Parameter SELF beteiligt:

```
PROCEDURE ListClass.Schreib (VAR SELF : ListClass);
      ...
   BEGIN
   ...
   FOR i := 1 TO SELF.n DO WriteLn (SELF.A [i]);
   ...
   END;
```

Beim Aufruf **Liste.Schreib** bekommt der formale Parameter SELF den aktuellen Wert *Liste*. Sollten einmal in der Methode einer Objektklasse Datenfelder eines RECORD benutzt werden, die gleiche Namen wie Datenfelder der Objektklasse haben, dann müßte SELF aus Gründen der Eindeutigkeit benutzt werden. Existieren mehrere Objekte, z.B. **Liste1** und **Liste2** (Bild 5-9), als Instanzen der gleichen Klasse, so besitzt jedes seine eigenen Datenfelder. Der Kode der Methoden kommt natürlich nur einmal vor.

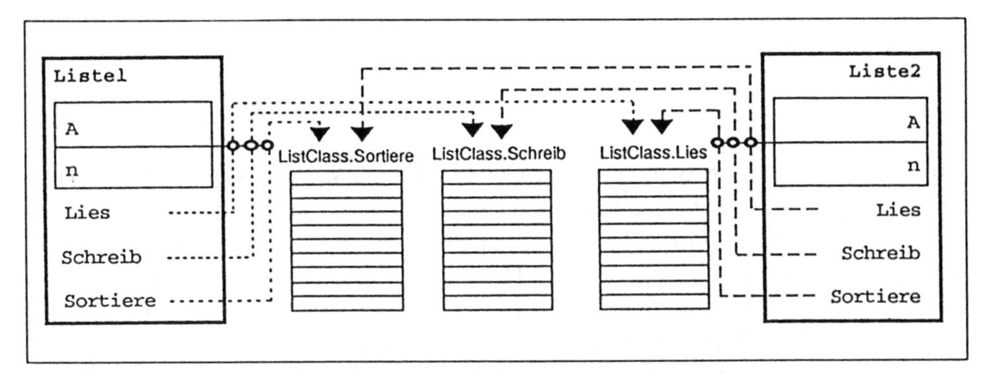

Bild 5-9 Zugriff von Daten einer Klasse auf die Methoden einer Klasse

Methoden können parametrisiert sein, doch muß beachtet werden:

Formale Parameter einer Methode dürfen nie den gleichen Namen wie Datenfelder der Objektklasse haben.

Während der Gebrauch der Methode einer Objektklasse nun strikt an eine Instanz dieser Klasse gebunden ist (*kein Mißbrauch der Operationen* möglich), kann auf die Datenfelder – wenn ihre Bezeichner bekannt sind – immer noch direkt zugegriffen werden, ohne eine Methode der Klasse zu verwenden. Gegen diesen Mißbrauch der Daten ist seit Turbo Pascal 6.0 ein Schutz vorgesehen, den der Programmierer mit dem Schlüsselwort *PRIVATE* in die Klassendeklaration einbauen kann: Alle als PRIVATE ausgewiesenen Komponenten (Datenfelder und Methoden) sind *nur dieser Objektklasse* und deren *Nachkommen* bekannt, und das auch nur im gleichen Modul. Darauf wird weiter unten eingegangen werden. Im Programm OSELECT1 jedenfalls kann der Anwender noch direkt auf das Feld *Liste.A* zugreifen und es durch Zuweisung oder mit einer Prozedur verändern.

Wie bei RECORD kann auch bei OBJECT die WITH-Anweisung die Schreibarbeit verringern: Im Programm OSELECT2 ist das im Hauptprogramm am Objekt *Liste* gezeigt.

```
PROGRAM OSelect2;
(* ... wie Programm 'OSelect1' in Bild 5-25, ausser: *)
VAR
   Liste :  ListClass;

BEGIN (* Hauptprogramm *)
WITH Liste DO BEGIN
   Lies;
   Sortiere;
   Schreib;
   END; (*WITH*)
END.
```

Die in Turbo Pascal entwickelten *Objektklassen* unterstützen sehr gut die *strukturierte Programmierung*. Der Programmentwickler kann in ihnen *Datenstrukturen* und zugehörige *Operationen* vereinigen und damit *abstrakte Datentypen* definieren. *Objekte* verwirklichen das Prinzip der *Kapselung*. Eine Objektklasse als Kapsel hat eine *öffentliche Schnittstelle* (INTERFACE) und einen *privaten Implementationsteil* (IMPLEMENTATION), so daß das Geheimnisprinzip (*information hiding*) gewahrt ist. Die Zusammengehörigkeit von Schnittstelle und Implementation einer Objektklasse, wie sie in OSELECT1 zu finden ist, zeigt sich in Turbo Pascal nur auf der logischen Ebene. Die logische Klammer besteht in dem Klassennamen, in diesem Fall *ListClass*. Deklaration der Klasse und Prozedur-Definitionen können an verstreuten Stellen des Gesamtprogramms auftauchen. Diese Einteilung entspricht der eines Turbo Pascal-Moduls, also einer UNIT.

Objekte in Turbo Pascal stellen keine eigenständigen Module dar, die separat übersetzt werden könnten. Dies ist nur bei einigen echten objektorientierten Sprachen wie SIMULA oder Eiffel der Fall. In Turbo Pascal muß man dazu die Konzepte OBJECT und UNIT kombinieren: Die Typdeklaration der Objektklasse steht im INTERFACE-Teil der UNIT **OLisTyp3**, die Definitionen der Prozeduren in deren IMPLEMENTATION-Teil.

```
UNIT OLisTyp3;
(***********************************************************************)
INTERFACE
USES
   ListSpc4;   (* benutzt UNIT von Bild 5-17 *)

TYPE
   ListClass    =  OBJECT
                     A :  ARRAY [1 .. MaxListSize] OF
                          ListDataTyp;
                     n :  INTEGER;
```

```
                    PROCEDURE Lies;
                    PROCEDURE Schreib;
                    PROCEDURE Sortiere;
                    END;
(*************************************************************************)
IMPLEMENTATION
USES
  Crt;
PROCEDURE ListClass.Lies;          )
  ...                              )
PROCEDURE ListClass.Schreib;       ) wie in Programm 'OSelect1'
  ...                              ) (Bild 5-25)
PROCEDURE ListClass.Sortiere;      )
  ...                              )
(******************************)
BEGIN
END.
```

Mit der USES-Anweisung wird das Modul **OLisTyp3** in das Hauptprogramm (Haupt-Modul) OSELECT3 eingebunden. Damit kann das Hauptprogramm die Objektklasse *ListClass* nutzen. Das Programm OSELECT3 hat starke Ähnlichkeit mit Programm SELECT3. Der Unterschied kann aber nicht stark genug betont werden: Die Prozedur **Lies** und die Variable *Liste* in Programm SELECT3 sind nicht aneinander gekoppelt: **Lies** könnte auch andere Variable bearbeiten, *Liste* auch von anderen Prozeduren bearbeitet werden. Ganz anders im Programm SELECT3, in dem das Objekt *Liste* nur von einer *seiner* Methoden bearbeitet werden kann, und die Methoden nur Objekte aus *ihrer* Objektklasse bearbeiten können (in OSELECT3 wurde die WITH-Notation verwendet).

```
PROGRAM OSelect3;

USES
  OLisTyp3;

VAR
  Liste :  ListClass;

BEGIN
WITH Liste DO BEGIN
  Lies;
  Sortiere;
  Schreib;
  END; (*WITH*)
END.
```

Mit dem UNIT-Prinzip ist festgelegt, daß alle im INTERFACE deklarierten Bezeichner auch außerhalb der UNIT bekannt sind. Es wurde schon mehrfach darauf hingewiesen, daß im Falle der Objektklassen zwar der Typname der Objektklasse sowie zumindest einzelne Methoden demjenigen Modul bekannt sein sollen, das die Objekt-UNIT verwendet. In der Regel sollen aber die *Datenfelder nur von Methoden manipuliert* werden, dem benutzenden Modul also verborgen bleiben.

Da die Definition der Objektklasse im INTERFACE-Teil stehen muß, werden damit automatisch auch die Komponentenbezeichner öffentlich bekanntgemacht. Turbo Pascal 6.0 erlaubt nun, mit dem Schlüsselwort *PRIVATE* einzelne Komponenten als „*nicht öffentlich*" zu kennzeichnen. Diese Bezeichner können nicht außerhalb der UNIT verwendet werden. UNIT **OLisTypX** zeigt, wie die Klassendefinition von UNIT **OLisTyp3** abgeändert werden kann: Die Felder *Liste.A* und *Liste.n* stehen einem Anwendungsmodul nicht mehr zur Verfügung (außer über Methoden). In der Objektdefinition müssen die öffentlichen vor den privaten Komponenten stehen. Die Datenfelder *A* und *n* des Typs *ListClass* sind mit PRIVATE gekennzeichnet und nur in dieser UNIT bekannt.

```
UNIT OLisTypX;     (* verbesserte Form *)
(****************************************)
INTERFACE
USES
  ListSpc4;
TYPE
  ListClass    =  OBJECT
                    PROCEDURE Lies;
                    PROCEDURE Schreib;
                    PROCEDURE Sortiere;
                    PRIVATE
                    A :  ARRAY [1 .. MaxListSize] OF
                         ListDataTyp;
                    n :  INTEGER;
                    END;
(************************************)
IMPLEMENTATION
... wie in OLisTyp3
(************************************)
BEGIN
END.
```

Die Einführung von Objektklassen in UNITs hat aus Anwendersicht gegenüber den reinen UNITs eine *zusätzliche Sicherung* bei *Prozeduraufrufen* gebracht, die Mißbrauch von Daten oder Operationen verhindert. Weitere Eigenschaften von Objekten, die größere Auswirkung auf Software-Entwurf und -Wartung haben, werden im folgenden Abschnitt vorgestellt.

5.5 Vererbung und Polymorphie

Eine der ganz wesentlichen Fähigkeiten von Objekten ist die *Vererbung*. Sie erlaubt es, neue Objektklassen zu konstruieren, die auf schon existierenden Klassen aufbauen und dadurch deren Eigenschaften (Felder) und Methoden (Prozeduren und Funktionen) ebenfalls zur Verfügung stellen. Über die geerbten Eigenschaften und Methoden hinaus enthalten die *Nachkommen* einer Klasse *weitere Eigenschaften* oder *Methoden*. Die Klasse *NewListClass* ist Nachkomme der Klasse *ListClass*, was in der Klammer hinter dem Schlüsselwort OBJECT angegeben ist. *NewListClass* erbt von ihrem *Vorfahren ListClass* die Felder *A* und *n* sowie die Methoden **Lies**, **Schreib** und **Sortiere**:

```
TYPE
  NewListClass = OBJECT (ListClass)
                     zTausch : INTEGER;

                     PROCEDURE Initialisieren;
                     FUNCTION  Zahl_der_Vertauschungen :
                     INTEGER;
                     PROCEDURE Sortiere;
                     END;
```

Für die Programmentwicklung von entscheidendem Nutzen ist nun die Möglichkeit, in einem *Nachkommen zusätzliche Felder* und *Methoden* definieren zu können. *NewClass* ist um das Feld *zTausch* und die Methoden **Initialisieren** und **Zahl_der_Vertauschungen** erweitert worden. Das Feld *zTausch* soll die Anzahl der zum Sortieren notwendigen Tauschvorgänge aufnehmen, und **Initialisieren** soll die Datenfelder eines Objekts vom Typ *NewClass* mit Anfangswerten belegen. Die Prozedur **Zahl_der_Vertauschungen** ermöglicht den Lesezugriff auf das Datenfeld *zTausch*; denn in der OOP darf das nur über Methoden und auf keinen Fall direkt geschehen.

Neben der *Erweiterung des Kodes* von ListClass in dem Nachkommen *NewListClass* wird eine der Methoden, nämlich **Sortiere**, neu definiert. Für Objekte des Typs *NewListClass* hat nur diese neue Implementation Gültigkeit. In *NewListClass* (nicht in seinem Vorfahren) wird die Implementation von **ListClass.Sortiere** durch **NewListClass.Sortiere** ersetzt (engl.: *override*).

Wie der Vorfahre *ListClass* in dem Modul UNIT **OLisTyp3** verpackt war, so wird die neue Objektklasse am besten auch in einem Modul verpackt. In der UNIT **OLisTyp4** wird gezeigt, wie Klassendeklaration und Methodendefinitionen von *NewListClass* im INTERFACE- bzw. IMPLEMENTATION-Teil formuliert sind. Sie sehen *NewListClass* als Nachkommen von *ListClass* mit Erweiterungen sowie die Neudefinition von **Sortiere**.

```
UNIT OLisTyp4;
(*******************************)
INTERFACE
USES
  OLisTyp3;    (* vgl. Bild 5-27 *)

TYPE
  NewListClass = OBJECT (ListClass)
                 zTausch : INTEGER;

                 PROCEDURE Initialisieren;
                 FUNCTION  Zahl_der_Vertauschungen :
                 INTEGER;
                 PROCEDURE Sortiere;
                 END;
(*********************************)
IMPLEMENTATION
USES
  ListSpc4;    (* vgl. Bild 5-17 *)

PROCEDURE NewListClass.Initialisieren;
  VAR   i : INTEGER;
  BEGIN
  FOR i := 1 TO MaxListSize DO  A [i] :=  0;
  n       :=  0;
  zTausch :=  0;
  END; (* NewListClass.Initialisieren *)

FUNCTION NewListClass.Zahl_der_Vertauschungen : INTEGER;
  BEGIN
  Zahl_der_Vertauschungen :=  zTausch;
  END; (* NewListClass.Zahl_der_Vertauschungen *)

PROCEDURE NewListClass.Sortiere;
  VAR
    i, MinPos :  INTEGER;

  FUNCTION Min_Position (PosA, PosZ : INTEGER) : INTEGER;
    VAR   k, MinPos : INTEGER;
    BEGIN
    MinPos :=  PosA;
    FOR k   := PosA+1 TO PosZ DO
      IF A [k] < A [PosM] THEN MinPos := k;
    Min_Position :=  MinPos;
    END; (* Min_Position *)
```

```
  PROCEDURE Tausche (VAR a, b : ListDataTyp);
    VAR   hilf : ListDataTyp;
    BEGIN
    hilf :=  a;
    a    :=  b;
    b    :=  hilf;
    END; (* Tausche *)

  BEGIN (* Sortiere *)
  FOR i := 1 TO n-1 DO BEGIN
    MinPos :=  Min_Position (i, n);
    IF MinPos <> i THEN BEGIN
      Tausche (A [i], A [MinPos]);
      zTausch :=  zTausch + 1;
      END; (*IF*)
    END; (*FOR*)
  END; (* NewListClass.Sortiere *)
(*********************************)
BEGIN
END.
```

Da die Deklaration von *NewListClass* auf ihrem Vorfahren aus der UNIT **OLisTyp3** beruht, muß diese UNIT bereits im INTERFACE-Teil eingebunden werden. Die Implementation der neuen Methode **Initialisieren** benötigt in ihrem Anweisungsteil die Konstante *MaxListSize* aus der UNIT **ListSpc4**, die daher im IMPLEMENTATION-Teil mit der USES-Anweisung verfügbar gemacht wird.

Die Methode **Initialisieren** besetzt die geerbten Felder *A* und *n* sowie das neu definierte Feld *zTausch* jeweils mit den Anfangswerten 0. Ein Anwender, der sich für die Zahl *zTausch* der während des Sortierens nötigen Tauschoperationen interessiert, kann diese mit der Funktion **Zahl_der_Vertauschungen** anzeigen lassen. Falls die Zahl der Listenelemente im Anwendungsprogramm verwendet werden muß, soll für den Lesezugriff auf das Feld *n* ebenfalls eine Methode – sinnvollerweise eine Funktion – definiert werden.

Die Methode **ListClass.Sortiere** der Vorfahrklasse beruhte auf dem Algorithmus „*Sortieren durch Auswahl*“ (Select Sort). Programm OSELECT1 zeigt, daß vor jedem Durchlauf durch den inneren Schleifenkörper der Schleife „FOR-k“ das Element *A [i]* das kleinste Element der Teilliste *{A [i] .. A [i+k-1]}* enthält. Beim nächsten Durchlauf wird geprüft, ob das neu hinzugekommene Listenelement *A [i+k]* noch kleiner ist als *A [i]*, in welchem Falle der Inhalt der beiden Elemente vertauscht wird. Nach dem vollständigen Abarbeiten der Schleife „FOR-k“ enthält *A [i]* das kleinste Element der Restliste *{A [i] .. A [n]}* – das kleinste Element der Restliste wurde ausgewählt und an ihre erste Position gesetzt. Die äußere Schleife „FOR-i“ sorgt nun dafür, daß dies nacheinander für alle Positionen 1 .. n erreicht wird, womit die Liste sortiert ist.

Ein Anwender der Klasse *ListClass* weiß natürlich nichts von diesen Details. Er könnte aber, da ihm das Sortieren nicht schnell genug geht, auf den Gedanken kommen, es mit einem anderen Verfahren zu versuchen. Eine Untersuchung des Kodes zeigt nämlich, daß bei der Suche des jeweils kleinsten Wertes der Restliste die Position A [i] laufend durch aufwendiges Vertauschen der Inhalte zweier Listenelemente aktualisiert werden muß. Im schlimmsten Fall finden 1+2+..+(n-1) = n(n-1)/2 Tauschoperationen statt. Für die Liste {5, 4, 3, 2, 1} sind das 10 Vertauschungen.

Der Anwender definiert sich also eine Klasse *NewListClass* als Nachkomme von *ListClass* und überschreibt darin die Methode **Sortiere** durch seinen eigenen Kode. Da er auch Auskunft über die Anzahl der Tauschoperationen haben will, erweitert er die Vorfahrenklasse um das entsprechende Datenfeld sowie Methoden, die dieses manipulieren: **Initialisieren** setzt das neue Datenfeld (und auch gleich die geerbten Felder) auf den Wert 0; **Zahl_der_Vertauschungen** macht den Inhalt des neuen Feldes dem Anwendungsprogramm verfügbar. Die Methode **Sortiere** aktualisiert dieses Feld.

Die Methode **NewListClass.Sortiere** trennt scharf zwischen einerseits der Suche der Position *MinPos* des kleinsten Wertes der Restliste *{A [i] .. A [n]}* mit Hilfe der Funktion **Min_Position** und andererseits dem Tauschen der Inhalte von *A [i]* und *A [MinPos]*. Beim Suchen der Minimalposition wird nur ein Index aktualisiert; Inhalte werden noch nicht (wie in der geerbten Version) vertauscht. Erst wenn die gefundene Minimalposition verschieden von der aktuellen Position *i* ist, werden die zugehörigen Inhalte vertauscht. Damit finden höchstens *n-1* Tauschoperationen statt. Für die schon erwähnte Liste {5, 4, 3, 2, 1} sind das 2 Vertauschungen (gegenüber 10).

Ein Anwendungsprogramm OSELECT4 kann die neue Klasse *NewListClass* mit ihren Methoden benutzen, wenn sie das entsprechende Modul **OLisTyp4** mit der USES-Anweisung einbindet.

```
PROGRAM OSelect4;
USES
  OLisTyp4;

VAR
  Liste :  NewListClass;

BEGIN
WITH Liste DO BEGIN
  Initialisieren;
  Lies;
  Sortiere;  WriteLn ('Vertauschungen: ',
  Zahl_der_Vertauschungen :1);
  Schreib;
  END; (*WITH*)
END.
```

Durch die Vererbungsmechanismen von Vorfahren auf Nachfahren ist es möglich geworden, eine Rangordnung oder *Hierarchie* von Objektklassen einzuführen. Da jede Klasse mehrere Nachkommen, aber nur einen Vorfahren haben kann, kann die Klassenhierarchie grafisch als Baum dargestellt werden (Bild 5-10).

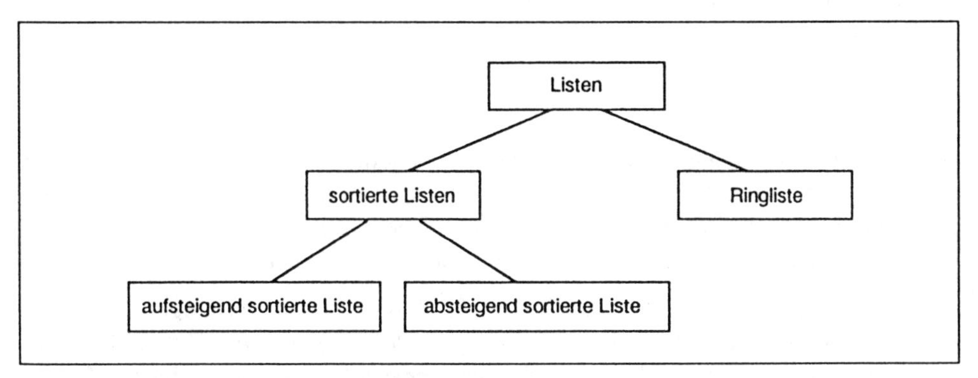

Bild 5-10 Hierarchie von Objektklassen

Es gibt keine allgemeinen Vorschriften zum Aufbau solcher Hierarchien. Die in der Hierarchie *weiter unten* stehenden Klassen enthalten *mindestens* die *gleichen Datenfelder* und *Methoden* wie die weiter oben stehenden.

Auch wenn es in diesem Fall wenig sinnvoll ist, so kann doch ein Anwendungsprogramm OSELECT5 sowohl den Vorfahren *ListClass* als auch dessen Nachkomme *NewListClass* benutzen. Dazu müssen die zugehörigen Module eingebunden und Instanzen der jeweiligen Objektklassen deklariert werden. Es zeigt die *Polymorphie* der Methode **Sortiere**: *gleiche Namen - verschiedene Aktionen*:

```
PROGRAM OSelect5;

USES
  OLisTyp3, OLisTyp4;

VAR
  Liste     : ListClass;
  NeueListe : NewListClass;

BEGIN
WITH Liste DO BEGIN
  Lies;
  Sortiere;
  Schreib;
  END; (*WITH*)
```

```
WITH NeueListe DO BEGIN
   Initialisieren;
   Lies;
   Sortiere; WriteLn ('Vertauschungen: ',
   Zahl_der_Vertauschungen :1);
   Schreib;
   END; (*WITH*)
END.
```

Abhängig davon, welcher Typ von Objekt die Methode **Sortiere** aufruft, werden ganz verschiedene Aktionen durchgeführt – auch wenn das Resultat das gleiche ist. Man spricht von der *Polymorphie* (aus dem Griechischen: *„mehrfache Gestalt“*) einer Methode: ein *Methodenbezeichner* hat *mehrfache Bedeutung*.

Sie sehen, wie sich die Kennzeichnung PRIVATE bei Vererbungen auswirkt. Grundsätzlich gilt das schon oben Gesagte: *private Komponenten* (Datenfelder und Methoden) einer Objektklasse sind nur *innerhalb* des jeweiligen Moduls (PROGRAM oder UNIT) verfügbar; dort aber sind sie auch den *Nachkommen bekannt*. Wird eine Nachkommenklasse jedoch in einer *anderen* UNIT deklariert, kann sie *nicht* auf die eigentlich geerbten privaten Komponenten zurückgreifen, da diese für die UNIT, in der die Vorfahrklasse deklariert ist, als PRIVATE markiert ist.

Deklariert man *ListClass* mit privaten Datenfeldern in der UNIT **OLisTypX** und versucht, sie als Vorfahre-UNIT von *NewListClass* in die UNIT **OLisTyp4** einzubinden, meldet der Compiler einen Fehler: Die Methoden von *NewListClass* sind nämlich so implementiert, daß sie direkt auf die Datenfelder *A* und *n* von *ListClass* zugreifen; und das ist ihnen verwehrt, da diese Datenfelder in ihrer UNIT als PRIVATE erklärt worden sind.

Abhilfe, die dem Ansatz der objektorientierten Programmierung entspricht, schaffen zusätzliche Methoden in *ListClass*, die den Lese- und Schreibzugriff auf seine Datenfelder regeln. Man erhält die UNIT **OLisTypA**:

```
UNIT OLisTypA;
(**********************************************************)
INTERFACE
USES
   ListSpc4;

TYPE
   ListClass =  OBJECT
                   PROCEDURE PutList (pos : INTEGER;
                   DataX : ListDataTyp);
                   PROCEDURE GetList (pos : INTEGER;
                   VAR DataX : ListDataTyp);
```

```
                PROCEDURE PutAnzahl (Wert : INTEGER);
                FUNCTION GetAnzahl : INTEGER;
                PROCEDURE Lies;
                PROCEDURE Schreib;
                PROCEDURE Sortiere;
              PRIVATE
                A :  ARRAY [1 .. MaxListSize] OF
                     ListDataTyp;
                n :  INTEGER;
              END;
(*******************************************************)
IMPLEMENTATION
USES
  Crt;
PROCEDURE ListClass.PutList (pos : INTEGER;
DataX : ListDataTyp);
  BEGIN
  A [pos] :=  DataX;
  END; (* ListClass.PutList *)

PROCEDURE ListClass.GetList (pos : INTEGER;
VAR DataX : ListDataTyp);
  BEGIN
  DataX :=  A [pos];
  END; (* ListClass.GetList *)

PROCEDURE ListClass.PutAnzahl (Wert : INTEGER);
  BEGIN
  n :=  Wert;
  END; (* ListClass.PutAnzahl *)

FUNCTION  ListClass.GetAnzahl : INTEGER;
  BEGIN
  GetAnzahl :=  n;
  END; (* ListClass.GetAnzahl *)

PROCEDURE ListClass.Lies;         )
  ...                             )
PROCEDURE ListClass.Schreib;      ) wie in Programm 'OSelect1'
  ...                             ) (Bild 5-25)
PROCEDURE ListClass.Sortiere;     )
  ...                             )
(*******************************************************)
BEGIN
END.
```

In **OListTypB**, das **OListTypA** benutzt, müssen die Methoden neu formuliert werden. Wie an der Methode **Sortiere** zu sehen ist, kann das Ergebnis umständlicher ausfallen. Der Vorteil liegt aber darin, daß eine Änderung der Datenstruktur von *ListClass* keine Auswirkungen auf *NewListClass* hat, wenn die Lese- und Schreibzugriffe bei gleichen Namen und Parameterlisten angepaßt wurden. Die Methoden von *NewListClass* sind unabhängig von der Datenstruktur des Vorfahren *ListClass*. Die Hilfsprozedur **Tausche** vertauscht jetzt die Inhalte an den übergebenen Adressen; die Implementation von **Min_Position** sei dem Leser zur Übung überlassen. *zTausch* wurde als privates Datenfeld deklariert. Für den Schreibzugriff auf dieses Feld könnte man eine private Methode definieren.

```
UNIT OLisTypB;
(********************************************************)

INTERFACE
USES
  OLisTypA;
TYPE
  NewListClass = OBJECT (ListClass)
                   PROCEDURE Initialisieren;
                   FUNCTION  Zahl_der_Vertauschungen :
                   INTEGER;
                   PROCEDURE Sortiere;
                 PRIVATE
                   zTausch : INTEGER;
                 END;
(********************************************************)
IMPLEMENTATION
USES
  ListSpc4;

FUNCTION NewListClass.Zahl_der_Vertauschungen : INTEGER;
(* wie bisher *)

PROCEDURE NewListClass.Initialisieren;
  VAR   i : INTEGER;
  BEGIN
  FOR i := 1 TO MaxListSize DO PutList (i, 0) ;
  PutAnzahl    (0);
  PutTauschZahl  (0);
  END; (* NewListClass.Initialisieren *)

PROCEDURE NewListClass.Sortiere;
  VAR
    i, MinPos, z :  INTEGER;
```

```
  FUNCTION Min_Position (PosA,PosZ: INTEGER) : INTEGER;
(*Übungsaufgabe*)


  PROCEDURE Tausche_Inhalt_von (pos1, pos2 : INTEGER);
    VAR   hilf1, hilf2 : ListDataTyp;
    BEGIN
    GetList (pos1, hilf1);
    GetList (pos2, hilf2);
    PutList (pos1, hilf2);
    PutList (pos2, hilf1);
    END; (* Tausche_Inhalt_von *)


  BEGIN (* Sortiere *)
  FOR i := 1 TO GetAnzahl-1 DO BEGIN
    MinPos :=  Min_Position (i, GetAnzahl);
    IF MinPos <> i THEN BEGIN
      Tausche_Inhalt_von (MinPos, i);
      zTausch :=  zTausch + 1;
      END; (*IF*)
    END; (*FOR*)
  END; (* NewListClass.Sortiere *)
(*********************************************************)
BEGIN
END.
```

Wären übrigens der Vorfahre *ListClass* und der Nachkomme *NewListClass* im gleichen Modul **OLisTypZ** definiert worden (wie in der UNIT OlisTypB), hätten die Methoden von *NewListClass* nicht geändert werden müssen: Innerhalb desselben Moduls werden private Komponenten vererbt.

```
UNIT OLisTypZ;

(*****************************************************)
INTERFACE
USES
  ListSpc4;

TYPE
  ListClass  =  OBJECT
                    PROCEDURE   Lies;
                    PROCEDURE   Schreib;
                    PROCEDURE   Sortiere;

                  PRIVATE
                    A :  ARRAY [1 .. MaxListSize] OF
                         ListDataTyp;
                    n :  INTEGER;
                  END;

 NewListClass =    OBJECT (ListClass)
                  PROCEDURE Initialisieren;
                  FUNCTION  Zahl_der_Vertauschungen :
                  INTEGER;
                  PROCEDURE Sortiere;

                  PRIVATE
                  zTausch : INTEGER;
                END;

(*****************************************************)
IMPLEMENTATION
PROCEDURE ListClass.Lies;          )
  ...                              )
PROCEDURE ListClass.Schreib;       )    wie in UNIT OLisTyp3
                                        (Bild 5-27)
  ...                              )
PROCEDURE ListClass.Sortiere;      )
  ...                              )

PROCEDURE NewListClass.Initialisieren;  (* als Beispiel *)
  VAR   i : INTEGER;
  BEGIN
  FOR i   := 1 TO MaxListSize DO  A [i] :=  0;
  n       :=  0;
  zTausch :=  0;
  END; (* NewListClass.Initialisieren *)
```

```
FUNCTION  NewListClass.Zahl_der_Vertauschungen :
       INTEGER;                        ) wie in
   ...                                 ) UNIT OLisTyp4
PROCEDURE NewListClass.Sortiere;       ) (Bild 5-31)
   ...                                 )
(*******************************************************)
BEGIN
END.
```

In diesem Abschnitt wurde gezeigt, wie es mit Hilfe von Modulen möglich ist, einen einmal entwickelten Programmkode in künftigen Projekten erneut zu verwenden. Die mit Modulen verbundene Kapselung von Daten und zugehörigem Kode sowie die Unterteilung in öffentliche Schnittstelle und private Implementation ist auch ein Merkmal des neu eingeführten Sprachelements OBJECT. Der Gesichtspunkt der *Wiederverwendbarkeit* erhält aber mit dem Gebrauch von Objektklassen eine neue Dimension: durch den Mechanismus von *Vererbung* und *Polymorphie* können in einer Nachkommenklasse den Leistungen der Vorfahrenklasse *zusätzliche Eigenschaften* und *Methoden* hinzugefügt, bestehende Methoden *verändert* werden – und das, ohne den schon bestehenden Kode zu kennen. *Erweiterbarkeit* und *Änderbarkeit* sind ohne mühsames Einarbeiten in alte Programme möglich.

Bild 5-11 zeigt die Syntaxdiagramme für die objektorientierte Spracherweiterung in Turbo Pascal 6.0.

Im nächsten Abschnitt wird der Umgang mit Objekten und Modulen an einem grafischen Beispiel vertieft. Außerdem wird gezeigt, warum neben den bisher verwendeten statischen Methoden auch sogenannte *virtuelle* Methoden notwendig sind.

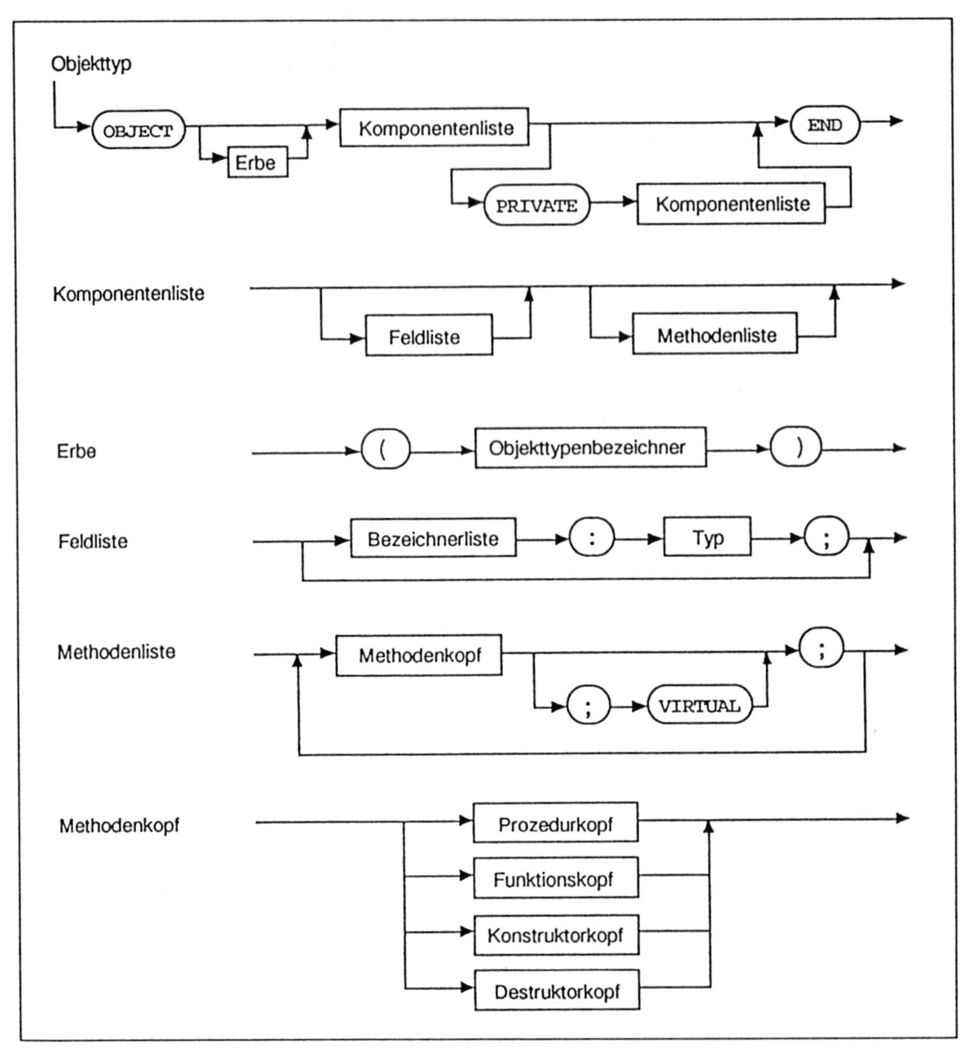

Bild 5-11 Syntaxdiagramme der objektorientierten Spracherweiterungen

6 Virtuelle Methoden und Erweiterbarkeit

Objektorientierte Programmierung hat den Vorteil, daß die erstellte Software *leichter erweitert* werden kann, wie das folgende Grafik-Programm zeigt.

6.1 Hierarchie der verwendeten geometrischen Figuren

Mit dem Programm ist es möglich, Punkte, Kreise und Rechtecke auf dem Bildschirm zu zeichnen und zu bewegen. Dabei hängt es von der Art der Beschreibung dieser Elemente ab, ob eine sinnvolle Klassenhierarchie aufgebaut werden kann und wie diese aussieht. Folgende Beschreibungen sind sinnvoll:

Ein **Punkt** wird durch seine Lage (Koordinaten) gekennzeichnet. Er soll gezeichnet, gelöscht und verschoben werden können.

Ein **Kreis** wird durch seine Lage (Koordinaten des Mittelpunktes) und seinen Radius charakterisiert. Auch er soll gezeichnet, gelöscht und verschoben werden können.

Ein **Rechteck** wird in Analogie zum Kreis ebenfalls durch seine Lage (Koordinaten des Mittelpunktes) sowie durch die Abstände seiner Seiten vom Mittelpunkt beschrieben. Er soll ebenfalls gezeichnet, gelöscht und verschoben werden können.

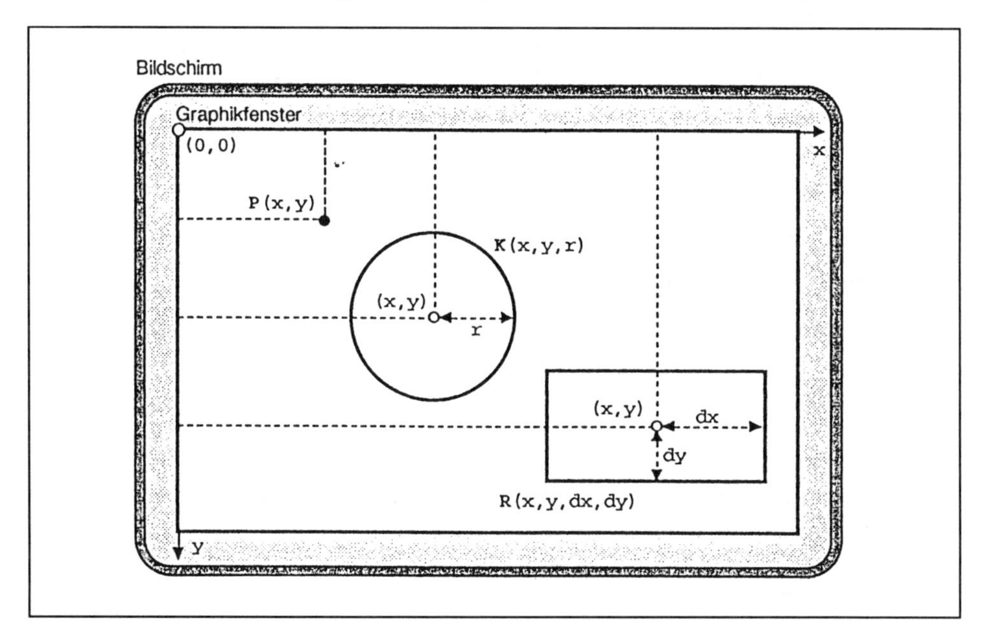

Bild 6-1 Beschreibung von Punkt, Rechteck und Kreis und deren Lage im Koordinatensystem des Grafikfensters

Bild 6-1 zeigt Lage und Form solcher geometrischen Elemente in einem graphischen Fenster des Bildschirms. Mit dem Bildschirm ist ein Koordinatensystem verbunden, dessen obere linke Ecke als Ursprung (0,0) definiert ist. Während die x-Achse wie üblich nach rechts zeigt, ist die y-Achse nach unten orientiert. Gemessen wird in der kleinsten ansprechbaren Bildschirmeinheit (engl.: Pixel).

Bei der Festlegung der Objektklassen für die geometrischen Elemente stellt man fest, daß allen das Beschreibungselement *Lage* gemeinsam ist. Dieses besteht in den Koordinaten (x, y) des Punktes bzw. Mittelpunktes. Auch sollen alle Klassen über die Methoden „*Zeichne*", „*Lösche*" und „*Verschiebe*" verfügen. Die Elemente unterscheiden sich aber durch zusätzliche Eigenschaften wie „*Radius*" und „*Abstände*". Außerdem besteht die Methode „*Zeichne*" und deren Gegenstück „*Lösche*" jeweils aus verschiedenen Aktionen.

Es liegt nahe, die Klassen für Kreis und Rechteck als *Nachkommen* der Klasse für Punkt zu definieren. Sie erben von der Punktklasse sowohl die Lage als auch die schon genannten Methoden, werden aber um die Eigenschaften „*Radius*" bzw. „*Abstände*" erweitert. Alle Eigenschaften (Datenfelder) sind PRIVAT und nur über spezielle Put- und Get-Mehoden zugänglich. Jede Klasse verfügt außerdem über eine Initialisierungsmethode.

Es ist üblich, Eigenschaften und Methoden, die allen Klassen einer Hierarchie gemeinsam sind und sich nicht ändern, in einer *abstrakten Klasse* zu sammeln, von der keine Instanzen deklariert werden sollen. Aus einer abstrakten Klasse werden durch Vererbung *verwendungsfähige* Klassen gebildet. Im vorliegenden Falle soll die Lage eines Objektes in der abstrakten Klasse *KoordinatenClass* beschrieben werden, von der sich *PunktClass*, *KreisClass* und *RechteckClass* ableiten. Das Diagramm in Bild 6-2 zeigt den Stammbaum der geometrischen Objektklassen mit den Methoden und (immer privaten) Eigenschaften, die grundsätzlich nach unten vererbt werden.

Die Methode **Verschiebe** kann vererbt werden; denn sie besteht für die drei Figurenarten aus folgenden gleichen Aktionen:

> **Lösche** Figur an der aktuellen Stelle,
>
> Bestimme neue Stelle,
>
> **Zeichne** Figur an der neuen Stelle.

Die Funktionen **Zeichne** und **Lösche** bestehen allerdings für jede Figur aus anderen Aktionen. Deshalb müssen diese Methoden in jeder Figurenklasse neu definiert werden. Damit ist ein besonderes Problem verbunden, das mit der *frühen Bindung* der *statischen Unterprogramme* im Zusammenhang steht. Im nächsten Abschnitt wird dies untersucht und im darauffolgenden Abschnitt die Lösung durch *späte Bindung* der dann *virtuellen Methoden* gezeigt.

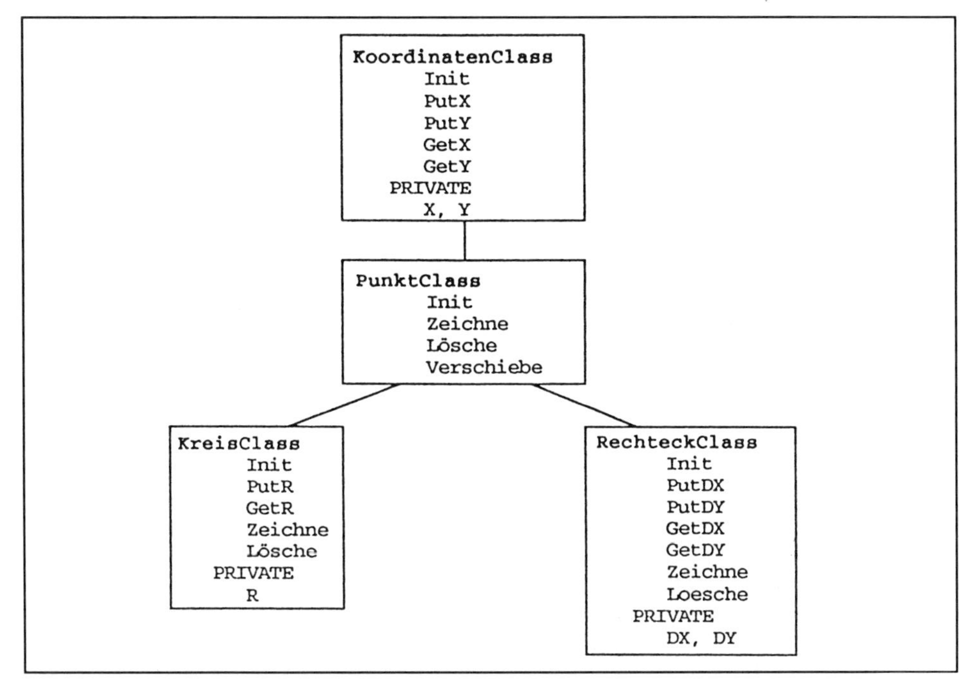

Bild 6-2 Klassenhierarchie der geometrischen Figuren mit abstrakter Koordinatenklasse

Vorerst wird nur der linke Zweig des Figurenstammbaums (Bild 6-2) benutzt, also nur das *Zeichnen* und *Verschieben* von Punkt und Kreis besprochen. Außerdem werden die Methoden noch nicht mit echten graphischen Befehlen gefüllt, sondern statt dessen mit sogenannten *Dummy-Methoden* Meldungen gegeben, daß die beabsichtigte Aktion als ausgeführt zu denken ist. Es wird also zuerst ein *funktionsfähiges Programmgerüst* erstellt. Nach Vorstellung der wichtigsten Grafikbefehle können die Dummy-Methoden durch Prozeduren ersetzt werden, die echte Grafiken erzeugen.

Das folgende Hauptprogramm testet die zu entwerfenden Objektklassen, die vorerst noch nicht in eigene UNITs ausgelagert werden:

```
PROGRAM Graf0;

USES
  Crt;

(*** Hier sind die Klassendefinitionen einzufügen ***)

VAR
  Punkt :  PunktClass;
  Kreis :  KreisClass;
```

```
BEGIN (* Hauptprogramm *)
ClrScr;    WriteLn ('PUNKT');
WITH Punkt DO BEGIN
   WriteLn('Anfangsposition: ');  Init(30,30); Zeichne;
   WriteLn ('Neue Position   : ');  Verschiebe (50, 50);
   END; (*WITH*)
WriteLn;   WriteLn ('KREIS');
WITH Kreis DO BEGIN
   WriteLn('Anfangsposition: ');  Init(30,30,20); Zeichne;
   WriteLn ('Neue Position   : ');  Verschiebe (50, 50);
   END; (*WITH*)
ReadLn;
END.
```

Es werden die zwei Objekte *Punkt* und *Kreis* als *Instanzen* der angegebenen Klassen deklariert. Für jedes der Objekte wird die Anfangsposition (30, 30) festgelegt; für den Kreis auch sein Radius (20). Dort werden die Objekte gezeichnet und anschließend an die Position (50, 50) verschoben. Die Methoden zeichnen und löschen nicht wirklich, sondern erzeugen eine Bildschirmausgabe nach Bild 6-3.

```
PUNKT
Anfangsposition:
 - Punkt - gezeichnet bei (x, y) = (30, 30)
Neue Position  :
 - Punkt - geloescht  bei (x, y) = (30, 30)
 - Punkt - gezeichnet bei (x, y) = (50, 50)

KREIS
Anfangsposition:
 - Kreis - gezeichnet mit (x, y, r) = (30, 30, 20)
Neue Position  :
 - Kreis - geloescht  mit (x, y, r) = (30, 30, 20)
 - Kreis - gezeichnet mit (x, y, r) = (50, 50, 20)
```

Bild 6-3 Ausgabe des Testprogramms mit Hilfe von Dummy-Methoden

6.2 Statische Methoden und frühe Bindung

Nach den bisherigen Ausführungen ergeben sich fast zwangsläufig die in den folgenden Programmteilen gezeigten Definitionen der Objektklassen **Koordinaten-Class**, **PunktClass** und **KreisClass**. Sie müssen in dieser Reihenfolge in das Programm **Graf0** (s. Abschn. 6.1) eingefügt werden.

Das folgende Programm definiert eine *abstrakte Objektklasse* zur Beschreibung der Position geometrischer Objekte im graphischen Fenster.

```
TYPE
  KoordinatenClass = OBJECT
       PROCEDURE  Init (XAnf, YAnf : INTEGER);
       PROCEDURE  PutX (XNeu : INTEGER);
       PROCEDURE  PutY (YNeu : INTEGER);
       FUNCTION   GetX : INTEGER;
       FUNCTION   GetY : INTEGER;
     PRIVATE
       X, Y :  INTEGER;
       END;

PROCEDURE KoordinatenClass.Init (XAnf, YAnf : INTEGER);
  BEGIN
  PutX (XAnf);
  PutY (YAnf);
  END; (* KoordinatenClass.Init *)

PROCEDURE KoordinatenClass.PutX (XNeu : INTEGER);
  BEGIN
  X :=  XNeu;
  END; (* KoordinatenClass.PutX *)

PROCEDURE KoordinatenClass.PutY (YNeu : INTEGER);
  BEGIN
  Y :=  YNeu;
  END; (* KoordinatenClass.PutY *)

FUNCTION KoordinatenClass.GetX : INTEGER;
  BEGIN
  GetX :=  X;
  END; (* KoordinatenClass.GetX *)

FUNCTION KoordinatenClass.GetY : INTEGER;
  BEGIN
  GetY :=  Y;
  END; (* KoordinatenClass.GetY *)
```

Die abstrakte Objektklasse *KoordinatenClass* besteht aus den x- und y-Koordinaten als Datenfeldern, die eine Position im graphischen Fenster bestimmen. Mit einer Initialisierungsmethode wird eine Anfangsposition festgelegt. Die Einzelkoordinaten können mit Put-Methoden verändert und mit Get-Methoden verwendet werden. Aus dieser abstrakten Klasse leiten sich alle weiteren Klassen ab.

Der nächste Programmabschnitt zeigt die *statischen Methoden* zur Beschreibung eines Punkts.

```
TYPE
   PunktClass   =   OBJECT (KoordinatenClass)
            PROCEDURE Init (XAnf, YAnf : INTEGER);
            PROCEDURE Zeichne;
            PROCEDURE Loesche;
            PROCEDURE Verschiebe (XNeu, YNeu : INTEGER);
            END;

PROCEDURE PunktClass.Init (XAnf, YAnf : INTEGER);
   BEGIN
   KoordinatenClass.Init (XAnf, YAnf);
   END; (* PunktClass.Init *)

PROCEDURE PunktClass.Zeichne;
   BEGIN
   Write (' - Punkt - gezeichnet bei ');
   WriteLn ( '(x, y) = (', GetX :1, ', ', GetY :1, ')' );
   END; (* PunktClass.Zeichne *)

PROCEDURE PunktClass.Loesche;
   BEGIN
   Write (' - Punkt - geloescht  bei ');
   WriteLn ( '(x, y) = (', GetX :1, ', ', GetY :1, ')' );
   END; (* PunktClass.Loesche *)

PROCEDURE PunktClass.Verschiebe (XNeu, YNeu : INTEGER);
   BEGIN
   Loesche;
   PutX (XNeu);
   PutY (YNeu);
   Zeichne;
   END; (* PunktClass.Verschiebe *)
```

Die Prozedur *PunktClass* ist verwendungsfähig in dem Sinne, daß ihre *Instanzen* (Punkte) auf dem Bildschirm gezeichnet, verschoben und gelöscht werden können. Sie besitzt nur die geerbten x- und y-Koordinaten als Datenfelder. Daher ist ihre Initialisierungsmethode identisch mit der Prozedur *KoordinatenClass*. Trotzdem ist es ratsam, den Aufruf von **KoordinatenClass.Init** in einer eigenen Methode **PunktClass.Init** zu formulieren. Es wird im nächsten Abschnitt klar, warum jede Klasse ihre eigene Methode *Init* besitzen soll.

Die Methode **PunktClass.Verschiebe** bekommt die neue (gewünschte) Position mitgeteilt. Sie löscht den Punkt an der aktuellen Position, besetzt seine Koordinaten mit den neuen Werten und zeichnet ihn an dieser (jetzt aktuellen) Stelle. Die Methode **PunktClass.Zeichne** ist allerdings eine Dummy-Methode: Sie zeichnet nicht wirklich, sondern behauptet dies nur in einer Meldung am Bildschirm – unter Angabe der Punktkoordinaten. Für die Methode **PunktClass.Loesche** gilt Gleiches. Arbeitet das Testprogramm mit diesen Methoden korrekt, werden sie anschließend wirklich implementiert.

Die Objektklasse eines Kreises ist in nachfolgendem Programmteil definiert.

```
TYPE
  KreisClass  =  OBJECT (PunktClass)
          PROCEDURE Init (XAnf, YAnf, RAnf : INTEGER);
          PROCEDURE PutR (RNeu : INTEGER);
          FUNCTION  GetR : INTEGER;
          PROCEDURE Zeichne;
          PROCEDURE Loesche;
        PRIVATE
          R : INTEGER;
          END;

PROCEDURE KreisClass.Init (XAnf, YAnf, RAnf : INTEGER);
  BEGIN
  PunktClass.Init (XAnf, YAnf);
  PutR (RAnf);
  END; (* KreisClass.Init *)

PROCEDURE KreisClass.PutR (RNeu : INTEGER);
  BEGIN
  R :=  RNeu;
  END; (* KreisClass.PutR *)

FUNCTION KreisClass.GetR : INTEGER;
  BEGIN
  GetR := R;
  END; (* KreisClass.GetR *)

PROCEDURE KreisClass.Zeichne;
  BEGIN
  Write (' - Kreis - gezeichnet mit ');
  WriteLn ( '(x, y, r) = (', GetX :1, ', ', GetY :1, ', ',
  GetR :1, ')' );
  END; (* PunktClass.Zeichne *)

PROCEDURE KreisClass.Loesche;
```

```
BEGIN
Write (' - Kreis - geloescht mit ');
WriteLn ( '(x, y, r) = (', GetX :1, ', ',
GetY :1, ', ', GetR :1, ')' );
END; (* KreisClass.Loesche *)
```

KreisClass ist ein Nachkomme von *PunktClass*. Die geerbten Koordinatenfelder stehen für den Mittelpunkt des Kreises. Zusätzlich wird der Radius als Datenfeld benötigt, für den Put- und Get-Methoden definiert sind. Die Initialisierungsmethode greift auf die Initialisierung des Punkts zurück und besetzt außerdem den Radius mit einem übergebenen Wert.

Während die Methode des Verschiebens eines Kreises aus der gleichen Abfolge von Methodenaufrufen wie beim Verschieben eines Punktes besteht, unterscheiden sich die Methoden für das Zeichnen und Löschen und müssen neu definiert werden.

Bereits in Abschnitt 5.5 wurde die Neudefinition von Methoden in Nachkommen einer Objektklasse beschrieben. Während dort aber vom Überschreiben einer Methode andere Methoden nicht betroffen waren, liegen die Dinge hier etwas anders: *KreisClass* erbt von *PunktClass* die Methode **PunktClass.Verschiebe**. Diese greift aber auf die Methoden **Loesche** und **Zeichne** zurück, die in *PunktClass* und *KreisClass* verschieden definiert sind. Die Erwartung ist, daß die Methode **Verschiebe** richtig reagiert und je nach Aufruf entweder **PunktClass.Loesche** oder **KreisClass.Loesche** bzw. **PunktClass.Zeichne** oder **KreisClass.Zeichne** aktiviert. Im Testprogramm **Graf0** wird nämlich durch die Aufrufe **Punkt.Verschiebe (50, 50)** und **Kreis.Verschiebe (50, 50)** mitgeteilt, was zu löschen und neu zu zeichnen ist. Das Programm soll die Ausgabe von Bild 6-3 liefern.

Tatsächlich aber erhält man als Ergebnis die Ausgabe von Bild 6-4.

```
PUNKT
Anfangsposition:
  - Punkt - gezeichnet bei (x, y) = (30, 30)
Neue Position  :
  - Punkt - geloescht  bei (x, y) = (30, 30)
  - Punkt - gezeichnet bei (x, y) = (50, 50)

KREIS
Anfangsposition:
  - Kreis - gezeichnet mit (x, y, r) = (30, 30, 20)
Neue Position  :
  - Punkt - geloescht  bei (x, y) = (30, 30)
  - Punkt - gezeichnet bei (x, y) = (50, 50)
```

Bild 6-4 Tatsächliche Ausgabe des Testprogramms **Graf0** unter Verwendung der Objektklassen mit statischen Methoden

Offensichtlich aktiviert die Methode **Verschiebe** immer **PunktClass.Loesche** und **PunktClass.Zeichne**, unabhängig vom Aufruf aus einem Punkt- oder Kreisobjekt. Denn die Meldungen, die das Verschieben den Kreises betreffen sollten, beziehen sich nur auf das Löschen und Zeichnen eines Punktes. Die Erklärung liegt in der Arbeitsweise des Compilers und der *frühen oder statischen Bindung* der Methoden: Schon beim Übersetzen von **PunktClass.Verschiebe** wird festgelegt, wo genau die Methoden **Loesche** und **Zeichen** zu finden sind. Zur Übersetzungszeit von **Verschiebe** werden dazu die Anfangsadressen von **PunktClass.Loesche** und **PunktClass.Zeichne** angegeben; **KreisClass.Loesche** und **KreisClass.Zeichne** wären im Augenblick auch noch gar nicht bekannt.

Die Methoden **PunktClass.Loesche** und **PunktClass.Zeichne** sind also schon früh, nämlich zur Übersetzungszeit, an die Methode **Verschiebe** gebunden worden. Zur Laufzeit des Programms ist keine Änderung dieser Zuordnung mehr möglich. **Verschiebe** kann nicht angemessen mit Aufrufen aus Objekten einer Nachkommenklasse von *PunktClass* umgehen. Die in *KreisClass* neu definierten statischen Methoden **KreisClass.Zeichne** und **KreisClass.Loesche** können allerdings direkt aufgerufen werden. Bild 6-5 versucht, diese Verhältnisse übersichtlich darzustellen.

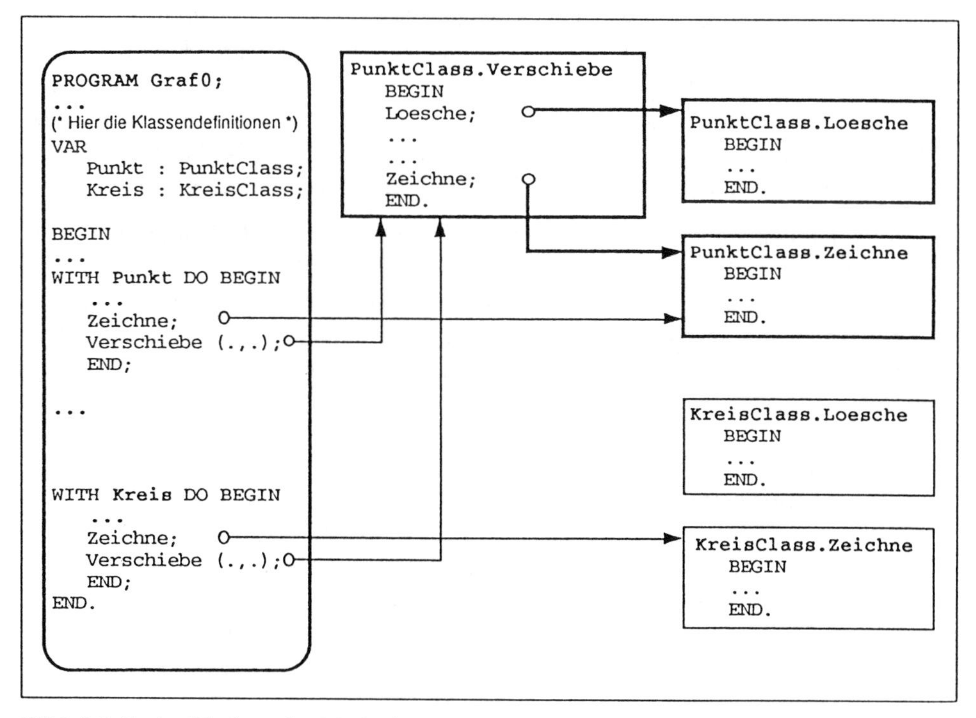

Bild 6-5 Frühe Bindung der Methoden

Um das gewünschte Ergebnis zu erhalten gäbe es die Möglichkeit, auch die Methode **KreisClass.Verschiebe** neu zu definieren. Ihr Inhalt wäre aber völlig identisch mit dem von **PunktClass.Verschiebe**, so daß nicht gerade eine elegante Lösung gefunden worden wäre. Turbo Pascal erlaubt in solchen Fällen die Deklaration von virtuellen Methoden. Sie werden im folgenden Abschnitt besprochen. Es sei darauf hingewiesen, daß in vielen OOP-Implementationen die Methoden generell virtuell sind. In Turbo Pascal müssen sie speziell ausgewiesen werden.

6.3 Virtuelle Methoden und späte Bindung

Im vorigen Abschnitt wurde die Methode **PunktClass.Verschiebe** schon während der Übersetzung an die statischen Methoden **PunktClass.Loesche** und **PunktClass.Zeichne** gekoppelt (*frühe Bindung*). Die Objektklasse *KreisClass* erbte die Methode **Verschiebe** und damit auch diese Verknüpfungen. Gewünscht wurde aber, daß der Aufruf **Kreis.Verschiebe** die Methoden **KreisClass.Loesche** und **KreisClass.Zeichne** aktiviert. Dies erreicht man über den Mechanismus der *späten Bindung*, die erst während der Laufzeit des Programms stattfindet. Dazu müssen aber die Methoden **Loesche** und **Zeichne** in jeder Objektklasse als *virtuelle Methoden* deklariert werden. Aufrufe, die virtuelle Methoden betreffen, werden bei der Übersetzung noch nicht mit endgültigen Startadressen einer Methode versorgt. Statt dessen wird für jede Klasse, die virtuelle Methoden besitzt, eine *Tabelle der virtuellen Methoden* (engl.: virtual methode table, VMT) angelegt. In der VMT einer Objektklasse sind die *Startadressen* der virtuellen Methoden dieser Klasse gelistet.

Um eine Methode als virtuell auszuzeichnen, genügt es, in der Deklaration der entsprechenden Objektklasse hinter den Methodenkopf das Schlüsselwort VIRTUAL zu setzen, gefolgt von einem Semikolon. Im vorliegenden Beispiel sollen die Methoden **Zeichne** und **Loesche** virtuell werden. Die Definitionen von *PunktClass* und *KreisClass* müssen daher wie folgt geändert werden:

```
TYPE
  PunktClass  =  OBJECT (KoordinatenClass)
            CONSTRUCTOR VMT_Init;
            PROCEDURE Init (XAnf, YAnf : INTEGER);
            PROCEDURE Zeichne;  VIRTUAL;
            PROCEDURE Loesche;  VIRTUAL;
            PROCEDURE Verschiebe (XNeu, YNeu : INTEGER);
            END;

CONSTRUCTOR PunktClass.VMT_Init;
  (* Initalisiert die virtuellen Methodentabelle von
  PunktClass *)
```

```
  BEGIN
  END; (* PunktClass.VMT_Init *)

... Methoden sonst wie im vorigen Abschnitt
(**************************************************************)

TYPE
  KreisClass  =  OBJECT (PunktClass)
        CONSTRUCTOR VMT_Init;
        PROCEDURE Init (XAnf, YAnf, RAnf : INTEGER);
        PROCEDURE PutR (RNeu : INTEGER);
        FUNCTION  GetR : INTEGER;
        PROCEDURE Zeichne;  VIRTUAL;
        PROCEDURE Loesche;  VIRTUAL;
      PRIVATE
        R : INTEGER;
        END;

CONSTRUCTOR KreisClass.VMT_Init;
  (* Initalisiert die virtuellen Methodentabelle von
  KreisClass *)
  BEGIN
  END; (* KreisClass.VMT_Init *)

... Methoden sonst wie im vorigen Abschnitt
```

Bei der Übersetzung werden vom Compiler für jede Instanz (Objekt) einer Objektklasse Speicherplätze für die Datenfelder reserviert. Sind in der Objektklasse virtuelle Methoden deklariert, legt der Compiler für jede Instanz einen zusätzliches Datenfeld an. In dieses Feld soll eingetragen werden, wo sich die VMT der zugehörigen Klasse befindet (Bild 6-6).

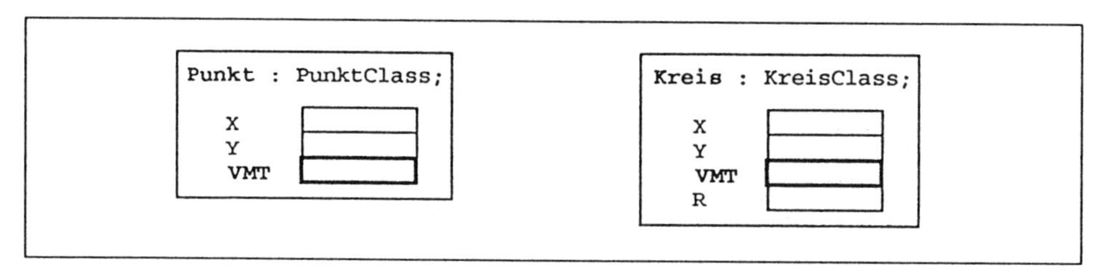

Bild 6-6 Speicherplatzbelegung für Objekte aus Klassen mit virtuellen Methoden

Den entsprechenden Eintrag übernehmen in Turbo Pascal sogenannte *Konstruktoren.* Sie werden mit dem Schlüsselwort CONSTRUCTOR deklariert und haben sonst den Aufbau wie Prozeduren. Sie können leer sein oder weitere Initialisierungen beinhalten. Jedes Objekt aus einer Klasse mit virtuellen Methoden muß vor seiner Verwendung mit dem CONSTRUCTOR seiner Klasse initialisiert werden. Berücksichtigt man die Änderungen in den Klassendefinitionen, dann müssen in das Hauptprogramm **Graf0** noch die Aufrufe der Konstruktoren **Punkt.VMT_Init** und **Kreis.VMT_Init** eingefügt werden, bevor mit *Punkt* bzw. *Kreis* weitergearbeitet werden kann (als Übung). Man kann aber auch die Initialisierungen der Datenfelder und des VMT-Feldes in einem gemeinsamen CONSTRUCTOR **Init** zusammenfassen und erhält damit das Programm **Graf01**, das die gewünschte Ausgabe (Bild 6-4) liefert.

```
PROGRAM Graf01;
USES
  Crt;
(*************************************************************)
... Hier die Definition von KoordinatenClass
(*************************************************************)
TYPE
  PunktClass  =  OBJECT (KoordinatenClass)
          CONSTRUCTOR Init (XAnf, YAnf : INTEGER);
          PROCEDURE Zeichne;  VIRTUAL;
          PROCEDURE Loesche;  VIRTUAL;
          PROCEDURE Verschiebe (XNeu, YNeu : INTEGER);
          END;

CONSTRUCTOR PunktClass.Init (XAnf, YAnf : INTEGER);
  (* Initalisiert auch die virtuellen Methodentabelle
  von PunktClass *)
  BEGIN
  KoordinatenClass.Init (XAnf, YAnf);
  END; (* PunktClass.Init *)
... Methoden sonst wie im Abschnitt 6.2
(*************************************************************)
TYPE
  KreisClass  =  OBJECT (PunktClass)
          CONSTRUCTOR Init (XAnf, YAnf, RAnf : INTEGER);
          PROCEDURE PutR (RNeu : INTEGER);
          FUNCTION  GetR : INTEGER;
          PROCEDURE Zeichne;  VIRTUAL;
          PROCEDURE Loesche;  VIRTUAL;
        PRIVATE
          R : INTEGER;
          END;

CONSTRUCTOR KreisClass.Init (XAnf, YAnf, RAnf : INTEGER);
  (* Initalisiert auch die virtuellen Methodentabelle
  von KreisClass *)
```

```
   BEGIN
   PunktClass.Init (XAnf, YAnf);
   PutR (RAnf);
   END; (* KreisClass.Init *)
... Methoden sonst wie im Abschnitt 6.2
(**************************************************************)
VAR
   Punkt :  PunktClass;
   Kreis :  KreisClass;

BEGIN (* Hauptprogramm *)
ClrScr;    WriteLn ('PUNKT');
WITH Punkt DO BEGIN
   WriteLn ('Anfangsposition: '); Init (30, 30); Zeichne;
   WriteLn ('Neue Position : '); Verschiebe (50, 50);
   END; (*WITH*)
WriteLn;   WriteLn ('KREIS');
WITH Kreis DO BEGIN
   WriteLn ('Anfangsposition: '); Init (30, 30, 20);  Zeichne;
   WriteLn ('Neue Position : '); Verschiebe (50, 50);
   END; (*WITH*)
ReadLn;
END.
```

Nach Deklaration des Objekts *Punkt* wird dafür der Konstruktor **Init** der *PunktClass* aufgerufen. Er schreibt in das VMT-Feld von *Punkt* (Bild 6-6) die Adresse der VMT von *PunktClass*. Das folgende Bild 6-7 zeigt mit dünnen Pfeilen, was beim Aufruf der Methoden des Objekts *Punkt* passiert. Die virtuellen Methoden werden über die VMT der Objektklasse, der das rufende Objekt angehört, angesprungen. Die Sprungadressen werden erst zur Laufzeit bestimmt (*späte Bindung*). Die Methode Verschiebe ist *polymorph.*

Beim direkten Aufruf der virtuellen Methode **Zeichne** für das Objekt *Punkt* wird erst in der VMT von *PunktClass* nachgeschaut, wo diese Methode zu finden ist (*späte Bindung*); sie wird dann ausgeführt.

Die statische Methode **Verschiebe** für das Objekt *Punkt* wird direkt angesprungen – ihre Startadresse wurde bereits bei der Übersetzung festgelegt (*frühe Bindung*). Diese Methode ruft ihrerseits die virtuellen Methoden **Loesche** und **Zeichne** auf. Da der Aufruf aus dem Objekt *Punkt* heraus geschieht, wird mit der VMT von *PunktClass* bestimmt, wo diese Methoden jeweils gespeichert sind (*späte Bindung*). Sie werden ausgeführt und die statische Methode **Verschiebe** beendet.

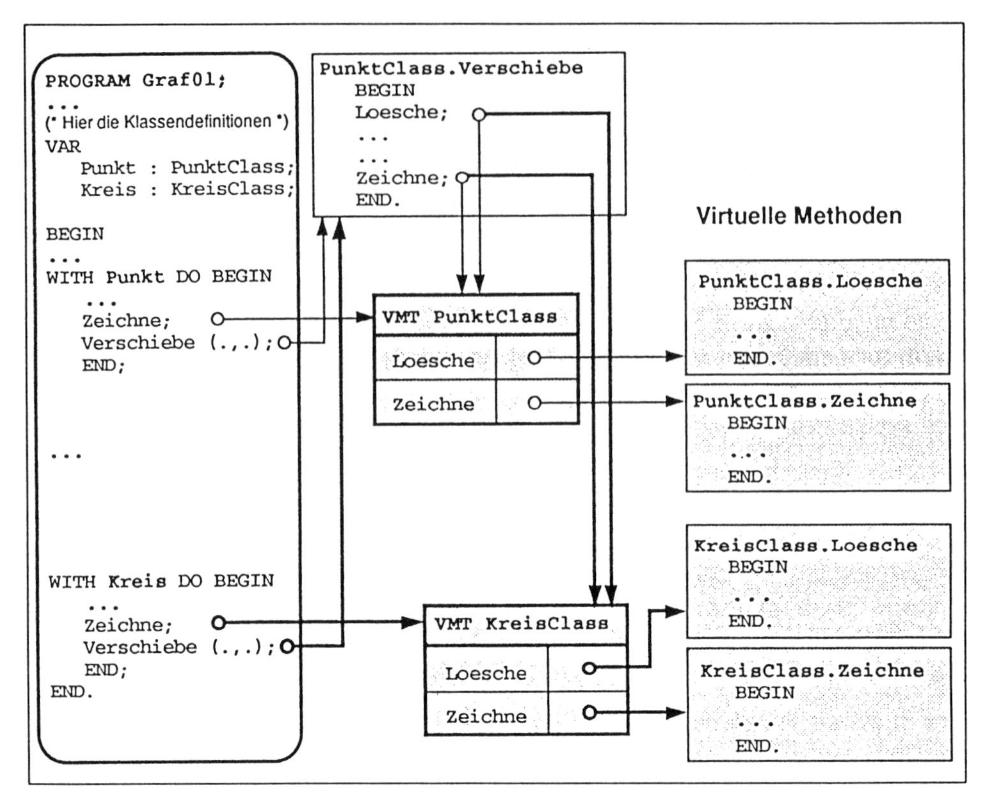

Bild 6-7 Virtuelle Methoden

Nun wird für das Objekt *Kreis* der Konstruktor **Init** der *KreisClass* aufgerufen. Er versorgt das VMT-Feld von *Kreis* mit der Adresse der VMT von *KreisClass*. Das Objekt *Kreis* findet auf diese Weise leicht, wo die für es zuständigen virtuellen Methoden stehen. In Bild 6-7 sind die Aufrufe der Methoden für *Kreis* mit dicken Pfeilen nachvollzogen.

Die virtuelle Methode **Zeichne** wird über die VMT von *KreisClass* angesteuert, da sie ja von einer Instanz dieser Klasse angesprochen wurde. Die statische Methode **Verschiebe** ist für *KreisClass* nicht deklariert worden. Sie wird daher in der Vorfahrenklasse gesucht und auch gefunden. Bei ihrer Ausführung werden die virtuellen Methoden **Loesche** und **Zeichne** aktiviert. Da **Verschiebe** von *Kreis* aufgerufen wurde, ist diesmal die VMT von *KreisClass* als Wegweiser zu diesen Methoden zuständig. Sie können nun ausgeführt werden.

Mit der Verwendung virtueller Methoden ist es möglich geworden, das *Verschieben* geometrischer Objekte allgemein in der statischen Methode **PunktClass.Verschiebe** zu formulieren. Ihre Arbeitsweise hängt davon ab, zu welcher Klasse das aktivierende Objekt gehört. Die Methode **Verschiebe** ist also polymorph. Im Abschnitt 5.5 war schon von **Polymorphie** die Rede gewesen. Dort aber waren von einer Klasse Methoden, die sie geerbt hatte, direkt überschrieben und mit neuen Inhalten versehen worden. Im jetzigen Falle hingegen wird die geerbte Methode (Verschiebe) *unverändert* übernommen. Allerdings liegt ihre Arbeitsweise nach dem Übersetzen noch gar nicht fest. Einige der von ihr angerufenen Methoden sind nämlich virtuell; was dabei jeweils aufgerufen wird, wird erst zur Laufzeit des Programms bestimmt.

Solch ein Mechanismus der späten Bindung steigert natürlich die *Erweiterbarkeit* von Software gewaltig. Das grobe Vorgehen kann geerbt werden; Details werden vom Anwendungsprogrammierer geerbt, geändert, erweitert oder neu definiert. Wenn möglichst große Flexibilität der *Wiederverwendbarkeit* erreicht werden soll, erklärt man am besten alle Methoden als virtuell. In vielen OOP-Implementationen geschieht das automatisch.

Aus der vorgestellten Anwendung virtueller Methoden wird folgende Regel verständlich: Werden virtuelle Methoden in einer Nachfahren-Klasse *neu definiert* (ersetzt, überschrieben), müssen in der Neudefinition neben dem *Namen* auch die *Parameter* – falls vorhanden – in Anzahl und Typ mit der ersetzten Methode *übereinstimmen*. Ist die Methode eine Funktion, hat auch der Ergebnistyp identisch zu sein. Die Neudefinition muß ebenfalls als virtuell deklariert werden. Beim Ersetzen statischer Methoden bestehen diese Einschränkungen nicht. Konstruktoren sind immer statische Methoden.

Eine in der OOP etablierte Sprechweise sagt übrigens, daß ein Objekt (z. B. Punkt oder Kreis) eine *Botschaft* (oder Nachricht, z.B. Verschiebe) empfängt und darauf in der ihm angemessenen Weise (über seine Methoden) reagiert.

6.4 Modularisierung und Verbesserung des graphischen Beispiels

Um das Konzept der virtuellen Methoden ohne zusätzliches Beiwerk entwickeln zu können, wurden in Abschnitt 6.3 die Objektklassen nicht in Modulen fomuliert. In Abschnitt 5 war aber bereits gezeigt worden, daß *Wiederverwendbarkeit* und *Erweiterbarkeit* die *Modularisierung* zwingend voraussetzen. In diesem Abschnitt werden die Klassen in UNITs verpackt. Außerdem wird das Testprogramm erweitert.

Das nächste Programm zeigt die UNIT **KoordCl0**, mit der die Lage eines geometrischen Objekts beschrieben werden kann. Die abstrakte Objektklasse *Koordinaten-Class* wurde unverändert aus Abschnitt 6.2 übernommen. Es wurde lediglich in INTERFACE und IMPLEMENTATION getrennt und der leere Initialisierungsteil angefügt.

```
UNIT KoordCl0;

INTERFACE
(*************************************************************)
TYPE
  KoordinatenClass =  OBJECT
        PROCEDURE Init (XAnf, YAnf : INTEGER);
        PROCEDURE PutX (XNeu : INTEGER);
        PROCEDURE PutY (YNeu : INTEGER);
        FUNCTION  GetX : INTEGER;
        FUNCTION  GetY : INTEGER;
      PRIVATE
        X, Y :  INTEGER;
        END;
(*************************************************************)
IMPLEMENTATION
(*************************************************************)
PROCEDURE KoordinatenClass.Init (XAnf, YAnf : INTEGER);
  BEGIN
  PutX (XAnf);
  PutY (YAnf);
  END; (* KoordinatenClass.Init *)

PROCEDURE KoordinatenClass.PutX (XNeu : INTEGER);
  BEGIN
  X :=  XNeu;
  END; (* KoordinatenClass.PutX *)

PROCEDURE KoordinatenClass.PutY (YNeu : INTEGER);
  BEGIN
  Y :=  YNeu;
  END; (* KoordinatenClass.PutY *)

FUNCTION KoordinatenClass.GetX : INTEGER;
  BEGIN
  GetX :=  X;
  END; (* KoordinatenClass.GetX *)

FUNCTION KoordinatenClass.GetY : INTEGER;
  BEGIN
  GetY :=  Y;
  END; (* KoordinatenClass.GetY *)
(************************************)

BEGIN
END.
```

Das nächste Programm zeigt die UNIT **PunktCl0**, mit der Lage und Farbe eines Punktes beschrieben werden können. *PunktClass* aus Abschnitt 6.2 ist wesentlich erweitert worden. Die Methoden **Zeichne** und **Loesche** sind jetzt VIRTUAL; die Methode **Init** ist daher als CONSTRUCTOR definiert.

```
UNIT PunktCl0;
INTERFACE
(*************************************************************)
USES
  KoordCl0;

TYPE
  PunktClass  =  OBJECT (KoordinatenClass)
          CONSTRUCTOR Init (XAnf, YAnf : INTEGER;
          FarbeAnf : WORD);
          PROCEDURE PutFarbe (FarbeNeu : WORD);
          FUNCTION  GetFarbe : WORD;
          PROCEDURE Zeichne;  VIRTUAL;
          PROCEDURE Loesche;  VIRTUAL;
          PROCEDURE Verschiebe (XNeu, YNeu : INTEGER);
          PROCEDURE Bewege;
        PRIVATE
          Farbe :  WORD;
          END;

(*************************************************************)
IMPLEMENTATION
(*************************************************************)
(****   Hilfsfunktionen - weder Methoden noch oeffentlich   ****)

FUNCTION Get_Delta (VAR DeltaX, DeltaY : INTEGER) : BOOLEAN;
  CONST
    MaxDelta = 20;
  BEGIN
  DeltaX    := INTEGER (Random (2*MaxDelta + 1)) - MaxDelta;
  DeltaY    := INTEGER (Random (2*MaxDelta + 1)) - MaxDelta;
  Get_Delta := TRUE;
  END; (* Get_Delta *)

FUNCTION New_Position (VAR x, y : INTEGER) : BOOLEAN;
  VAR
    DeltaX, DeltaY : INTEGER;
    OK      : BOOLEAN;
  BEGIN
  OK :=  Get_Delta (DeltaX, DeltaY);
```

```
   IF OK THEN BEGIN
     WriteLn ('DeltaX = ', DeltaX :3 , '   DeltaY = ',
            DeltaY :3);
     x :=  x + DeltaX;   y := y + DeltaY;
     END; (*IF*)
  New_Position :=  OK   AND (10 <= x) AND (x <= 50)
                        AND (10 <= y) AND (y <= 50);
  END; (* New_Position *)
(*************************************************************)
(*** Methoden ***)
CONSTRUCTOR PunktClass.Init (XAnf, YAnf : INTEGER;
FarbeAnf : WORD);
  (* Initalisiert auch die virtuellen Methodentabelle
  von PunktClass *)
  BEGIN
  KoordinatenClass.Init (XAnf, YAnf);
  PutFarbe (FarbeAnf);
  END; (* PunktClass.Init *)

PROCEDURE PunktClass.PutFarbe (FarbeNeu : WORD);
  BEGIN
  Farbe :=  FarbeNeu;
  END; (* PunktClass.PutFarbe *)

FUNCTION PunktClass.GetFarbe : WORD;
  BEGIN
  GetFarbe :=  Farbe;
  END; (* PunktClass.GetFarbe *)

PROCEDURE PunktClass.Zeichne;
  BEGIN
  Write (' - Punkt - gezeichnet bei ');
  WriteLn ( '(x, y) = (', GetX :1, ', ', GetY :1, ')' );
  END; (* PunktClass.Zeichne *)

PROCEDURE PunktClass.Loesche;
  BEGIN
  Write (' - Punkt - geloescht  bei ');
  WriteLn ( '(x, y) = (', GetX :1, ', ', GetY :1, ')' );
  END; (* PunktClass.Loesche *)

PROCEDURE PunktClass.Verschiebe (XNeu, YNeu : INTEGER);
  BEGIN
  Loesche;
  PutX (XNeu);
  PutY (YNeu);
```

```
  Zeichne;
  END; (* PunktClass.Verschiebe *)

PROCEDURE PunktClass.Bewege;
  VAR
    x, y : INTEGER;
  BEGIN
  x := GetX;    y := GetY;
  WHILE New_Position (x, y) DO BEGIN
    WriteLn ('Neue Position : ');    Verschiebe (x, y);
    END; (*WHILE*)
  END; (* PunktClass.Bewege *)
(*****************************************************************)

BEGIN
END.
```

Neu in *PunktClass* ist zum einen die Methode **Bewege** und zum anderen die Eigenschaft (Datenfeld) *Farbe*. Sie gibt an, in welcher Farbe später ein Punkt oder ein Nachkomme der *PunktClass* (z. B. ein Kreis) gezeichnet werden soll. So wird die tatsächliche Implementierung der Grafik weiter vorbereitet. Zu dem neuen Datenfeld gehören die Schreib- bzw. Lesemethoden **PutFarbe** und **GetFarbe**. Außerdem muß die Parameterliste des Konstruktors **Init** entsprechend erweitert werden. Als Wert für *Farbe* kann später eine der Konstanten benutzt werden, die im Grafik-Paket von Turbo Pascal definiert sind. Sie haben den Datentyp WORD (vorzeichenlose ganze Zahl, 16 bit).

Es ist zu beachten, daß die UNIT **PunktCl0** die UNIT **KoordCl0** voraussetzt (USES-Anweisung im IMPLEMENTATION-Teil). *PunktClass* erbt alle Methoden und Eigenschaften von *KoordClass*. Beachten Sie: Da die Datenfelder von *KoordClass* aber zu PRIVATE erklärt wurden, kann *PunktClass* nur über die dazu definierten Methoden auf sie zugreifen. In *PunktClass* wiederum ist das neue Datenfeld *Farbe* PRIVATE. Nachfahren dieser Klasse haben daher – wenn sie in einer anderen UNIT definiert sind – keinen direkten Zugriff auf dieses Feld. Soll der Zugriff trotzdem möglich sein, müssen in *PunktClass* öffentliche Methoden dafür deklariert werden. Das ist hier mit **PutFarbe** und **GetFarbe** geschehen.

Eine zusätzliche Leistung von *PunktClass* besteht in der Methode **Bewege**. Sie hat die Aufgabe, ein geometrisches Objekt, das von *PunktClass* abstammt, über den Bildschirm zu bewegen. Ausgehend von der momentanen Position (x,y) wird mit der Funktion **New_Position** die nächste Position (x,y) bestimmt und das Objekt dorthin verschoben. Die lokalen Bezeichner x und y können hier nicht mit den geerbten Datenfeldern *X* und *Y* verwechselt werden, da diese ja PRIVATE in einer anderen UNIT sind.

Die Funktion **New_Position** ist keine Methode, sondern nur eine lokale Hilfsfunktion. Sie ist nicht öffentlich. Sie bestimmt mit einer weiteren Hilfsfunktion **Get_Delta** die Schrittweiten *DeltaX* und *DeltaY*. Daraus berechnet sie die neue Position *(x,y)* und gibt diese über die Parameterliste weiter. Der logische Funktionswert der Funktion **New_Position** sagt aus, ob überhaupt Schrittweiten geliefert wurden, und ob sich die neu berechnete Position noch innerhalb eines bestimmten Bereichs befindet. Trifft beides zu, wird TRUE an **Bewege** zurückgegeben und das Objekt an die neue Position verschoben. Andernfalls wird der Bewegungsvorgang abgebrochen. **New_Position** verbindet Merkmale einer PROCEDURE mit der einer FUNCTION.

Auch **Get_Delta** hat Merkmale einer PROCEDURE (es liefert die Schrittweiten über eine Parameterliste) und einer FUNCTION (es liefert einen logischen Wert als Resultat). Sie ist ebenfalls keine Methode und nicht öffentlich. Das logische Funktionsresultat wird erst in einer späteren Fassung berechnet und vorläufig zu TRUE gesetzt. In der vorliegenden Fassung werden für *DeltaX* und *DeltaY* zufällige Werte zwischen 0 und 20 Bildpunkten ermittelt. Das geschieht mit dem Pseudo-Zufallsgenerator des Turbo Pascal-Systems, der als Funktion implementiert ist:

Random (x)

liefert zufälligen Wert p mit 0 p < x. p ist von gleichem Typ wie x, wobei WORD oder REAL möglich ist.

Random (2*20 + 1) = Random (41) ergibt Werte vom Typ WORD zwischen 0 und 40. Zieht man davon 20 ab, erhält man Werte aus dem gewünschten Bereich [-20 .. +20]. Vor der Subtraktion muß allerdings das Random-Ergebnis vom Typ WORD in den Typ INTEGER gewandelt werden, da sonst versucht werden würde, das negative Subtraktionsergebnis als Typ WORD zu speichern. Das könnte zu einer Bereichsunterschreitung während der Laufzeit und damit zum Programmabbruch führen. Turbo Pascal erlaubt eine solche **Typ-Umwandlung**, indem der Name des Zieltyps (hier: INTEGER) als Funktion benutzt wird, die den zu wandelnden Ausdruck als Argument hat.

Will man nicht immer die gleiche Zufallsfolge erhalten, muß der Zufallsgenerator zu Beginn des Hauptprogramms mit der Turbo Pascal-Prozedur **Randomize** initialisiert werden.

Während *KoordinatenClass* mit UNIT **KoordCl0** als abstrakte Objektklasse bereits seine endgültige Form gefunden hat, muß für *PunktClass* in einem späteren Abschnitt noch festgelegt werden, wie mit Hilfe von Befehlen des graphischen Pakets tatsächlich ein Punkt in einer bestimmten Farbe gezeichnet und auch wieder gelöscht werden kann. Die Methoden **Zeichne** und **Loesche** sind im Augenblick noch Dummy-Methoden, mit denen sich aber die grundsätzliche Vorgehensweise gut erproben läßt. Gleiches gilt für *KreisClass* in der folgenden UNIT **KreisCl0**. Sie verwendet die Objektklasse *KreisClass* zur Beschreibung von Lage, Form und Farbe eines Kreises.

```
UNIT KreisCl0;

INTERFACE
(***********************************************************)
USES
  PunktCl0;

TYPE
  KreisClass  =  OBJECT (PunktClass)
        CONSTRUCTOR Init ( XAnf, YAnf, RAnf    :    INTEGER
        ; FarbeAnf     : WORD   );
        PROCEDURE PutR (RNeu : INTEGER);
        FUNCTION  GetR : INTEGER;
        PROCEDURE Zeichne;  VIRTUAL;
        PROCEDURE Loesche;  VIRTUAL;
      PRIVATE
        R : INTEGER;
        END;

(***********************************************************)
IMPLEMENTATION
(***********************************************************)
CONSTRUCTOR KreisClass.Init  ( XAnf, YAnf, RAnf: INTEGER
                             ; FarbeAnf        : WORD );
  (* Initalisiert auch die virtuellen Methodentabelle
  von KreisClass *)
  BEGIN
  PunktClass.Init (XAnf, YAnf, FarbeAnf);
  PutR (RAnf);
  END; (* KreisClass.Init *)

PROCEDURE KreisClass.PutR (RNeu : INTEGER);
  BEGIN
  R :=  RNeu;
  END; (* KreisClass.PutR *)

FUNCTION KreisClass.GetR : INTEGER;
  BEGIN
  GetR := R;
  END; (* KreisClass.GetR *)

PROCEDURE KreisClass.Zeichne;
  BEGIN
  Write (' - Kreis - gezeichnet bei ');
  WriteLn ( '(x, y, r) = (', GetX :1, ', ', GetY :1, ', ',
```

```
   GetR :1, ')' );
   END; (* PunktClass.Zeichne *)

PROCEDURE KreisClass.Loesche;
   BEGIN
   Write (' - Kreis - geloescht  mit ');
   WriteLn ( '(x, y, r) = (', GetX :1, ', ', GetY :1, ', ',
   GetR :1, ')' );
   END; (* KreisClass.Loesche *)
(*****************************************************)

BEGIN
END.
```

Die in der UNIT **KreisCl0** definierte *KreisClass* ist Nachkomme von *PunktClass*, erbt also deren Methoden und Datenfelder sowie diejenigen der „Großmutter“ *KoordinatenClass*. Da sich die Vorfahren in anderen UNITs befinden, sind deren private Datenfelder nur über dafür definierte Methoden zugänglich. *KreisClass* führt selbst ein neues privates Datenfeld *R* samt Lese- und Schreibmethoden ein. Die Methoden **Zeichne** und **Loesche** des Vorfahren werden neu definiert, müssen aber VIRTUAL deklariert werden, da sie dies im Vorfahren auch sind. Die neue Methode **Bewege** steht selbstverständlich zur Verfügung.

Das Programm **Graf02** testet die neu formulierten und erweiterten Klassen. Insbesondere werden der Punkt und der Kreis zufällig bewegt.

```
PROGRAM Graf02;

USES
   Crt, PunktCl0, KreisCl0;

VAR
   Punkt  : PunktClass;
   Kreis  : KreisClass;
   Farbe  : WORD;

BEGIN
ClrScr;
Randomize; (* Programm benutzt Zufallsgenerator *)
WriteLn ('PUNKT');   Farbe := 1;
WITH Punkt DO BEGIN
   Init (30, 30, Farbe);
   WriteLn ('Anfangsposition: ');   Zeichne;
   Bewege;
   END; (*WITH*)
```

```
WriteLn;
WriteLn ('KREIS');    Farbe := 2;
WITH Kreis DO BEGIN
   Init (30, 30, 20, Farbe);
   WriteLn ('Anfangsposition: ');    Zeichne;
   Bewege;
   END; (*WITH*)
ReadLn;
END.
```

Bild 6-8 zeigt eine mögliche Ausgabe. Die *Farbe* ist im Augenblick noch ohne Bedeutung. Es wurden willkürlich die Werte 1 bzw. 2 gesetzt, die als nicht negative ganze Zahlen in einem Speicherplatz vom Typ WORD abgelegt werden können.

```
PUNKT
Anfangsposition:
 - Punkt - gezeichnet bei (x, y) = (30, 30)
DeltaX = -16   DeltaY = -11
Neue Position  :
 - Punkt - geloescht  bei (x, y) = (30, 30)
 - Punkt - gezeichnet bei (x, y) = (14, 19)
DeltaX = -14   DeltaY =  18

KREIS
Anfangsposition:
 - Kreis - gezeichnet bei (x, y, r) = (30, 30, 20)
DeltaX =  10   DeltaY =   1
Neue Position  :
 - Kreis - geloescht  mit (x, y, r) = (30, 30, 20)
 - Kreis - gezeichnet bei (x, y, r) = (40, 31, 20)
DeltaX =   8   DeltaY =  -1
Neue Position  :
 - Kreis - geloescht  mit (x, y, r) = (40, 31, 20)
 - Kreis - gezeichnet bei (x, y, r) = (48, 30, 20)
DeltaX =  -1   DeltaY = -15
Neue Position  :
 - Kreis - geloescht  mit (x, y, r) = (48, 30, 20)
 - Kreis - gezeichnet bei (x, y, r) = (47, 15, 20)
DeltaX =  17   DeltaY = -13
```

Bild 6-8 Mögliches Ergebnis einer Ausführung des Programms **Graf02**

6.5 Beispiel für die Verwendung von Befehlen aus der UNIT Graph

Die Methoden der im Programm **Graf02** benutzten Objekte *Punkt* und *Kreis* sollen in diesem Abschnitt so umgeschrieben werden, daß tatsächlich Grafiken am Bildschirm erscheinen. Dazu muß grundsätzlich geklärt werden, wie die graphischen Möglichkeiten des jeweiligen DOS-Rechners von Turbo Pascal aus genutzt werden können. Das ist zum Glück nicht zu kompliziert; es müssen nur einige Konventionen beachtet werden. An dem folgenden einfachen Programm **GrafDemo** werden die wichtigsten Grafik-Prozeduren und -Funktionen vorgestellt.

```
PROGRAM GrafDemo;

USES
  Crt, DOS, Graph;

PROCEDURE Init_Grafik;
  VAR
    GrafikTreiber , GrafikModus, GrafikFehler :  INTEGER;
  BEGIN
  GrafikTreiber :=  Graph.Detect;
  InitGraph (GrafikTreiber, GrafikModus, '\TP\BGI');
  GrafikFehler  :=  GraphResult;
  IF GrafikFehler = Graph.GrOK
    THEN BEGIN
         Graph.SetBkColor (DarkGray);
         (* Hintergrundfarbe *)
         Graph.SetColor   (Green);
         (* Zeichenfarbe     *)
         END
    ELSE BEGIN
         WriteLn ( 'Abbruch wegen Grafikfehler: '
         , GraphErrorMsg (GrafikFehler)  );
         ReadLn;
         HALT; (* Ausfuehrung des Programms wird
         abgebrochen *)
         END
    ; (*IF*)
  END; (* Init_Grafik *)

PROCEDURE Hintergrund_grau;
  BEGIN
  SetBkColor (LightGray);
  END; (* Hintergrund_grau *)
```

```
PROCEDURE Weisse_Punkte;
  VAR
    i : INTEGER;
  BEGIN
  FOR i := 1 TO 120 DO  PutPixel (270+i, 250-i, White);
  END; (* Weisser_Punkte *)

PROCEDURE Duenne_schwarze_Linie;
  BEGIN
  SetColor (DarkGray);
  SetLineStyle (SolidLn, 0, NormWidth);
  MoveTo ( 50,  50);
  LineTo (250, 150);
  END; (* DÅnne_schwarze_Linie *)

PROCEDURE Dicke_gestrichelte_braune_Linie;
  BEGIN
  SetColor (Brown);
  SetLineStyle (DashedLn, 0, ThickWidth);
  MoveTo  ( 250,  150);
  LineRel (-200, +100);
  END; (* Dicke_gestrichelte_braune_Linie *)

PROCEDURE Gepunkteter_blauer_Kreis;
  BEGIN
  SetColor (Blue);
  SetLineStyle (DottedLn, 0, ThickWidth);
  Circle (250, 250, 150);
  END; (* Gepunkteter_blauer_Kreis *)


PROCEDURE Gelber_Kreisbogen;
  BEGIN
  SetColor (Yellow);
  SetLineStyle (SolidLn, 0, NormWidth);
  Arc (150, 350, 270, 450, 100);
  END; (* Gelber_Kreisbogen *)

PROCEDURE Gruenes_Rechteck;
  BEGIN
  SetColor (Green);
  SetLineStyle (SolidLn, 0, NormWidth);
  Rectangle (300, 300, 600, 450);
  END; (*  Gruenes_Rechteck *)
```

```
PROCEDURE Rote_KreuzSchraffur_bis_gruener_Rand;
  BEGIN
  SetFillStyle (xHatchFill, Red);
  FloodFill (400, 400, Green);
  END; (* Rote_KreuzSchraffur_bis_gruener_Rand *)

PROCEDURE Text_im_GrafikFenster;
  BEGIN
  SetColor (DarkGray);
  SetTextStyle (TriplexFont, HorizDir, 6);
  MoveTo (380, 30);   OutText ('Moderne');
  SetColor (LightBlue);
  SetTextStyle (GothicFont, VertDir, 8);
  OutTextXY (400, 80, 'Kunst');
  END; (* Text_im_GrafikFenster *)

BEGIN (* Haupt-Programm *)
ClrScr;  WriteLn ('Ob''s mit der Grafik klappt?');  ReadLn;
Init_Grafik;
Hintergrund_grau;
Weisse_Punkte;
Duenne_schwarze_Linie;
Dicke_gestrichelte_braune_Linie;
Gepunkteter_blauer_Kreis;
Gelber_Kreisbogen;
Gruenes_Rechteck;
Rote_KreuzSchraffur_bis_gruener_Rand;
Text_im_GrafikFenster;
ReadLn;
CloseGraph;
WriteLn ('Funktionierte ja prima!');  ReadLn;
END.
```

Die Grafik-Routinen des Turbo Pascal-Systems sind in der Bibliothek **UNIT Graph** abgelegt und können vom Anwendungsprogramm mit der USES-Anweisung angefordert werden (zu den einzelnen Befehlen siehe Anhang A2). Der Bildschirm des Rechnersystems arbeitet normalerweise alphanumerisch, also im Zeichenmodus. Er wird für Grafikanwendungen auf eine Grafikmodus umgestellt. Je nach benutztem Bildschirm und zugehöriger Grafikkarte muß von Turbo Pascal aus das passende Treiberprogramm angesprochen sein und eine der möglichen Grafikbetriebsarten (Grafikmodus) gesetzt werden. Dazu dient die Prozedur **InitGraph**. Sie ist hier in der Anwenderprozedur **Init_Grafik** versteckt und – der Deutlichkeit halber – mit ihrer Herkunft (UNIT **Graph**) angesprochen.

InitGraph wird über einen VAR-Parameter (hier: *GrafikTreiber*) entweder mit einem bestimmten Grafiktreiber besetzt; dann muß auch der zweite VAR-Parameter (hier: *GrafikModus*) vom Anwender gesetzt werden. Oder aber der Anwender überläßt die Auswahl des Treibers dem System: Er setzt den ersten VAR-Parameter auf die in UNIT Graph definierte Konstante *Detect*. Das System sucht dann nach dem richtigen Grafiktreiber und besetzt mit dessen Kennung (z. B. *VGA*) den Parameter *GrafikTreiber*. Außerdem bestimmt das System den eingestellten Grafikmodus und besetzt mit dessen Kennung (z. B. *VGAHi* = 640*480 Pixel, 16 Farben) den Parameter *GrafikModus*. Als dritter Parameter ist eine Zeichenkette (STRING) mit dem Pfadnamen des Verzeichnisses anzugeben, das die Grafiktreiber (Dateien *.BGI) enthält. Das ist in der Regel das Unterverzeichnis \TP\BGI des aktuellen Laufwerks.

Detect ist eine der vielen in UNIT **Graph** definierten Konstanten für Grafiktreiber, Grafikmodi, Initialisierungsfehler, Farben, Linienstärken, Füllmuster für Flächen und verschiedenes mehr. Sie stehen für ganzzahlige Kodes, sind aber leichter als diese zu merken.

Bei der Initialisierung können Fehler vorkommen, beispielsweise bei der Angabe eines falschen Pfadnamens. Die Funktion **GraphResult** liefert einen Fehlerkode, der bei korrekter Initialisierung den Wert *GrOK* hat. Die Bedeutung der anderen Fehlerfälle kann mit der Funktion **GraphErrorMsg** angezeigt werden. Falls solch ein Fehler auftritt, bricht man die Ausführung des Programms sinnvollerweise kontrolliert mit **HALT** ab.

Ist die Initialisierung fehlerlos verlaufen, kann mit der Ausführung weiterer graphischer Befehle begonnen werden. Dabei gelten für Zeichenfarbe und Hintergrundfarbe bestimmte Voreinstellungen, die man aber – wie hier – überschreiben kann: Noch in **Init_Grafik** werden mit **SetBkColor** der Hintergrund auf dunkelgrau und mit **SetColor** die Zeichenfarbe auf grün gesetzt. Für die Farbangaben wurden Konstante *DarkGray* und *Green* benutzt, die in der UNIT Graph definiert sind.

Im Hauptprogramm werden zuerst **Init_Grafik**, dann die einzelnen Zeichenprozeduren und schließlich **CloseGraph** (aus UNIT **Graph**) aufgerufen. Letztere schaltet das Videosystem in den Textmodus zurück. Die Wirkung der Zeichenprozeduren wird durch ihre Namen weitgehend erklärt.

Nachdem der Hintergrund auf hellgrau umgeschaltet wurde, wird eine Gerade als Folge von Bildpunkten erzeugt. **PutPixel** setzt diese „Pixel" in weißer Farbe, ausgehend von Spalte 270 und Zeile 250. Die Gerade kann auch als Ganzes gezeichnet werden: **MoveTo** setzt die Zeichenmarke (graphischer Cursor) an den Anfangspunkt (50,50), **LineTo** zieht eine Gerade zum angegebenen Endpunkt (250,150). Die Zeichenfarbe kann vorher geändert werden (hellgrau) und der „Geradenstil" mit **SetLineStyle** beeinflußt werden: *SolidLn* veranlaßt eine durchgehende Linie, *NormWidth* steht für normale Stärke. Der zweite Parameter (Datentyp WORD) ist normalerweise bedeutungslos und kann beispielsweise auf 0 gesetzt werden. Wird aber als erster Parameter *UserBitLn* angegeben, wird das Bitmuster des zweiten als Linienmuster interpretiert. Probieren Sie es einmal mit dem Aufruf **SetLineStyle (UserBitLn, 12345, ThickWidth)**. 65535 wäre das Bitmuster der durchgezogenen Linie.

Eine **Dicke_gestrichelte_braune_Linie** zeichnet man mit der gleichnamigen Prozedur. Der Parameter *DashedLn* sorgt für die Strichelung. Die Gerade startet bei (250,150), dem Endpunkt der vorigen Geraden. Mit **LineRel** wird angegeben, wie weit entfernt der Endpunkt in horizontaler (-200) und vertikaler Richtung (100) vom Startpunkt zu liegen hat (relative Position).

Gepunkteter_blauer_Kreis benutzt die Konstante *DottedLn* (für gepunktete Linie) und die Prozedur **Circle**. Diese zeichnet den Kreis mit Mittelpunkt (250,250) und einem Radius von 150 Pixeln. Gelber_Kreisbogen wird wieder durchgezogen (*SolidLn*) gezeichnet. Der Bogen wird mit der Prozedur **Arc** um den Mittelpunkt (150,350) mit Radius 100 Pixel (letzter Parameter) erzeugt. Der dritte und vierte Parameter gibt die Richtungswinkel von Anfangs- und Endpunkt des Bogens an, gemessen in Grad gegenüber der positiven horizontalen Achse (x-Achse). Da nur positive Gradwerte erlaubt sind, muß statt dem Bereich (90°,-90°) der Bereich (270°,450°) angegeben werden.

Ein **Gruenes_Rechteck** benötigt die Prozedur **Rectangle**. Ihre Parameter sind die Koordinaten des oberen linken (300,300) und des unteren rechten Eckpunkts (600,450). Dieses Rechteck wird in der folgenden Prozedur mit schräger („x“) Kreuzschraffur („hatch“) gefüllt („fill“). Das Füllmuster wird in der Prozedur **SetFillStyle** festgelegt, wobei neben *xHatchFill* auch die Farbe *Red* der Schraffur anzugeben ist. Das Muster wird dann mit **FloodFill** gezeichnet. Die Parameter (400,400) sind die Koordinaten irgendeines Punktes im Innern der geschlossenen Figur (hier: Rechteck), die zu schraffieren ist; *Green* ist die Farbe der Grenze, bis zu welcher die Schraffur reichen soll, also die Farbe des Rechtecks.

Die letzte Prozedur **Text_im_GrafikFenster** zeigt, daß einer Grafik auch Text beigegeben werden kann. Beschränkt man sich auf Standardschriftart und -größe, reicht **OutTextXY**; (400,80) wäre die Anfangsposition der Zeichenkette ‘Kunst’. **OutText** schreibt eine Zeichenkette (‘Moderne’) ab der aktuellen Position des graphischen Cursors. Neben der Farbe (mit **SetColor**) können mit **SetTextStyle** der Schrifttyp (*TriplexFont*, *GothicFont*), die Schreibrichtung (*HorizDir*, *VertDir*) und der Vergrößerungsfaktor (6 bzw. 8) gegenüber der Standardschriftgröße gewählt werden.

Mit diesem Repertoire und nur wenigen zusätzliche Routinen aus der graphischen Bibliothek **UNIT Graph** ist es möglich, die Objekte des Programms **Graf02** mit Methoden auszustatten, die Grafiken am Bildschirm sichtbar werden lassen und sie über den Bildschirm bewegen. Der Aufruf der Routinen aus **UNIT Graph** geschieht häufig explizit, d.h. unter Voranstellung der Herkunft **Graph**.

6.6 Bewegen der graphischen Objekte auf dem Bildschirm

Jetzt erscheinen die bisher nur abstrakten Objekte *Punkt* und *Kreis* tatsächlich auf dem Bildschirm und werden bewegt. Dazu sind nur wenige Änderungen an den bisher entwickelten Objektklassen – genauer: an ihren Methoden – notwendig. Die Objektklasse *KoordinatenClass* der **UNIT KoordCl0** bleibt weiterhin abstrakt und wird unverändert übernommen. In der UNIT PunktCl1 werden Routinen aus **UNIT Graph** in die Methoden von *PunktClass* eingebaut.

```
UNIT PunktCl1;

INTERFACE
(**************************************************************)
USES
   KoordCl0;

TYPE
   PunktClass   =  OBJECT (KoordinatenClass)
         CONSTRUCTOR Init (XAnf, YAnf : INTEGER;
         FarbeAnf : WORD);
         PROCEDURE PutFarbe (FarbeNeu : WORD);
         FUNCTION  GetFarbe : WORD;
         PROCEDURE Zeichne;  VIRTUAL;
         PROCEDURE Loesche;  VIRTUAL;
         PROCEDURE Verschiebe (XNeu, YNeu : INTEGER);
         PROCEDURE Bewege;
      PRIVATE
         Farbe :  WORD;
         END;
(**************************************************************)
IMPLEMENTATION
(**************************************************************)
(**** Hilfsfunktionen - weder Methoden noch öffentlich ****)

USES
   Crt, Graph;

CONST
   MaxDelta = 20;

FUNCTION Get_Delta (VAR DeltaX, DeltaY : INTEGER) : BOOLEAN;
   BEGIN
   DeltaX  := INTEGER (Random (2*MaxDelta + 1)) - MaxDelta;
   DeltaY  := INTEGER (Random (2*MaxDelta + 1)) - MaxDelta;
```

```
  Get_Delta :=  TRUE;
  END; (* Get_Delta *)

FUNCTION New_Position (VAR x, y : INTEGER) : BOOLEAN;
  VAR
    DeltaX, DeltaY : INTEGER;
    OK       : BOOLEAN;
  BEGIN
  OK :=  Get_Delta (DeltaX, DeltaY);
  IF OK THEN BEGIN
    x := x + DeltaX;   y := y + DeltaY;
    END; (*IF*)
  New_Position :=  OK   AND (ABS (DeltaX) < MaxDelta)
                        AND (ABS (DeltaY) < MaxDelta);
  END; (* New_Position *)
(*******************************************************)
(*** Methoden ***)

CONSTRUCTOR PunktClass.Init          )
PROCEDURE   PunktClass.PutFarbe      )
FUNCTION    PunktClass.GetFarbe      )
PROCEDURE   PunktClass.Verschiebe    )

PROCEDURE PunktClass.Zeichne;
  BEGIN
  Graph.PutPixel  (GetX, GetY, GetFarbe);
  END; (* PunktClass.Zeichne *)

PROCEDURE PunktClass.Loesche;
  BEGIN
  Graph.PutPixel  (GetX, GetY, Graph.GetBkColor);
  END; (* PunktClass.Loesche *)

PROCEDURE PunktClass.Bewege;
  VAR
    x, y : INTEGER;
  BEGIN
  x := GetX;   y := GetY;
  WHILE New_Position (x, y) DO BEGIN
    Verschiebe (x, y);   Delay (500);
    END; (*WHILE*)
  END; (* PunktClass.Bewege *)
(*******************************************************)

BEGIN
END.
```

Die Objektklasse *PunktClass* in UNIT PunktCl1 erhält gegenüber der UNIT PunktCl0 vor allem die neuen Methoden **Zeichne** und **Loesche**. Da die **UNIT Graph** benutzt wird, steht am Anfang des Implementationsteils die entsprechende USES-Anweisung. **Zeichne** setzt mit der Grafikroutine **PutPixel** den Punkt an die aktuellen Koordinaten des jeweiligen Punkt-Objekts. Die Koordinaten werden mit den Methoden **GetX** und **GetY** beschafft. Gezeichnet wird ein Punkt in seiner *Farbe*, die man über die Methode **GetFarbe** erhält. Die Herkunft der Prozedur ist mit **Graph** qualifiziert. **Loesche** arbeitet ähnlich wie **Zeichne**; allerdings wird der Punkt in der Farbe des Bildschirmhintergrundes und nicht in seiner Farbe gezeichnet. Dadurch wird er unsichtbar. Die Hintergrundfarbe wird durch die Graph-Funktion **GetBkColor** ermittelt. Aus der Methode **Bewege** wurde die Schreibanweisung gestrichen. Neu hinzugekommen ist der Prozedur-Aufruf Delay (500), der die Ausführung des Programms für (ungefähr) 500 ms = 1/2 s anhält, um die Ergebnisse am Bildschirm erkennen zu können. **Delay** ist eine Prozedur aus der **UNIT Crt**, die ebenfalls am Anfang des Implementationsteils eingebunden wird.

Dort steht auch die Deklaration der nun globalen Konstanten *MaxDelta*. Sie wird wie bisher in der Hilfsfunktion **Get_Delta** verwendet. Außerdem wird sie jetzt in der modifizierten Hilfsfunktion **New_Position** als neue Abbruchbedingung benutzt: Die von **Get_Delta** übergebenen Schrittweiten werden dann nicht mehr akzeptiert, wenn eine von ihnen die maximal mögliche von ±20 erreicht hat.

Im nächsten Programm wird gezeigt, wie Routinen aus der UNIT **Graph** in die Methoden von *KreisClass* eingebaut werden können.

```
UNIT KreisCl1;

INTERFACE
(***************************************************************)
USES
  PunktCl1;

TYPE
  KreisClass  =  OBJECT (PunktClass)
          CONSTRUCTOR Init ( XAnf, YAnf, RAnf : INTEGER
                           ; FarbeAnf : WORD          );
          PROCEDURE   PutR (RNeu : INTEGER);
          FUNCTION    GetR : INTEGER;
          PROCEDURE   Zeichne;  VIRTUAL;
          PROCEDURE   Loesche;  VIRTUAL;
        PRIVATE
          R : INTEGER;
          END;
(***************************************************************)
```

```
IMPLEMENTATION
(*********************************************************)
USES
  Graph;

CONSTRUCTOR KreisClass.Init    )
PROCEDURE   KreisClass.PutR    )
FUNCTION    KreisClass.GetR    )

PROCEDURE KreisClass.Zeichne;
  VAR
    ZeichenFarbe : WORD;
  BEGIN
  ZeichenFarbe :=  Graph.GetColor;
  Graph.SetColor (GetFarbe);
  Graph.Circle(GetX, GetY, GetR);
  Graph.SetColor (ZeichenFarbe);
  END; (* PunktClass.Zeichne *)

PROCEDURE KreisClass.Loesche;
  VAR
    ZeichenFarbe : WORD;
  BEGIN
  ZeichenFarbe :=  Graph.GetColor;
  Graph.SetColor (GetBkColor);
  Graph.Circle(GetX, GetY, GetR);
  Graph.SetColor (ZeichenFarbe);
  END; (* KreisClass.Loesche *)
(*********************************************************)

BEGIN
END.
```

Zeichne produziert mit der Graph-Routine **Circle** einen Kreis, dessen Mittelpunkt und Radius von den Methoden **GetX**, **GetY** und **GetR** besorgt wird. Die Standard-Zeichenfarbe wird momentan außer Kraft gesetzt und in der Variablen *Zeichenfarbe* aufgehoben. Die Methode **GetFarbe** besorgt den Farbwert des Objekts und macht ihn zur momentanen Zeichenfarbe. Nach Zeichnen des Kreises wird die ursprüngliche Zeichenfarbe wieder aktiviert. **Loesche** arbeitet fast identisch; allerdings wird die Hintergrundfarbe zur Farbe des Kreises, der an der Stelle des schon vorhandenen gezeichnet wird. Dadurch wird er unsichtbar.

Im nächsten Programm wird die Unit **Graf1** so modifiziert, daß Routinen aus der UNIT **Graph** eingebaut werden.

```
PROGRAM Graf1;

USES
  Crt, Graph, PunktCl1, KreisCl1;

(*******************************************************)
PROCEDURE Init_Grafik

PROCEDURE Warte;
  BEGIN
  REPEAT (* nichts *) UNTIL ORD (ReadKey) = 13; (* RETURN *)
  END; (* Warte *)
(*******************************************************)

VAR
  Punkt  : PunktClass;
  Kreis  : KreisClass;
  Farbe  : WORD;
  x, y, r
  , MaxX, MaxY :  INTEGER;

BEGIN
Randomize;
Init_Grafik;
MaxX:=  Graph.GetMaxX;
MaxY:=  Graph.GetMaxY;
x := MaxX DIV 2;  y := MaxY DIV 2;  Farbe := Graph.White;
WITH Punkt DO BEGIN
  Init (x, y, Farbe);    Zeichne;
  Bewege;
  END; (*WITH*)
Graph.OutTextXY (10, 10, 'fertig mit Punkten <Return>'); Warte;
r := MaxY DIV 10;    Farbe := Graph.LightRed;
WITH Kreis DO BEGIN
  Init (x, y, r, Farbe);    Zeichne;
  Bewege;
  END; (*WITH*)
Graph.OutTextXY (10, 30, 'fertig mit Kreisen <Return>'); Warte;
Graph.CloseGraph;
END.
```

Das modifizierte Programm **Graf1** benutzt die **UNIT Graph** und stellt das Video-System mit der Prozedur **Init_Graph** (wie in Programm **GrafDemo**) für graphische Darstellungen um. **Graf1** besitzt gegenüber **Graf02** zusätzliche Variable *x*, *y* und *r*. Sie können nicht mit den gleichnamigen Datenfeldern aus *PunktClass* verwechselt werden; diese sind nämlich als private Felder von *PunktClass* dem Programm **Grafl** nicht zugänglich. Als Startort für Punkt und Kreis ist der Mittelpunkt des Grafikfensters gewählt: zu seiner Bestimmung werden die Funktionsergebnisse von **GetMaxX** und **GetMaxY** halbiert, die die größtmöglichen Punktkoordinaten für den vorliegenden Grafikmodus liefern.

Nach Abschluß jeder Bewegung wird ein Text in die linke obere Ecke des Bildschirms geschrieben und mit der Programmausführung gewartet, bis der Benutzer mit RETURN antwortet. Dies bewirkt die Prozedur **Warte**, die mit der Funktion **ReadKey** (aus **UNIT Crt**) auf einen Tastendruck wartet und deren Code zurückliefert. Der ASCII-Code der RETURN-Taste hat den dezimalen Wert 13.

Das Programm läßt einen weißen Punkt – ausgehend von der Bildschirmmitte – in zufälligen Schritten über den dunkelgrauen Bildschirm wandern. Ergibt sich dabei einmal die Schrittweite 20 in x- oder y-Richtung, endet die Wanderung und es erscheint in grüner Farbe eine Meldung in der oberen linken Ecke. Nach Drücken der <RETURN>-Taste beginnt ein hellroter Kreis ebenfalls in der Mitte des Schirms seine Reise, die auf die gleiche Weise beendet wird.

Die nicht-öffentliche Funktion **Get_Delta** in der **UNIT PunktCl1** kann so abgeändert werden, daß die Zufallsfunktion ausgeschaltet wird und der Benutzer die Kontrolle über die Reise der graphischen Objekte übernimmt. Im folgenden Programmteil übergibt die Funktion **Get_Delta** in x- oder y-Richtung die Schrittweiten +5 oder -5. Der Wert ist abhängig davon, ob der Benutzer die „Pfeil"-Tasten 'i' bzw. 'm' (für „nach oben" bzw. „nach unten") oder 'j' bzw. 'k' (für „nach links" bzw. „nach rechts") drückt.

```
FUNCTION Get_Delta (VAR DeltaX, DeltaY : INTEGER) : BOOLEAN;
  CONST
    Pix =  5; (* Anzahl Pixels, um die die Figur
                jeweils bewegt werden soll *)
  VAR
    Taste          :  CHAR;
    Pfeil, Return  :  BOOLEAN;
  BEGIN
  DeltaX    :=  0;
  DeltaY    :=  0;
  Get_Delta :=  FALSE;
  REPEAT
    Taste     :=  ReadKey;
    Pfeil     :=  (Taste IN ['i', 'm', 'j', 'k']);
    RETURN    :=  (ORD (Taste) = 13);     (* Ende      *)
    IF Pfeil THEN BEGIN
      Get_Delta :=  TRUE;
      CASE Taste OF
```

```
          'i' :  DeltaY := -Pix; (* nach oben   *)
          'm' :  DeltaY :=  Pix; (* nach unten  *)
          'j' :  DeltaX := -Pix; (* nach links  *)
          'k' :  DeltaX :=  Pix; (* nach rechts *)
          END; (*CASE*)
        END; (*IF*)
      UNTIL Pfeil OR RETURN;
    END; (* Get_Delta *)

FUNCTION New_Position (VAR x, y : INTEGER) : BOOLEAN;
    VAR
      DeltaX, DeltaY : INTEGER;
      OK       : BOOLEAN;
    BEGIN
    OK :=  Get_Delta (DeltaX, DeltaY);
    IF OK THEN BEGIN
      x := x + DeltaX;    y := y + DeltaY;
      END; (*IF*)
    New_Position :=  OK ;
    END; (* New_Position *)
```

Get_Delta speichert den Kode der gedrückten Taste in der Variablen *Taste* und prüft, ob es sich um eine „Pfeil"-Taste oder RETURN handelt. Andernfalls wird ein weiterer Tastendruck abgewartet. Liegt eine Pfeiltaste vor, wird die zugehörige Schrittweite von 0 auf ±5 geändert, und der Funktionswert auf TRUE gesetzt („es wurde neue Schrittweite geliefert"). Wurde <RETURN> gedrückt, bleibt der Funktionswert auf FALSE stehen („keine weiteren Schrittweiten").

Die rufende Funktion **New_Position** wertet **Get_Delta** aus: liegt eine weitere Schrittweite vor, wird sie zur alten Koordinate addiert (eine der Schrittweiten ist immer 0). **New_Position** übenimmt immer den Funktionswert von **Get_Delta**: nur wenn **New_Position** den Wert TRUE hat („es liegt eine neue Position vor"), wird an die neue Position dorthin verschoben (s. Methode **Bewege** in UNIT PunktCl1).

Die so veränderte UNIT ist unter dem Namen **PunktCl2** formuliert. Soll der Kreis auf die gleiche Weise vom Benutzer bewegt werden, kopiert man die **UNIT KreisCl1** am besten in **KreisCl2** und ändert dort die USES-Anweisung in **USES PUNKTCL2.**

Der Test kann mit einer Kopie **Graf2** des Programms **Graf1** durchgeführt werden, in der der Aufruf von **Randomize** gestrichen ist.

6.7 Erweiterung der graphischen Objekte um Rechtecke

In diesem Abschnitt wird die Hierarchie graphischer Objektklassen um die Fähigkeit erweitert, Rechtecke zu zeichnen und zu bewegen. Wie in Bild 6-1 gezeigt, sollen Rechtecke durch Mittelpunkt und Abstände der achsenparallelen Seiten vom Mittelpunkt gekennzeichnet sein. Damit ergibt sich die Definition von *RechteckClass* in der **UNIT RechtCl3**. Sie stammt direkt von *PunktClass* ab und enthält die zusätzlichen privaten Datenfelder *DX* und *DY* samt deren Zugriffsmethoden.

```
UNIT RechtCl3;
INTERFACE
(*************************************************************)
USES
  PunktCl2;

TYPE
  RechteckClass  =  OBJECT (PunktClass)
        CONSTRUCTOR Init ( XAnf, YAnf, DXAnf, DYAnf :
                               INTEGER
                               ; FarbeAnf : WORD          );
        PROCEDURE PutDX (DXNeu : INTEGER);
        PROCEDURE PutDY (DYNeu : INTEGER);
        FUNCTION  GetDX : INTEGER;
        FUNCTION  GetDY : INTEGER;
        PROCEDURE Zeichne;  VIRTUAL;
        PROCEDURE Loesche;  VIRTUAL;
      PRIVATE
        DX, DY : INTEGER;
        END;
(*************************************************************)
IMPLEMENTATION
(*************************************************************)
USES
  Graph;

CONSTRUCTOR RechteckClass.Init (XAnf, YAnf, DXAnf, DYAnf : INTEGER
                               ; FarbeAnf : WORD        );
  (* Initalisiert auch die virtuellen Methodentabelle
  von RechteckClass *)
  BEGIN
  PunktClass.Init (XAnf, YAnf, FarbeAnf);
  PutDX (DXAnf);
  PutDY (DYAnf);
  END; (* RechteckClass.Init *)
```

```
PROCEDURE RechteckClass.PutDX (DXNeu : INTEGER);
  BEGIN
  DX :=  DXNeu;
  END; (* RechteckClass.PutDX *)

PROCEDURE RechteckClass.PutDY (DYNeu : INTEGER);
  BEGIN
  DY :=  DYNeu;
  END; (* RechteckClass.PutDY *)

FUNCTION RechteckClass.GetDX : INTEGER;
  BEGIN
  GetDX := DX;
  END; (* RechteckClass.GetDX *)

FUNCTION RechteckClass.GetDY : INTEGER;
  BEGIN
  GetDY := DY;
  END; (* RechteckClass.GetDY *)

PROCEDURE RechteckClass.Zeichne;
  VAR
    ZeichenFarbe : WORD;
  BEGIN
  ZeichenFarbe :=  Graph.GetColor;
  Graph.SetColor (GetFarbe);
  Graph.Rectangle (GetX-GetDX, GetY-GetDY, GetX+GetDX,
  GetY+GetDY);
  Graph.SetColor (ZeichenFarbe);
  END; (* PunktClass.Zeichne *)

PROCEDURE RechteckClass.Loesche;
  VAR
    ZeichenFarbe : WORD;
  BEGIN
  ZeichenFarbe :=  Graph.GetColor;
  Graph.SetColor  (GetBkColor);
  Graph.Rectangle (GetX-GetDX, GetY-GetDY, GetX+GetDX,
  GetY+GetDY);
  Graph.SetColor  (ZeichenFarbe);
  END; (* RechteckClass.Loesche *)
(*************************************************************)

BEGIN
END.
```

Die virtuellen Prozeduren **Zeichne** und **Loesche** können fast wörtlich aus *Kreis-Class* übernommen werden; statt **Circle** wird hier aber **Rectangle** mit den entsprechenden Parametern aufgerufen.

Ein mögliches Testprogramm ist Graf3, das aus seinen Vorgängern durch wenige Änderungen erstellt werden kann. Es bewegt gelbe Rechtecke über den Bildschirm.

```
PROGRAM Graf3;

USES
   Crt, Graph, RechtCl3;

PROCEDURE Init_Grafik    )
PROCEDURE Warte          )
VAR
   Rechteck      : RechteckClass;
   Farbe         : WORD;
   x, y, dx, dy
   , MaxX, MaxY: INTEGER;
BEGIN
Init_Grafik;
MaxX:=  Graph.GetMaxX;
MaxY:=  Graph.GetMaxY;
x  :=  MaxX DIV 2;    y  :=  MaxY DIV 2;
dx :=  MaxY DIV 6;    dy :=  MaxY DIV 10;
Farbe :=  Yellow;
WITH Rechteck DO BEGIN
   Init (x, y, dx, dy, Farbe);    Zeichne;
   Bewege;
   END; (*WITH*)
OutTextXY (10, 10, 'fertig mit Rechtecken <Return>');  Warte;
CloseGraph;
END.
```

Dieser Abschnitt hat gezeigt, wie mit Hilfe des OOP-Ansatzes ein erweiterungsfähiges Grafiksystem angelegt werden kann. Als Erweiterung wäre denkbar, eine Objektklasse *BogenClass* als Nachkomme von *KreisClass* zu definieren (als Übungsaufgabe). *RechteckClass* könnte als Nachkomme eine Klasse *FensterClass* für benutzerdefinierte graphische Ausgabefenster haben. Zu überlegen ist jeweils, welche Methoden virtuell deklariert werden sollen. Ein Nachkomme von *Punkt-Class* erbt zwar die Methode **Bewegen**, könnte aber die Funktionen **New_Position** und **Get_Delta** nicht neu definieren. Dazu müßten beide Funktionen als Methoden, und zwar virtuell, deklariert werden (warum?). Es ist also für die Erweiterbarkeit von Vorteil, wenn möglichst viele Methoden virtuell sind und dabei möglichst wenig Hilfsroutinen benutzt werden, die keine Methoden sind.

7 Grafik

Turbo Pascal besitzt ein sehr leistungsfähiges Grafikpaket, das Ihnen u. a. folgende Möglichkeiten bietet:

- Zeichnen beliebiger Figuren (Linie, Kreis, Ellipse, Rechteck, Polygonzüge) mit verschiedenen Linienformen;
- Ausfüllen geschlossener Figuren mit bereits vorhandenen oder von Ihnen definierten Füllmustern;
- Textausgaben in fünf verschiedenen Fonts oder zusätzlichen externen Fonts in beliebiger Größe und Orientierung;
- Erstellung und Bearbeitung bitorientierter Grafiken.

Die entsprechenden Grafikbefehle sind im Anhang A 2.4 zusammengestellt. Die wichtigsten Befehle lernen Sie im Beispielsprogramm WURF.PAS (Abschn. 7.2) kennen. Ein weiteres Grafikprogramm zum Zeichnen Lissajousscher Figuren ist in Abschnitt 8.3.3 und auf der Begleitdiskette (LISSA.PAS) zu finden.

7.1 Unit Graph

Das komplette Grafikpaket mit nahezu 80 Routinen ist in der *Unit Graph* enthalten, die in der Datei *GRAPH.TPU* untergebracht ist. Die Borland-Grafiktreiber sind in Dateien mit der Endung *.BGI*, die Vektorzeichensätze in *.CHR* enthalten. Um einen Eindruck von den Möglichkeiten zu erhalten, die Graph bietet, sollten Sie unbedingt das Programm *BGIDEMO.PAS* aufrufen.

7.1.1 Initialisierung

Die Prozedur *InitGraph* (GraphDriver, GraphMode, PathToDriver) initialisiert das Grafikpaket. Tabelle 7-1 zeigt die gängigen Grafikadapter und die zur Verfügung stehenden Treiber mit ihren verschiedenen Modi.

Wird der Variablen *GraphDriver* der Wert *0* bzw. *Detect* zugeordnet, dann wird der Grafiktreiber von InitGraph automatisch gesetzt. Wenn das Programm *BGIDEMO.PAS* gestartet wird, erfolgt als erste Ausgabe ein Status-Report, bei dem u.a. der gesetzte Treiber und der Modus aufgeführt werden.

Tabelle 7-1 Treiberprogramme in der Unit *Graph*

Treiber-nummer	Graphik-adapter	BGI-Datei	Modi	Pixel x × y	Farben
1	CGA	CGB.BGI	0 ... 3	320 × 200	4
			4	640 × 200	2
2	MCGA	CGA.BGI	0 ... 3	320 × 200	4
			4	640 × 200	2
			5	640 × 480	2
3	EGA	EGAVGA.BGI	0	640 × 200	16
			1	640 × 350	16
4	EGA64	EGAVGA.BGI	0	640 × 200	16
			1	640 × 350	4
5	EGAMono	EGAVGA.BGI	3	360 × 350	2
6	IBM8514	IBM8514.BGI	0	640 × 480	256
			1	1024 × 768	16
7	Hercules	HERC.BGI	0	720 × 348	2
8	AT&T400	dATT.BGI	0 ... 3	320 × 200	4
			4	640 × 200	2
			5	640 × 400	2
9	VGA	EGAVGA.BGI	0	640 × 200	16
			1	640 × 350	16
			2	640 × 480	16
10	PC3270	PC3270.BGI	0	720 × 350	2

Der Pfad zu den .BGI-Dateien wird als String eingegeben (z.B.'C:\TP\BGI', wenn die .BGI-Dateien im Verzeichnis C:\TP\BGI sind). Befinden sich die .BGI-Dateien im aktuellen Verzeichnis, genügt ein Leerstring: ''.

7.1.2 Grafik-Cursor

Während im *TextMode* der Bildschirm mit 25 Zeilen und 40 bzw. 80 Spalten relativ grob strukturiert ist, läßt der Grafikadapter eine feinere Auflösung zu (Tabelle 7-1). So wird beispielsweise mit einer VGA-Karte der Bildschirm in 640*480 Pixel unterteilt. Auch im Grafikmodus befindet sich der Nullpunkt der Bildschirmkoordinaten in der linken oberen Ecke des Bildschirms. Die x-Koordinate geht nach rechts, die y-Koordinate nach unten.

Der Grafik-Cursor wird mit den Befehlen *MoveTo, MoveRel, LineTo, LineRel* und *OutText* bewegt. Beispielsweise befindet er sich nach dem Befehl *LineTo*(200,300) an der Stelle (200,300).

Wird mit *SetViewPort* ein Zeichenfenster gesetzt, dann werden alle Koordinaten relativ zur linken oberen Ecke des Fensters gerechnet. Falls mit *Clipping* eine zu lange Linie abgeschnitten wird, steht der Grafik-Cursor trotzdem auf dem (unsichtbaren) Endpunkt der Linie.

7.1.3 Textausgabe

Im Grafikmodus können Texte in fünf verschiedenen Fonts ausgegeben werden (Tabelle 7-2).

Tabelle 7-2 Konstanten für Zeichensatz und -richtung (Prozedur *SetTextStyle*)

Name	Wert	Bedeutung
DefaultFont	0	Standard-Zeichensatz
TriplexFont	1	Vektor-Zeichensätze
SmallFont	2	
SansSerifFont	3	
GothicFont	4	
HorizDir	0	von links nach rechts
VertDir	1	von unten nach oben
CharSize	1 ... 10	Zeichengröße
UserCharSize	0	benutzerdefinierte Größe

Syntax:
SetTextStyle(Font, Richtung, Größe: word);

Beispiel:
SetTextStyle(1,0,3);

Bei Verwendung der Vektorzeichensätze werden bei allen einstellbaren Größen (von 1 bis 10) Zeichen von guter Qualität erzeugt. Die Prozedur *SetUserCharSize* erlaubt eine Vergrößerung bzw. Verkleinerung der Zeichen in x- und y-Richtung mit voneinander unabhängigen Faktoren. Die Ausrichtung der Textausgabe relativ zur Stellung des Grafik-Cursors geschieht mit der Prozedur *SetTextJustify* (Tabelle 7-3). Die Ausgabe von Textstrings erfolgt mit den Befehlen *OutText* ('') oder *OutTextXY* (X,Y,'').

Tabelle 7-3 Konstanten für die Textausrichtung
(Prozedur *SetTextJustify*, GC: Grafik-Cursor)

Name	Wert	Bedeutung
LeftText	0	linksbündig
CenterText	1	zentriert
RightText	2	rechtsbündig
BottomText	0	oberhalb GC
CenterText	1	zentriert
TopText	2	unterhalb GC

Syntax:
SetTextJustify(horizontal, vertikal: word);
Beispiel:
SetTextJustify(1,0);
Standard:
SetTextJustify(0,2);

Die Vektorzeichensätze erlauben auch den Ausdruck von Sonderzeichen (s. BGIDEMO.PAS), so beispielsweise einige griechische Buchstaben (ASCII #224 bis #238). Werden Zeichen benötigt, die nicht zur Verfügung stehen, so können diese als Vektorzeichen mit den Prozeduren *LineTo* bzw. *LineRel* selbst erzeugt werden. Die in Bild 7-1 gezeigten Zeichen wurden beispielsweise aus ca. 50 Linien zusammengesetzt.

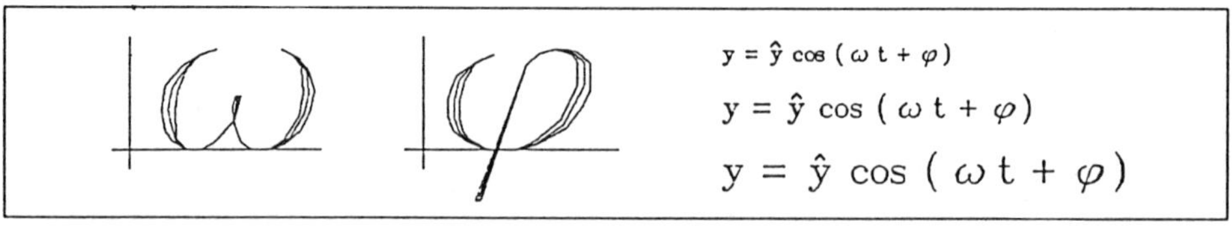

$y = \hat{y} \cos (\omega t + \varphi)$

$y = \hat{y} \cos (\omega t + \varphi)$

$y = \hat{y} \cos (\omega t + \varphi)$

Bild 7-1 Beispiele für verwendete Vektorzeichen und deren Verwendung in einem Text

Bei Verwendung in einem Programm (z. B. LISSA.PAS in Abschn. 8.3.3 und auf der Begleitdiskette) läßt sich das selbst erzeugte Zeichen durch einen Multiplikationsfaktor der aktuellen Zeichengröße des verwendeten Borland-Zeichensatzes anpassen. Die Zeichengröße des momentanen Zeichensatzes wird von den Funktionen *TextHeight* bzw. *TextWidth* ermittelt.

7.1.4 Zeichenstil

Linien und zusammenhängende Figuren lassen sich in verschiedenen Stilen zeichnen (Tabelle 7-4). Wird bei der Prozedur *SetLineStyle* (LineStyle, Pattern, Thickness) *LineStyle* der Wert 4 zugewiesen, dann kann über *Pattern* ein benutzerdefiniertes Muster eingegeben werden.

Tabelle 7-4 Konstanten für Linienarten und -dicken (Prozedur *SetLineStyle*)

Name	Wert	Linienform
SolidLn	0	durchgezogen
DottedLn	1	gepunktet
CenterLn	2	strichpunktiert
DashedLn	3	gestrichelt
UserBitLn	4	benutzerdefiniert
NormWidth	1	normale Linien
ThickWidth	3	breite Linien

Syntax:
SetLineStyle(Stil, Muster, Dicke: word);

Beispiel:
SetLineStyle(0,0,3);

Mit den Pozeduren *SetFillStyle*, *SetFloodPattern*, *FillPoly* und *FloodFill* können geschlossene Flächen mit vorgegebenen oder benutzerdefinierten Mustern gefüllt werden (Tabelle 7-5).

Tabelle 7-5 Konstanten für die Füllmuster (Prozedur *SetFillStyle*)

Name	Wert	Bedeutung
EmptyFill	0	füllen mit Hintergrundfarbe
SolidFill	1	füllen mit Vordergrundfarbe
LineFill	2	horizontale Linien
LtSlashFill	3	//// normal
SlashFill	4	//// dick
BkSlashFill	5	\\\\ dick
LtBkSlashFill	6	\\\\ normal
HatchFill	7	## überkreuz schraffiert
XHatchFill	8	xxxx überkreuz schraffiert
InterLeaveFill	9	eng überkreuz schraffiert
WideDotFill	10	weit stehende Punkte
CloseDotFill	11	dicht stehende Punkte
UserFill	12	benutzerdefiniert

Syntax:
SetFillStyle(Muster, Farbe: word);

Beispiel:
SetFillStyle(1,9);

Zeichnungen und Textausgaben erfolgen in der durch *SetColor* gewählten Farbe (Tabelle 7-6).

Tabelle 7-6 Farbkonstanten (Prozedur *SetColor*)

Name	Wert
Black	0
Blue	1
Green	2
Cyan	3
Red	4
Magenta	5
Brown	6
LightGray	7
DarkGray	8
LightBlue	9
LightGreen	10
LightCyan	11
LightRed	12
LightMagenta	13
Yellow	14
White	15

Syntax.
SetColor(Farbindex: word);

Beispiel:
SetColor(9)
oder
SetColor(LightBlue);

Je nach Grafikadapter lassen sich verschieden viele Farben darstellen. Beispielsweise erlaubt die EGA- bzw. die VGA-Karte die Darstellung von 64 Farben, wobei allerdings immer nur 16 aktuell in einer Palette zur Verfügung stehen. Paletteneinträge können geändert werden mit *SetPalette* bzw. *SetAllPalette*.

7.2 Programmbeispiel (WURF.PAS)

Eine typisch ingenieurmäßige Anwendung der Grafik ist die Darstellung gemessener bzw. berechneter Zahlenwerte in einem Diagramm. Als Beispiel dient das Programm WURF.PAS, das Wurfparabeln in Abhängigkeit der Parameter Anfangsgeschwindigkeit und Abwurfwinkel darstellt (Bild 7-2).

```
USES
  Crt,Graph;

VAR
  g, xp, wmp, wp, hp    : INTEGER;
          a, h, v, w: REAL;
      as, hs, vs, ws    : STRING;
                  yp: ARRAY [50..639] OF INTEGER;

PROCEDURE Eingabe;
  BEGIN
  TextMode(1);
  TextColor(10);
  GotoXY(1,10);
  WriteLn('       Programm zur Berechnung');
  WriteLn;
  WriteLn('            und Zeichnung');
  WriteLn;
  WriteLn('         des schiefen Wurfs');
  WriteLn;
  WriteLn;
  WriteLn;
  WriteLn('(Startgeschwindigkeit < 31 m/s)');
  WriteLn;
  Write('Startgeschwindigkeit in m/s: ');
  ReadLn(v);
  Str(v:5:2,vs);
  WriteLn;
  Write('Abwurfwinkel in Grad:        ');
  ReadLn(a);
  Str(a:5:2,as);
```

```
  TextMode(3);
  END; (* Eingabe *)

PROCEDURE Achsen;
  VAR
    treiber, modus, fehler : INTEGER;
  BEGIN
  DirectVideo := FALSE;
  treiber     := DETECT;
  INITGRAPH(treiber,modus,'c:\TP\BGI')                      (* A *)
  fehler := GRAPHRESULT;
  IF fehler <> grOK THEN BEGIN
    Writeln;
    Writeln('Grafik-Fehler: ',GraphErrorMsg(Fehler));
    Writeln('Programm wird abgebrochen');
    Delay(3000);
    Halt(1);
    END; (* IF fehler <> grOK *)
  g := GetMaxY + 1;
  MoveTo(50,ROUND(0.01*g));                                 (* B *)
  LineRel(3,10);
  LineRel(-6,0);
  LineRel(3,-10);
  LineTo(50,ROUND(0.9*g));
  LineTo(600,ROUND(0.9*g));
  LineRel(-15,2);
  LineRel(0,-4);
  LineRel(15,2);
  END; (* Achsen *)

PROCEDURE Skalen;
  VAR
    i, z : INTEGER;
    zs   : STRING;
  BEGIN
  FOR i := 0 TO 10 DO                                       (* C *)
    Line (50 + 50*i, ROUND(0.9*g),50 + 50*i,
ROUND(0.914*g));
  FOR i := 0 TO 10 DO
    Line (43,ROUND((0.9 - I*0.08)*g),50,ROUND((0.9 -
    I*0.08)*g));
  FOR i := 0 TO 5 DO BEGIN
    z := 20 * i;
    Str(z,zs);                                              (* D *)
    SetTextStyle(3,0,1);
    SetTextJustify(1,0);
```

```
    OutTextXY(52 + i*100, ROUND(0.98*g),zs);
    OutTextXY(610,ROUND(0.98*g),'x/m');
    END; (* FOR i-Schleife *)
  FOR i := 0 TO 5 DO BEGIN
    z := 10 * i;
    Str(z,zs);
    SetTextJustify(2,0);
    OutTextXY(40, ROUND((0.92 - 0.16*i)*g),zs);
    OutTextXY(42,ROUND(0.03*g),'y/m');
    END; (* FOR i-Schleife *)
  END; (* Skalen *)

PROCEDURE Rechnen;
  VAR
    b, c, t, wm, x, y : REAL;
  BEGIN
  b := a * PI / 180;
  w := SQR(v) * SIN(2*b) / 9.81;                              (* E *)
  Str(w:5:2,ws);
  wp := ROUND(5 * w + 50);
  IF wp > 639 THEN BEGIN
    SetViewPort(150,50,490,200,TRUE);
    ClearViewPort;
    SetTextJustify(1,1);
    SetTextStyle(1,0,4);
    SetColor(Red);
    Rectangle(0,0,340,150);
    OutTextXY(170,55,'Abbruch');
    OutTextXY(170,95,'v zu groá!');
    Delay(3000);
    Halt(1);
    END; (* IF wp *)
  wm := w / 2;
  wmp := ROUND(5 * wm + 50);
  h := SQR(v * SIN(b)) / (2*9.81);                            (* F *)
  Str(h:5:2,hs);
  hp := ROUND(g * (0.9 - 0.016 * h));
  c := 9.81 / 2 / SQR(v * COS(b));
  t := SIN(b) / COS(b);
  FOR xp := 50 TO wp DO BEGIN                                 (* G *)
    x := (xp - 50) / 5;
    y := x * t - c * SQR(x);
    yp[xp] := ROUND(g * (0.9 - 0.016 * y));
    END; (* FOR xp-Schleife *)
  END; (* Rechnen *)
```

```
PROCEDURE Zeichnen;
  VAR
    f        : INTEGER;
    Antwort : CHAR;
    wieder   : BOOLEAN;
  BEGIN
  wieder := TRUE;
  f := 9;
  SetColor(f);
  REPEAT
    SetTextJustify(2,0);
    OutTextXY(465,ROUND(0.06 *    g),'v :');                    (* H *)
    OutTextXY(535,ROUND(0.06 *    g),vs);
    OutTextXY(450,ROUND(0.12 *    g),(#224));
    OutTextXY(465,ROUND(0.12 *    g),':');
    OutTextXY(535,ROUND(0.12 *    g),as);
    OutTextXY(465,ROUND(0.18 *    g),'w :');
    OutTextXY(535,ROUND(0.18 *    g),ws);
    OutTextXY(465,ROUND(0.24 *    g),'h :');
    OutTextXY(535,ROUND(0.24 *    g),hs);
    SetTextJustify(0,0);
    OutTextXY(545,ROUND(0.06 *    g),'m/s');
    Circle(550,ROUND(0.085 * g),4);
    OutTextXY(545,ROUND(0.18 *    g),'m');
    OutTextXY(545,ROUND(0.24 *    g),'m');
    FOR xp := 50 TO wp - 1 DO     (* I *)
      Line (xp,yp[xp],xp + 1,yp[xp+1]);

    (*FOR xp := 50 TO wp DO
      PutPixel(xp,yp[xp],f);*)

    (*SetLineStyle(0,0,3);
      FOR xp := 50 TO wp - 1 DO
      Line (xp,yp[xp],xp + 1,yp[xp+1]);*)

    Circle(wmp,hp,3);(* J *)
    OutTextXY(440,ROUND(0.33 * g),'weiter? (j/n)');        (* K *)
    Antwort := READKEY;
    IF Antwort = 'j'
      THEN
        BEGIN
        f := f + 1;
        IF f = 16 THEN f := 1;
        SetColor(f);
        OutTextXY(440,ROUND(0.42 * g),'v : ');
        GotoXY(61,13);
```

```
          ReadLn(v);
          Str(v:5:2,vs);
          OutTextXY(440,ROUND(0.49 * g),(#224));
          OutTextXY(460,ROUND(0.49 * g),':');
          GotoXY(61,15);
          ReadLn(a);
          Str(a:5:2,as);
          SetFillStyle(1,0);                           (* L *)
          Bar(430,5,600,Round(0.55 * g));
          Rechnen;
          END (* IF-THEN *)
        ELSE
          Wieder := FALSE;
      UNTIL Wieder = FALSE;
    CloseGraph;
    END; (* Zeichnen *)

BEGIN
Eingabe;
Achsen;
```

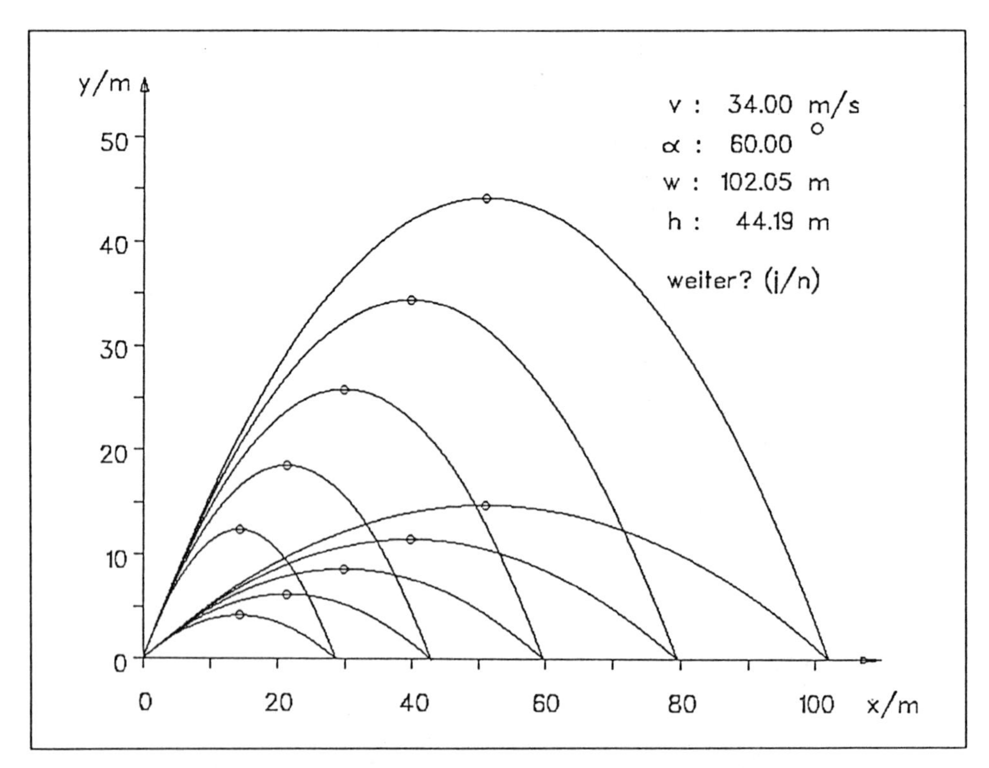

Bild 7-2 Wurfparabeln bei verschiedenen Startgeschwindigkeiten (v = 18 m/s, 22 m/s, 26 m/s, 30 m/s, 34 m/s und Abwurfwinkeln von 30° und 60°)

```
Skalen;
Rechnen;
Zeichnen;
END.
```

Um das Programm nicht unnötig aufwendig zu machen, wurde es für einen Grafikadapter mit einer Auflösung von 640 Pixeln in der Horizontalen geschrieben. Die Auflösung in der Vertikalen ist beliebig. Die verschiedenen Prozeduren sind mit dem Kommentarzeichen (* BUCHSTABE *) gekennzeichnet und werden im folgenden erläutert:

PROCEDURE Achsen

(* A *) Im vorliegenden Programm wird in InitGraph der Pfad zum Grafiktreiber mit 'C:\TP\BGI' angegeben. Falls es zu einer Fehlermeldung kommt, muß der entsprechende Pfad des Anwenders eingegeben werden.

(* B *) Beim Zeichnen der Achsen werden alle y-Koordinaten relativ zur größten Pixelzahl (g := GetMaxY + 1) berechnet. Damit erhält das Bild bei Verwendung der EGA- oder VGA-Karte dasselbe Aussehen.

Zur optimalen Bildschirmausnutzung wird der Nullpunkt des zu zeichnenden Koordinatensystems auf die Pixelposition (50/0,9g) gesetzt. Die x-Achse erstreckt sich bis (600/0,9g), die y-Achse bis (50/0,01g).

PROCEDURE Skalen

(* C *) Es sollen Wurfweiten bis w = 100 m und Wurfhöhen bis h = 50 m dargestellt werden. Die 100 m-Marke soll auf der Pixelkoordinate xp = 550 liegen. Die Strecke von 100 m wird also auf 500 Pixel verteilt. Der Abstand zwischen den zehn Teilstrichen der x-Achse beträgt also jeweils 50 Pixel. Analog dazu wird auf der y-Achse die 50 m-Marke auf die Position yp = 0,1 g gesetzt. Damit ist der Abstand zwischen zwei benachbarten Teilstrichen 0,08g.

(* D *) Die Textausgabe mit *OutText* oder *OutTextXY* erfolgt in Form eines Textstrings. Dazu muß eine berechnete Zahl zuerst in einen String umgewandelt werden.

PROCEDURE Rechnen

(* E *) Nach Berechnung der Wurfweite w wird die zugehörige Pixelkoordinate wp berechnet. Falls die größtmögliche Zahl 639 überschritten wird, erfolgt ein Abbruch des Programms. Die physikalischen Koordinaten x (in m) und die Pixelkoordinaten xp sind durch folgende Gleichungen verknüpft, die sich aus der Festlegung des Koordinatennullpunkts bei xp = 50 und der 100 m-Marke bei xp = 550 ergeben:

$xp = 5x + 50$ (1)

$x = (xp - 50)/5.$ (2)

Entsprechend gilt für Umrechnungen in der y-Richtung:

$yp = g(0,9 - 0,016\,y)$ (3)

$y = 56,25 - 62,5(yp/g).$ (4)

Sämtliche Zeichenoperationen verlangen ganzzahlige Pixelzuweisungen. Deshalb müssen REAL-Zahlen mit *Round* in INTEGER-Zahlen umgewandelt werden.

(* F *) h ist die Steighöhe und hp die zugehörige Bildschirmkoordinate.

(* G *) Jeder Pixelwert xp wird nach Gleichung (2) in einen x-Wert umgerechnet, dem über die Gleichung der Wurfparabel ein y-Wert zugeordnet ist. Die nach Gleichung (3) berechneten Pixelwerte yp werden in einem ARRAY abgelegt.

So würde man beispielsweise auch gemessene physikalische Größen zunächst in ein ARRAY einlesen und anschließend mit einer Zeichnungsprozedur darstellen.

PROCEDURE Zeichnen

(* H *) Die Anfangsparameter sowie Wurfweite w und Steighöhe h werden in der rechten oberen Bildschirmecke in der aktuellen Farbe ausgegeben.

(* I *) Die im ARRAY yp abgelegten Werte werden mit der Line-Prozedur ausgegeben. In geschweiften Klammern sind noch zwei weitere Ausgabemodi zum Ausprobieren angegeben.

(* J *) Der Scheitel der Parabel wird markiert.

(* K *) Nach einem Farbwechsel erfolgt die Eingabe neuer Startparameter, um weitere Parabeln zu zeichnen. Falls die Eingabe neuer Zahlenwerte nicht in der richtigen Höhe erscheint, sollte entweder GOTOXY geändert werden oder der Multiplikator von g in der Anweisung OutTextXY.

(* L *) Der gesamte Textblock wird gelöscht durch Zeichnen eines mit der Hintergrundfarbe (schwarz) ausgefüllten Balkens.

8 Anwendungsprogramme

Nachdem alle Daten- und Programmstrukturen bekannt und besprochen sind, sollen in diesem Abschnitt noch einige Programme aus naturwissenschaftlichen und technischen Bereichen die Anwendung des Besprochenen vertiefen. Die in diesem Kapitel vorgestellten Programme sind auch Beispiele für die verschiedenen Möglichkeiten der Bildschirmgestaltung, der Datenverwaltung und der Absicherung der Programme gegen unerlaubte Eingaben. Diese Beispielprogramme stammen aus der Chemie, der Mathematik, der Physik und der Statistik. Sie sind alle in der Praxis voll einsatzfähig.

8.1 Chemie

Aus der Chemie stammen die folgenden beiden Anwendungen:

- Radioaktiver Zerfall (RADIOZER.PAS)

- Titrationsauswertung (TITRATIO.PAS).

8.1.1 Radioaktiver Zerfall (RADIOZER.PAS)

Das erste Programm behandelt den radioaktiven Zerfall chemischer Elemente. Nach dem Start des Programms werden wie üblich zunächst die zum reibungslosen Ablauf nötigen Informationen auf dem Bildschirm ausgegeben. Bei der Ausführung dieses Programms wird die Anzahl der nach jedem Tag noch nicht zerfallenen Atomkerne ausgegeben. Es empfiehlt sich daher, keine Elemente mit langen Zerfallszeiten einzugeben, da sonst eine wahre Zahlenflut in Form der Ausgabetabelle vorbeirauscht.

Ansonsten handelt es sich hierbei um ein Standardprogramm ohne größere Raffinessen.

Bild 8-1 zeigt die Möglichkeiten des Programms und Bild 8-2 die Zerfallsreihe für I_{131} (Halbwertszeit von 8 Tagen) für die ersten 11 Tage.

```
Dieses Programm behandelt den radioaktiven Zerfall bestimmter Elemente

Bitte geben Sie nacheinander folgende Werte ein :

  1. Anzahl der Kerne
  2. (wenn bekannt) Zerfallskonstante (zum Beispiel 0.0002)
     (wenn Zerfallskonstante unbekannt) Halbwertszeit

Die genannten Werte können für max.20 Elemente eingegeben werden.

Das Programm berechnet die Anzahl der Kerne, die nach einer vom Benutzer
festzulegenden Anzahl von Tagen noch nicht zerfallen sind.

Fortsetzen des Programmablaufs mit < RETURN >
```

Bild 8-1 Programm Radioaktiver Zerfall

```
System Nr. 1

Anfangszahl der Kerne : 100000.00

Zerfallskonstante : 0.0866433976

         Tage    |    Anzahl vorhandener Kerne
-----------------+---------------------------
            1    |    91700.40
            2    |    84089.64
            3    |    77110.54
            4    |    70710.68
            5    |    64841.98
            6    |    59460.36
            7    |    54525.39
            8    |    50000.00
            9    |    45850.20
           10    |    42044.82
           11    |    38555.27

Ergebnis notiert ? Weiter mit beliebiger Taste
```

Bild 8-2 Zerfallsreihe für I_{131}

Programm RADIOZER.PAS

```
USES
  Crt;


VAR
  Anzahl, Ende : INTEGER;
          a :  ARRAY[1..20] OF REAL;  (*Anfangszahl der
               Kerne*)
          k :  RRAY[1..20] OF REAL;  (*Zerfallskonstante/
               Halbwertszeit*)
          z :  ARRAY[1..20,1..146] OF REAL; (*Anzahl
               vorhandener Kerne*)


PROCEDURE Startbild;
  BEGIN
  ClrScr;
  WriteLn;
  WriteLn;
  WriteLn (' Dieses Programm behandelt den radioaktiven
             Zerfall bestimmter Elemente');
  WriteLn;
  WriteLn;
  WriteLn (' Bitte geben Sie nacheinander folgende Werte ein :');
  WriteLn;
  WriteLn ('   1.  Anzahl der Kerne');
  WriteLn ('   2.  (wenn bekannt) Zerfallskonstante
                   (zum Beispiel 0.0002)');
  WriteLn ('       (wenn Zerfallskonstante unbekannt)
                   Halbwertszeit');
  WriteLn;
  WriteLn (' Die genannten Werte können für max.20 Elemente
             eingegeben werden.');
  WriteLn;
  WriteLn (' Das Programm berechnet die Anzahl der Kerne,
  die nach einer vom Benutzer');
  WriteLn (' festzulegenden Anzahl von Tagen noch nicht
             zerfallen sind.');
  WriteLn;
  WriteLn;
  Write (' Fortsetzen des Programmablaufs mit < RETURN > ');
  ReadLn;
  END; (* PROCEDURE Startbild *)
```

```
PROCEDURE Eingabe;
  VAR
    i : INTEGER;
    x : REAL;
    Abfrage : CHAR;
  BEGIN
  ClrScr;
  WriteLn;
  WriteLn;
  Write (' Bitte geben Sie die Zerfallsdauer in Tagen ein : ');
  ReadLn (Ende);
  WriteLn;
  WriteLn (' Die folgende Eingabeschleife kann durch "999"
  abgebrochen werden !');

  i := 1;
  WriteLn;
  WriteLn;
  Write (' Bitte geben Sie die Anfangszahl der Kerne des
          ',i,'. Systems ein : ');
  ReadLn (x);
  WHILE (x<>999) AND (i<=20) DO
    BEGIN
    a[i] := x;
    Write (' Ist die Zerfallskonstante bekannt (j/n) ? ');
    ReadLn (Abfrage);
    IF (Abfrage='J') OR (Abfrage='j')
      THEN
        BEGIN
        Write (' Bitte geben Sie die Zerfallskonstante des
                ',i,'. Systems ein : ');
        ReadLn (k[i]);
        END
      ELSE
        BEGIN
        Write (' Bitte geben Sie die Halbwertszeit des
                ',i,'. Systems in Tagen ein : ');
        ReadLn (k[i]);
        k[i] := ln(2)/k[i];
        END; (* IF-THEN-ELSE *)
    WriteLn;
    WriteLn;
    i := i+1;
    IF i<=20 THEN
      BEGIN
```

```
        Write (' Bitte geben Sie die Anfangszahl der Kerne des
               ',i,'. Systemsein : ');
        ReadLn (x);
        END; (* IF i<=20 *)
      END; (* WHILE-Schleife *)
    Anzahl := i-1;
    END; (* PROCEDURE Eingabe *)


PROCEDURE Verarbeitung;
  VAR
    i, j : INTEGER;
  BEGIN
  FOR i:=1 TO Anzahl DO
    FOR j:=1 TO Ende DO
      z[i,j] := a[i]*EXP(-k[i]*j);
  END; (* PROCEDURE Verarbeitung *)


PROCEDURE Ausgabe;
  VAR
    i, j : INTEGER;
  BEGIN
  FOR i:=1 TO Anzahl DO
    BEGIN
    ClrScr;
    WriteLn;
    WriteLn;
    WriteLn (' System Nr.',i:2);
    WriteLn;
    WriteLn;
    WriteLn (' Anfangszahl der Kerne : ',a[i]:8:2);
    WriteLn;
    WriteLn (' Zerfallskonstante : ',k[i]:8:10);
    WriteLn;
    WriteLn ('       Tage    │     Anzahl vorhandener Kerne');
    WriteLn (' ──────────────┼──────────────────────────── ');
    FOR j:=1 TO Ende DO
      WriteLn ( j:12,'      ³',z[i,j]:12:2);
    WriteLn;
    Write (' Ergebnis notiert ? Weiter mit <RETURN>...');
    ReadLn;
    END; (* FOR i-Schleife *)
  END; (* PROCEDURE Ausgabe *)
```

```
PROCEDURE Programmende;
  BEGIN
  WriteLn;
  WriteLn;
  WriteLn (' Programmende.');
  REPEAT UNTIL KEYPRESSED;
  END; (* PROCEDURE Ende *)


BEGIN  (* Hauptprogramm *)
Startbild;
Eingabe;
IF Anzahl>0 THEN
  BEGIN
  Verarbeitung;
  Ausgabe;
  END;
Programmende;
END.
```

8.1.2 Titrationen

Mit diesem Programm können Titrationsergebnisse schnell ermittelt werden. Das Programm erspart die bei der Auswertung normalerweise anfallenden Berechnungen und ist ein Beispiel für einen rechnerunterstützten Laborbetrieb. Programme dieser Art werten beispielsweise die Ergebnisse einer Versuchsreihe im Titriprozessor grafisch aus.

Programm TITRATIO.PAS

```
USES
  Crt;

VAR
  Molmasse, c, f, t, S, W, m  : REAL;
                           V  : ARRAY [1..20] OF REAL;
                       Stoff  : STRING [20];
                      Anzahl  : BYTE;


PROCEDURE Eingabe;
  VAR
    i : INTEGER;
    Titer_jn : CHAR;
```

```
BEGIN
ClrScr;
WriteLn;
WriteLn;
WriteLn ('  Programm zur Auswertung von
          Titrationsergebnissen');
WriteLn;
WriteLn;
WriteLn (' Welcher Stoff (z.B. Eisen) wurde durch die
          Titrationen
bestimmt ?');
WriteLn;
Write (' Bitte um Eingabe des Stoffnamens : ');
ReadLn (Stoff);
WriteLn;
Write (' Eingabe der Molmasse von ',Stoff,' in g : ');
ReadLn (Molmasse);
WriteLn;
Write (' Eingabe der Konzentration der Maßlösung in mol/l : ');
ReadLn  (c);
WriteLn;
Write (' Anzahl der durchgeführten Titrationen : ');
ReadLn  (Anzahl);
WriteLn;
WriteLn;
FOR i:=1 TO Anzahl DO
  BEGIN
  Write ('  Verbrauch der ',i,'. Titration in ml : ');
  ReadLn (V[i]);
  END; (* FOR i-Schleife *)
WriteLn;
Write (' Eingabe des aliquoten Faktors : ');
ReadLn (f);
WriteLn;
Write (' Titer der Maßlösung t=1.00 (j/n) : ');
ReadLn (Titer_jn);
IF Titer_jn IN ['J','j']
  THEN t:=1
  ELSE
    BEGIN
    WriteLn;
    WriteLn (' Titer eingeben : ');
    ReadLn (t);
  END; (* IF-Abfrage *)
END; (*PROCEDURE Eingabe *)
```

```
PROCEDURE Verarbeitung;
  VAR
    i : INTEGER;
  BEGIN
  S:=0;
  FOR i:=1 TO Anzahl DO
    S:=S+V[i];
  W:=S/Anzahl;
  m:=c*Molmasse*t*W*f;
  END; (* PROCEDURE Verarbeitung *)


PROCEDURE Ausgabe;
  VAR
    i : INTEGER;
  BEGIN
  ClrScr;
  GOTOXY(10,5); WriteLn (' Maßanalytische Bestimmung von
  ',Stoff);
  GOTOXY(10,8); WriteLn ('Verbrauch an Maßlösung');
  FOR i:= 1 TO Anzahl DO
    BEGIN
    GOTOXY(10,10+i);
    WriteLn ('Verbrauch (',i,') = ',V[i]:5:2 ,' ml');
    END; (* FOR i-Schleife *)
  GOTOXY(10,12+Anzahl);
  WriteLn ('mittl. Verbrauch = ',W:5:2,' ml');
  GOTOXY(10,14+Anzahl);
  WriteLn ('In der Probe befinden sich ',m:5:2,' mg ',Stoff);
  REPEAT UNTIL KEYPRESSED;
  END; (* PROCEDURE Ausgabe *)

BEGIN
Eingabe;
Verarbeitung;
Ausgabe
END.
```

8.2 Mathematik

Es werden zwei mathematische Anwendungsprogramme vorgestellt:

- Lösung quadratischer Gleichungen (QUADRAT.PAS)
- Lösung linearer Gleichungssysteme nach Gauss-Jordan (GAUSSJOR.PAS).

8.2.1 Lösung quadratischer Gleichungen (QUADRAT.PAS)

Programm QUADRAT.PAS

```
USES
   Crt;

VAR
   a, b, c, D, X1, X2 : REAL;   (* y = ax+bx+c *)


PROCEDURE Eingabe;
   BEGIN
   ClrScr;
   WriteLn;
   WriteLn;
   WriteLn (' Programm zur Lösung quadratischer Gleichungen
              der Form :');
   WriteLn;
   WriteLn ('  y = ax+bx+c');
   WriteLn;
   Write (' Bitte den Wert von a eingeben : ');
   ReadLn (a);
   WriteLn;
   Write (' Bitte den Wert von b eingeben : ');
   ReadLn (b);
   WriteLn;
   Write (' Bitte den Wert von c eingeben : ');
   ReadLn (c);
   WriteLn;
   WriteLn;
   END; (* PROCEDURE Eingabe *)

PROCEDURE Berechnung;
   BEGIN
   IF a = 0
```

```
    THEN
      BEGIN
      WriteLn (' Für die eingegebenen Werte ergibt sich eine
                 Gerade');
      WriteLn (' mit der Steigung ',b:5:2,' und dem
                 x-Achsenabstand ',c:5:2);
      WriteLn;
      WriteLn(' Sie schneidet die X-Achse im Punkt
             (',-c/b:5:2,'³0)');
      WriteLn;
      END
    ELSE
      BEGIN
      D := SQR(b) - 4*a*c;
      IF D = 0 THEN
        BEGIN
        WriteLn(' Für die eingegebenen Werte ergibt sich
                  eine Parabel,');
        WriteLn(' die die x-Achse im Punkt
                (',-b/(2*a):5:2,'³0) berührt');
        WriteLn;
        END; (* IF-Abfrage für D = 0 *)
      IF D > 0 THEN
        BEGIN
        X1 := -b + SQRT(D)/(2*a);
        X2 := -b - SQRT(D)/(2*a);
        WriteLn (' Für die eingegebenen Werte ergibt sich
                  eine Parabel,');
        WriteLn (' die die x-Achse in den Punkten');
        WriteLn (' P1 (',X1:5:2,'³0) und P2 (',X2:5:2,'³0)
                  schneidet');
        END; (* IF-Abfrage für D > 0 *)
      IF D < 0 THEN
        BEGIN
        WriteLn (' Mit den eingegebenen Werten gibt es für
                  die oben aufgeführte');
        WriteLn (' Gleichung nur komplexe Lösungen');
        END; (* IF-Abfrage für D < 0 *)
      END; (* IF a=0 THEN... ELSE... *)
  REPEAT UNTIL KEYPRESSED;
  END; (* PROCEDURE Berechnung *)

BEGIN
Eingabe;
Berechnung
END.
```

8.2.2 Lösung linearer Gleichungssysteme nach Gauss-Jordan (GAUSSJOR.PAS)

Programm GAUSSJOR.PAS

```
USES
  Crt;

CONST
  MaxArray = 20;

VAR
       n  : BYTE ; (* Anzahl der Unbekannten *)
    ende  : CHAR ;
       a  : ARRAY[1..MaxArray,1..MaxArray] OF REAL ;
    b, x  : ARRAY[1..MaxArray]             OF REAL ;


PROCEDURE Kontrollausgabe;
  VAR
    i, j : INTEGER;
  BEGIN
  ClrScr;
  WriteLn;
  WriteLn (' Achtung !  Kontrollausgabe !');
  FOR i:=1 TO n DO
    BEGIN
    WriteLn;
    FOR j:=1 to n DO
      BEGIN
      Write ('    ');
      Write (a[i,j]:5:2);
      END; (* FOR j-Schleife *)
    Write ('    ',b[i]:5:2);
    END; (* FOR i-Schleife *)
  END; (* PROCEDURE Kontrollausgabe *)


PROCEDURE Eingabe;
  VAR
    i, j : BYTE;
    ok   : CHAR;
  BEGIN
  ClrScr;
  WriteLn;
  WriteLn;
  WriteLn;
```

```
WriteLn ('  Lösung linearer Gleichungssysteme nach dem
            Verfahren von Gauss-Jordan');
n:=0;
WriteLn;
WriteLn;
WriteLn;
REPEAT
  Write ('Bitte geben sie die Anzahl der Unbekannten ein : ');
  ReadLn (n) ;
  IF n>MaxArray THEN
    WriteLn (' Es sind höchstens ',MaxArray,' Unbekannte
                zugelassen!');
  UNTIL n<=MaxArray;
WriteLn;
WriteLn;
(* EINLESEN  *)
FOR i:=1 TO n DO
  BEGIN
  FOR j:=1 TO n DO
    BEGIN
    Write (' a[',i,j,']= ');
    Read (a[i,j]);
    END; (* FOR j-Schleife *)
  Write   ('     b[' ,i,']= ' );
  ReadLn (b[i]);
  WriteLn;
  END; (* FOR i-Schleife *)
(* KORREKTURSCHLEIFE *)
ok := 'n';
REPEAT
  WHILE ok IN ['j','J'] DO
    BEGIN
    ClrScr;
    WriteLn;
    WriteLn;
    WriteLn ('  Geben Sie die Koeffizienten i und j der zu
                ändernden Zahl ein !  (a[i,j]) ');
    WriteLn ('  Drücken Sie nach jeder Eingabe die
                "Return"-Taste !');
    WriteLn;
    WriteLn;
    Write (' a[');
    Read (i);
    Write (',');
    Read (j);
    Write (']');
```

```
      Write ('          Korrektur   :    a[',i,',',j,'] =  ');
      ReadLn (a[i,j]);
      WriteLn;
      WriteLn;
      WriteLn ('  Geben Sie den Koeffizienten i des zu
                  ändernden Bildvektors ein !  (b[i]) ');
      WriteLn;
      WriteLn;
      Write (' b[');
      Read (i);
      Write (']');
      Write ('           Korrektur   :    b[',i,'] =  ');
      ReadLn (b[i]);
      WriteLn;
      WriteLn;
      Write (' Wollen Sie noch weitere Korrekturen (j/n) ? ');
      ReadLn (ok);
      END; (* WHILE ok IN... *)
    Kontrollausgabe;
    WriteLn;
    WriteLn;
    Write (' Wollen Sie Korrekturen (j/n) ?  ');
    ReadLn (ok);
    UNTIL ok IN ['n','N'];
  WriteLn;
  WriteLn;
  END; (* PROCEDURE Eingabe *)


PROCEDURE Berechnung;
  VAR
    i, k, j : BYTE;
    p, t, c, d : REAL ;
  BEGIN
  (* ELIMINATIONSSCHSCHLEIFE *)
  FOR k:=1 TO n DO
    BEGIN
    IF a[k,k]=0 THEN
      BEGIN
      i:=k+1;
      WHILE a[i,k]=0 DO
        i:=i+1;
      FOR j:=k TO n DO
        BEGIN
        c:=a[k,j];
```

```
          a[k,j]:=a[i,j];
          a[i,j]:=c;
          END; (* FOR j-Schleife *)
        d:=b[k];
        b[k]:=b[i];
        b[i]:=d   ;
        END; (* IF-Abfrage *)
      P:=0 ;
      P:=1.0/a[k,k];
      FOR j:=k+1 TO n DO
        a[k,j]:=P*a[k,j];
      b[k]  :=P*b[k]  ;
      FOR i:=k+1 TO n DO
        BEGIN
        FOR j:=k+1 TO n DO
          a[i,j]:=a[i,j]-a[i,k]*a[k,j];
        b[i]  :=b[i]  -a[i,k]*b[k];
        END; (* FOR i-Schleife *)
      END; (* FOR k-Schleife *)
      (* RÜCKSUBSTITUTIONSSCHLEIFE *)
      k:=n ;
      REPEAT
        t:=b[k];
        FOR j:=k+1 to n DO
          t:=t-a[k,j]*x[j];
        x[k]:=t;
        k:=k-1;
        UNTIL  k=0;
    END; (* PROCEDURE Berechnung *)


PROCEDURE Ausgabe;
    VAR
      k : BYTE;
    BEGIN
    ClrScr;
    WriteLn;
    WriteLn ('Die Lösung lautet:');
    WriteLn;
    WriteLn;
    FOR k:=1 TO n DO
      BEGIN
      Write ('   X[' ,k,']= ' );
      Write (X[k]:5:2);
      END;
    END; (* PROCEDURE Ausgabe *)
```

```
BEGIN
REPEAT
   Eingabe;
   Berechnung;
   Ausgabe;
   WriteLn;
   WriteLn;
   Write (' Soll noch ein Durchgang gestartet werden (j/n) ? ' );
   ReadLn (Ende);
   UNTIL Ende IN ['n','N'];
WriteLn;
WriteLn;
WriteLn (' Programmende.');
REPEAT UNTIL KEYPRESSED;
END.
```

8.3 Physik

Aus der Physik werden drei Programme vorgestellt. Es sind dies:

- Allgemeine Gasgleichung (GASGLEI.PAS)
- Statische Berechnungen (RESULT.PAS).
- Überlagerung von Schwingungen, die Lissajous-Figuren (LISSA.PAS)

8.3.1 Allgemeine Gasgleichung (GASGLEI.PAS)

Drei Größen bestimmen den Zustand der idealen Gase: Der Druck p, das Volumen V und die Temperatur T gemäß folgender Formel:

$$p*V = m*R*T$$

Dabei ist m die Anzahl der Mole und R die allgemeine Gaskonstante. Aus zwei bekannten Werten für den Zustand (und der Molzahl) läßt sich die fehlende dritte Größe errechnen.

Programm GASGLEI.PAS

```
USES
   Crt;

VAR
   Wahl : BYTE;
   fertig : BOOLEAN;
```

```
CONST
  R = 8314;  (* allgemeine Gaskonstante *)


PROCEDURE Fehleingabe;
  BEGIN
  WriteLn;
  WriteLn (' Falsche Eingabe! Bitte korrigieren Sie!');
  WriteLn;
  END; (* PROCEDURE Fehleingabe *)


PROCEDURE Anzeige_Hauptmenue;
  BEGIN
  ClrScr;
  WriteLn;
  WriteLn;
  WriteLn ('  Allgemeine Gasgleichnung');
  WriteLn;
  WriteLn;
  WriteLn ('Nach den Bedingungen der Zustandsgleichung
           der Gase ist das Produkt');
  WriteLn ('aus Druck und Volumen dividiert durch die
           absolute Temperatur bei');
  WriteLn (' einer bestimmten Masse eines Gases konstant.');
  WriteLn (' Dadurch kann man bei Vorgabe zweier Parameter
            auf den dritten schließen :');
  WriteLn;
  WriteLn;
  WriteLn;
  WriteLn ('  Druckberechnung          ( 1 wählen )');
  WriteLn ('  Volumenberechnung        ( 2 wählen )');
  WriteLn ('  Temperaturberechnung     ( 3 wählen )');
  WriteLn;
  WriteLn ('  Programmende( 0 wählen )');
  END; (* PROCEDURE Hauptmenue *)

PROCEDURE Druckberechnung;
  VAR
    V, P, T : REAL;
  BEGIN
  WriteLn ('DRUCKBERECHNUNG');
  WriteLn;
  Write (' Geben Sie die Temperatur in Kelvin ein    : ' );
  ReadLn (T);
  REPEAT
```

```
    Write (' Geben sie das Volumen in Litern ein     : ' );
    ReadLn (V);
    IF V=0
      THEN Fehleingabe
    UNTIL V<>0;
  P:=T*R/V;
  WriteLn;
  WriteLn (' Der Druck beträgt : ',P:4:3,' Pascal.');
  WriteLn;
  END; (* PROCEDURE Druckberechnung *)


PROCEDURE Volumenberechnung;
  VAR
    V, P, T : REAL;
  BEGIN
  WriteLn ('VOLUMENBERECHNUNG');
  WriteLn;
  Write (' Geben sie den Druck in Pascal ein          : ' );
  ReadLn (P);
  Write (' Geben sie die Temperatur in Kelvin ein     : ' );
  ReadLn (T);
  V:=T*R/P;
  WriteLn;
  WriteLn (' Das Volumen beträgt : ',V:4:3,' Liter.');
  WriteLn;
  END; (* PROCEDURE Volumenberechnung *)


PROCEDURE Temperaturberechnung;
  VAR
    V, P, T : REAL;
  BEGIN
  WriteLn ('TEMPERATURBERECHNUNG');
  WriteLn;
  Write (' Geben Sie den Druck in Pascal ein     : ');
  ReadLn (P);
  Write (' Geben Sie das Volumen in Litern ein         : ');
  ReadLn (V);
  T:=P*V/R;
  WriteLn;
  WriteLn (' Die Temperatur beträgt : ',T:8:2,' Kelvin oder
           ',T-273.15:8:2,' (C');
  WriteLn;
  END; (* Temperaturberechnung *)
```

```
BEGIN
REPEAT  (* Wiederhole bis fertig *)
   Anzeige_Hauptmenue;
   fertig := FALSE;
   WriteLn;
   Write ('  Bitte ausgewählte Nummer eingeben : ');
   ReadLn (Wahl);
   ClrScr;
   CASE WAHL OF
      1 : Druckberechnung;
      2 : Volumenberechnung;
      3 : Temperaturberechnung;
      0 : fertig := TRUE;
      ELSE ;
      END; (* CASE OF *)
   IF (Wahl=1) OR (Wahl=2) OR (Wahl=3) THEN
      REPEAT UNTIL KEYPRESSED;
   UNTIL fertig;
END.
```

8.3.2 Berechnung einer Statik (RESULT.PAS)

Bild 8-3 zeigt die Möglichkeiten des Programms, Bild 8-4 den Eingabeteil und Bild 8-5 den Ausgabeteil.

```
                    Willkommen beim Programm "RESULT.PAS" !

Wirken mehrere Kräfte in einer Ebene auf einen Körper, so kann man diese
Kräfte durch eine resultierdende Kraft R ersetzen.
Alle Kräfte zusammen bestimmen also Richtung, Lage und Größe der
Resultierenden.

Zum Programm selbst :
Nachdem ein geeignetes Koordinatensystem mit dem Nullpunkt in der
Nachweisstelle A gewählt worden ist, werden vom Anwender folgende
Eingaben erwartet :
                        - Anzahl der Kräfte
                        - Betrag
                        - Koordinaten (x/y)
                        - Richtungswinkel α

Weiter im Programm durch Drücken einer beliebigen Taste !
```

Bild 8-3 Programm RESULT.PAS

```
EINGABETEIL :

Bitte geben Sie die gewünschten Daten ein !

Anzahl der wirkenden Kräfte :  5

Betrag der Kraft F1 in kN                              : 200
Lage der Kraft in X-Richtung in m vom Nullpunkt aus : 0
Lage der Kraft in Y-Richtung in m vom Nullpunkt aus : 0
Winkel α zwischen F1 und der X-Achse
in positiver Drehrichtung in Grad                      : 207

Betrag der Kraft F2 in kN                              : 250
Lage der Kraft in X-Richtung in m vom Nullpunkt aus : 6
Lage der Kraft in Y-Richtung in m vom Nullpunkt aus : 1
Winkel α zwischen F2 und der X-Achse
in positiver Drehrichtung in Grad                      : 0

Betrag der Kraft F3 in kN                              : 500
Lage der Kraft in X-Richtung in m vom Nullpunkt aus : 4
Lage der Kraft in Y-Richtung in m vom Nullpunkt aus : 2
Winkel α zwischen F3 und der X-Achse
in positiver Drehrichtung in Grad                      : 47

Betrag der Kraft F4 in kN                              : 100
Lage der Kraft in X-Richtung in m vom Nullpunkt aus : 0
Lage der Kraft in Y-Richtung in m vom Nullpunkt aus : 2
Winkel α zwischen F4 und der X-Achse
in positiver Drehrichtung in Grad                      : 215
```

Bild 8-4 Eingabeteil

```
AUSGABETEIL :

Horizontalanteil der Resultierenden R in kN :    502.03
Vertikalanteil                              :     71.17

Betrag von R in Wirkungsrichtung in kN      :    507.05


Moment, das R um den
Koordinatennullpunkt erzeugt in kNm         :   -825.60

Winkel zur pos. X-Achse, unter dem R wirkt  :      8.07°

Schnittpunkt von R mit der X-Achse bei      :     11.60 m
Schnittpunkt von R mit der Y-Achse bei      :     -1.64 m

rechtwinkliger Abstand von R zum
Koordinatennullpunkt in m                   :      1.63
```

Bild 8-5 Ausgabeteil

Programm

```
USES
  Crt;

VAR
  a : ARRAY [1..100,1..10] OF REAL;   (* Kräftedaten *)
  k : INTEGER;
  x,y,z,r,w,ax,ay,ar,u : REAL;
  sfv,sfh,smx,smy,hoe  : REAL;


PROCEDURE Initialisierung;
  VAR
    i, j : INTEGER;
  BEGIN
  FOR i := 1 TO k DO
    FOR j := 1 TO k DO
      a[i,j] := 0;
  sfv:=0; sfh:=0; smx:=0; smy:=0;
  z:=0; ax:=0; ay:=0; ar:=0;
  END; (* PROCEDURE Initialisierung *)


PROCEDURE Willkommen;
  BEGIN
  ClrScr;
  GOTOXY (20, 2); Write ('┌─────────────────────────┐');
  GOTOXY (20, 3); Write ('│                         │');
  GOTOXY (20, 4); Write ('│ Willkommen beim Programm│
                          "RESULT.PAS" !         │');
  GOTOXY (20, 5); Write ('│                         │');
  GOTOXY (20, 6); Write ('└─────────────────────────┘');
  GOTOXY ( 2, 9);
  Write ('Wirken mehrere Kräfte in einer Ebene auf einen
          Körper,
  so kann man diese');
  GOTOXY ( 2,10);
  Write ('Kräfte durch eine resultierdende Kraft R
          ersetzen.');
  GOTOXY ( 2,11);
  Write ('Alle Kräfte zusammen bestimmen also Richtung, Lage
          und Größe der');
  GOTOXY ( 2,12);
  Write ('Resultierenden.');
```

```
  GOTOXY ( 2,14);
  Write ('Zum Programm selbst :');
  GOTOXY ( 2,15);
  Write ('Nachdem ein geeignetes Koordinatensystem mit dem
          Nullpunkt in der ');
  GOTOXY ( 2,16);
  Write ('Nachweisstelle A gewählt worden ist,
          werden vom Anwender folgende');
  GOTOXY ( 2,17);
  Write ('Eingaben erwartet :');
  GOTOXY ( 2,18);
  Write ('          - Anzahl der Kräfte');
  GOTOXY ( 2,19);
  Write ('          - Betrag');
  GOTOXY ( 2,20);
  Write ('          - Koordinaten (x/y)');
  GOTOXY ( 2,21);
  WriteLn ('        - Richtungswinkel (');
  GOTOXY ( 2,23);
  Write ('Weiter im Programm durch Drücken einer beliebigen
          Taste ! ');
  REPEAT UNTIL KEYPRESSED;
  END; (* PROCEDURE Willkommen *)

PROCEDURE Eingabe;
  VAR
    i : INTEGER;
  BEGIN
  ClrScr;
  WriteLn;
  WriteLn;
  WriteLn (' EINGABETEIL :');
  WriteLn;
  WriteLn;
  WriteLn (' Bitte geben Sie die gewünschten Daten ein !');
  WriteLn;
  WriteLn;
  Write (' Anzahl der wirkenden Kräfte : ');
  ReadLn (k);
  Initialisierung;
  FOR i := 1 TO k DO
    BEGIN
    WriteLn;
    Write (' Betrag der Kraft F',i,' in kN : ');
    ReadLn (a[i,1]);
```

```
    Write ('Lage der Kraft in x-Richtung in m vom Nullpunkt
            aus : ');
    ReadLn (a[i,2]);
    Write ('Lage der Kraft in y-Richtung in m vom Nullpunkt
            aus : ');
    ReadLn (a[i,3]);
    WriteLn (' Winkel ( zwischen F',i,' und der x-Achse');
    Write (' in positiver Drehrichtung in Grad  : ');
    ReadLn (a[i,4]);
    WriteLn;
    END; (* FOR i-Schleife *)
  END; (* PROCEDURE Eingabe *)


PROCEDURE Berechnung;
  VAR
    i,sgnk,sgnn : INTEGER;
    h : REAL;
  BEGIN
  FOR i := 1 TO k DO
    BEGIN
    u := a[i,4]*2*Pi/360;
    a[i, 5] := SIN (u);
    a[i, 6] := COS (u);
    a[i, 7] := a[i,1]*a[i,5];
    a[i, 8] := a[i,1]*a[i,6];
    a[i, 9] := a[i,7]*a[i,2];
    a[i,10] := a[i,8]*a[i,3];
    END; (* FOR i-Schleife *)
  FOR i := 1 TO k DO
    BEGIN
    sfv := sfv + a[i, 7];
    sfh := sfh + a[i, 8];
    smx := smx + a[i, 9];
    smy := smy + a[i,10];
    END; (* FOR i-Schleife *)
  r := SQRT ( SQR(sfv) + SQR(sfh) );
  IF sfv>0  THEN sgnk:=1
            ELSE IF sfv=0  THEN sgnk:=0
                           ELSE sgnk:=-1;
  IF sfh>0  THEN sgnk:=1
            ELSE IF sfh=0  THEN sgnn:=0
                           ELSE sgnn:=-1;
  IF sfh=0  THEN z := Pi/2 + (Pi/2)*ABS(sgnn-1)
            ELSE z := ARCTAN (sfv/sfh);
```

```
   IF z<0    THEN z := Pi + z;
   IF sfv=0 THEN z := Pi * ABS(1.5*sgnk+0.5);
   z := 360*z/Pi*0.5;
   w := smy-smx;
   IF r<0.0001 THEN ar := 1
               ELSE  h := w/r;
   hoe := ABS (h);
   IF sfv<0.0001  THEN ax := 1
                  ELSE  x := w/-sfv;
   IF sfh<0.0001  THEN ay := 1
                  ELSE  y := w/sfh;
   END; (* PROCEDURE Berechnung *)


PROCEDURE Ausgabe;
   BEGIN
   ClrScr;
   WriteLn;
   WriteLn;
   WriteLn (' AUSGABETEIL :');
   WriteLn;
   WriteLn;
   IF ar = 1
     THEN WriteLn ('  Die Resultierende ist null, d.h.
                      die wirkenden Kräfte heben sich auf.')
     ELSE
       BEGIN
       WriteLn (' Horizontalanteil der Resultierenden R in kN
                : ',sfh:8:2);
       WriteLn (' Vertikalanteil   : ',sfv:8:2);
       WriteLn;
       WriteLn (' Betrag von R in Wirkungsrichtung in kN
                : ',  r:8:2);
       WriteLn;
       WriteLn;
       WriteLn (' Moment, das R um den');
       WriteLn (' Koordinatennullpunkt erzeugt in kNm
                : ',  w:8:2);
       WriteLn;
       WriteLn (' Winkel zur pos. x-Achse, unter dem R wirkt
                : ',   z:8:2,'ø');
       WriteLn;
       IF ax = 1
         THEN
           BEGIN
           WriteLn;
```

```
          WriteLn (' Die Resultierende verläuft parallel
                    zur x-Achse.');
          WriteLn;
          END (* IF ax=1 THEN *)
        ELSE
          WriteLn (' Schnittpunkt von R mit der x-Achse bei
                    : ',  x:8:2,' m');
      IF ay = 1
        THEN
          BEGIN
          WriteLn;
          WriteLn (' Die Resultierende verläuft parallel
                    zur y-Achse.');
          WriteLn;
          END (* IF ay=1 THEN *)
        ELSE
          BEGIN
          WriteLn (' Schnittpunkt von R mit der y-Achse bei
                    : ',  y:8:2,' m');
          WriteLn;
          WriteLn (' rechtwinkliger Abstand von R zum');
          WriteLn (' Koordinatennullpunkt in m
                    : ',hoe:8:2);
          END; (* IF ay=1 THEN-ELSE... *)
      END; (* IF ar=1 THEN-ELSE... *)
  REPEAT UNTIL KEYPRESSED;
  END; (* PROCEDURE Ausgabe *)


BEGIN
Willkommen;
Eingabe;
Berechnung;
Ausgabe
END.
```

8.3.3 Überlagerung von Schwingungen (Lissajous-Figuren (LISSA.PAS))

Werden harmonische Schwingungen mit ganzzahligen Frequenzverhältnissen *senkrecht* überlagert, dann entstehen Figuren, die als *Lissajous-Figuren* bekannt sind. Aus ihnen lassen sich *Frequenzen* und *Phasenverschiebungen* von Schwingungen ermitteln. Bild 8-6 zeigt das Ergebnis für gleiche Frequenz und verschiedene Phase.

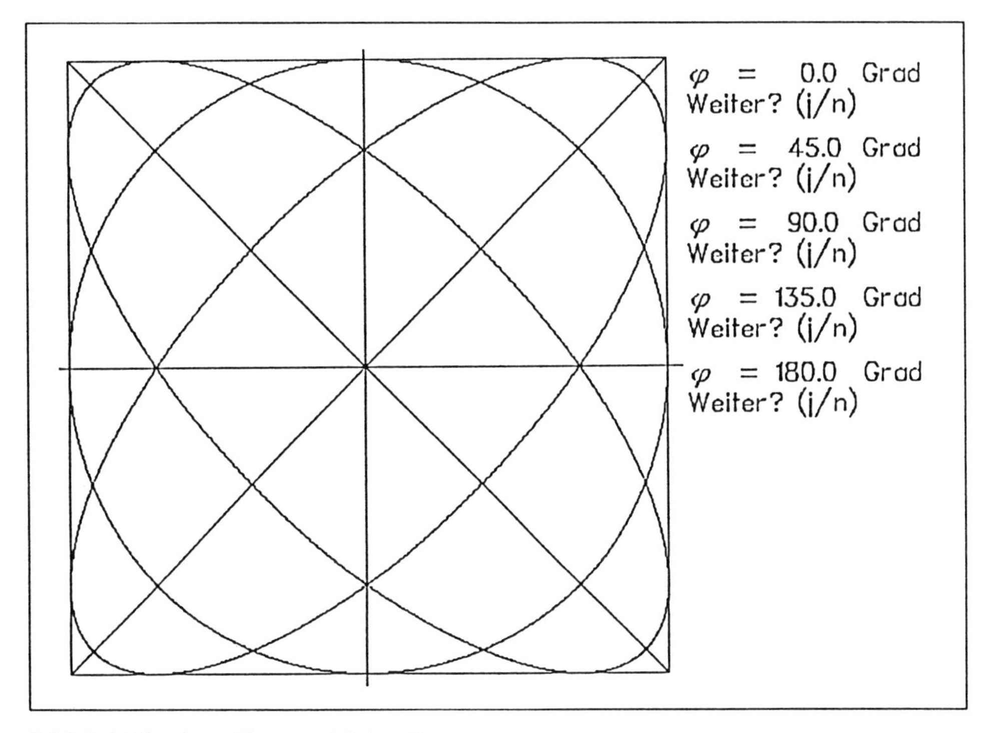

Bild 8-6 Lissajous-Figuren gleicher Frequenz

Zum Zeichnen der griechischen Buchstaben „Omega“ (Kreisfrequenz) und „Phi“ (Phasenverschiebung) dienen die Dateien: OMEGAX.DAT, OMEGAY.DAT sowie PHIX.DAT und PHIY.DAT. Sie müssen in demjenigen Pfad liegen, der im Programm aufgerufen wird.

Programm: LISSA.PAS

```
USES
  Crt,Graph;

TYPE
    Datei = FILE of INTEGER;

VAR
  G, X1p, Y1p, X2p, Y2p : INTEGER;
                    Phi : REAL;
                   SPhi : STRING;


PROCEDURE zOmega(X0,Y0:INTEGER);
  VAR  h, i, k      : INTEGER;
       zeichen      : Array[1..2,0..50] Of INTEGER;
       d            : Datei;
       dateiname    : STRING[14];
  BEGIN
  dateiname := 'd:omegax.dat';
  Assign(d,dateiname);          {Einlesen der Daten vom File}
  Reset(d);
  i := 0;
  REPEAT
    Read(d,zeichen[1,i]);
    i := i+1;
    UNTIL EOF(d);
  Close(d);
  dateiname := 'd:omegay.dat';
  Assign(d,dateiname);
  Reset(d);
  i := 0;
  REPEAT
    Read(d,zeichen[2,i]);
    i := i+1;
    UNTIL EOF(d);
  Close(d);
  k := zeichen[1,0];                      {Schreiben des Zeichens}
  h := TextHeight('');
  For i := 0 To k+1 Do
    BEGIN
    zeichen[1,i] := Round(h*zeichen[1,i]/160);
    zeichen[2,i] := Round(h*zeichen[2,i]/160);
    END;
```

```
  SetViewPort(X0,Y0,X0+10,Y0+10,false);
  MoveRel(zeichen[1,1],zeichen[2,1]);
  For i := 2 To k Do
    LineTo(zeichen[1,i],zeichen[2,i]);
  SetViewPort(0,0,GetMaxX,GetMaxY,True);
  END; (* PROCEDURE zOmega *)


PROCEDURE zPhi(X0,Y0:INTEGER);
  VAR  h, i, k     : INTEGER;
       zeichen     : Array[1..2,0..50] Of INTEGER;
       d           : Datei;
       dateiname   : STRING[14];
  BEGIN
  dateiname := 'd:phix.dat';
  ASSIGN(d,dateiname);        (* Einlesen der Daten vom File *)
  RESET(d);
  i := 0;
  REPEAT
    Read(d,zeichen[1,i]);
    i := i+1;
    UNTIL EOF(d);
  CLOSE(d);
  dateiname := 'd:phiy.dat';
  ASSIGN(d,dateiname);
  RESET(d);
  i := 0;
  REPEAT
    Read(d,zeichen[2,i]);
    i := i+1;
    UNTIL EOF(d);
  CLOSE(d);
  k := zeichen[1,0];
  h := TextHeight('');
  For i := 0 To k+1 DO
    BEGIN
    zeichen[1,i] := Round(h*zeichen[1,i]/160);
    zeichen[2,i] := Round(h*zeichen[2,i]/160);
    END;
  SetViewPort(X0,Y0,X0+10,Y0+10,false);
  MoveRel(zeichen[1,1],zeichen[2,1]);
  For i := 2 To k Do
    LineTo(zeichen[1,i],zeichen[2,i]);
  SetViewPort(0,0,GetMaxX,GetMaxY,True);
  END; (* PROCEDURE zPhi *)
```

```
PROCEDURE Text;
  VAR
    i : INTEGER;
    treiber, fehler, modus : INTEGER;
    f : REAL;
  BEGIN
  DIRECTVIDEO := FALSE;
  treiber := 0;
  INITGRAPH(treiber,modus,'c:\TP\BGI');
  fehler := GRAPHRESULT;
  IF fehler <> grOK THEN
    BEGIN
    WriteLn;
    WriteLn('Grafik-Fehler: ',GraphErrorMsg(Fehler));
    WriteLn('Programm wird abgebrochen');
    Delay(3000);
    Halt(1);
    END; (* IF fehler *)
  G := GetMaxY+1;
  SetTextJustify(0,0);
  SetTextStyle(1,0,3);
  SetColor(15);
  OutTextXY(100,70,'Programm zeigt Lissajous-Figuren');
  OutTextXY(100,110,'bei der sberlagerung von        ');
  OutTextXY(100,150,'Schwingungen mit gleicher Frequenz');
  OutTextXY(100,190,'x = x cos (   t )');
  SetLineStyle(0,0,3);
  MoveTo(152,173);
  LineTo(157,168);
  LineTo(162,173);
  SetLineStyle(0,0,1);
  zOmega(235,190);
  OutTextXY(100,225,'y = y cos (   t +   )');
  SetLineStyle(0,0,3);
  MoveTo(152,208);
  LineTo(157,203);
  LineTo(162,208);
  SetLineStyle(0,0,1);
  zOmega(235,225);
  zPhi(312,225);
  OutTextXY(100,280,'  =          Grad ');
  zPhi(90,280);
  Read(Phi);
  STR(Phi:5:1,SPhi);
  OutTextXY(155,280,SPhi);
```

```
  Phi := Phi*Pi/180;
  setfillstyle(1,0);
  bar(0,0,25,GETMAXY);
  delay(1000);
  SetColor(red);
  f := GetMaxY/GetMaxX;
  FOR I := 0 TO 320 DO
    BEGIN
    X1p := i;
    X2p := 639 - i;
    Y1p := ROUND(f*i);
    Y2p := G - Y1p;
    MoveTo(X1p,Y1p);
    LineTo(X2p,Y1p);
    LineTo(X2p,Y2p);
    LineTo(X1p,Y2p);
    LineTo(X1p,Y1p);
    END; (* FOR i *)
  ClearViewport;
END; (* PROCEDURE Text *)


PROCEDURE Zeichnen;
  VAR
    I, P, T, Xp, Yp, X0p, Y0p, AXp, AYp : INTEGER;
    wieder : BOOLEAN;
    Antwort : CHAR;
    Omega : REAL;
    XAsp, YAsp : WORD;
  BEGIN
  SetColor(15);
  I := 1;
  GetAspectRatio(Xasp,Yasp);
  Ayp := ROUND(0.43*G);
  AXp := ROUND(Ayp*Yasp/Xasp);
  X0p := GETMAXX Div 2 - 80;
  Y0p := GETMAXY Div 2;
  X1p := X0p - AXp;
  Y1p := Y0p - AYp;
  X2p := X0p + AXp;
  Y2p := Y0p + AYp;
  Rectangle(X1p,Y1p,X2p,Y2p);
  Line(X1p - 10,Y0p,X2p + 10,Y0p);
  Line(X0p,Y1p-10,X0p,Y2p+10);
  OMEGA := 2*Pi/1500;
  SetColor(8+I);
```

```
(*1:*)
  FOR T := 0 TO 1500 DO
    BEGIN
    Xp := ROUND(AXp*COS(Omega*T)) + X0p;
    Yp := Y0p - ROUND(AYp*COS(Omega*T + Phi));
    PutPixel(Xp,Yp,8 + I);
    END; (* FOR T-Schleife *)
  SetTextJustify(0,0);
  SetTextStyle(3,0,1);
  P := 50*I;
  REPEAT
    zPhi(460,P);
    OutTextXY(460,P,'    =          Grad');
    OutTextXY(520,P,SPhi);
    OutTextXY(460,20 + P,'Weiter? (j/n)');
    Antwort := READKEY;
    IF Antwort = 'j'
      THEN
        BEGIN
        I := I + 1;
        P := 50*I;
        SetColor(8+I);
        zPhi(460,P);
        OutTextXY(460,P,'    =          Grad ');
        Read(Phi);
        SetFillStyle(1,0);
        Bar(0,0,25,GetMaxY);
        STR(Phi:5:1,SPhi);
        Phi := Phi*Pi/180;
        wieder := TRUE;
        END (* IF Antwort-THEN *)
      ELSE
        wieder := FALSE;
    UNTIL wieder = FALSE;
  CloseGraph;
  END; (* PROCEDURE Zeichnen *)


BEGIN
Text;
Zeichnen;
END.
```

8.4 Statistik

Bei vielen Experimenten läßt sich aus den Meßergebnissen auf einen entsprechenden Kurvenverlauf schließen. Die bestmögliche Anpassung, d. h. Regression an eine Gerade, eine exponentielle, eine logarithmische oder eine polynome Funktion läßt sich durch ein Rechenprogramm ohne Schwierigkeiten ermitteln. Bei einer multilinearen Regression können die für die Meßergebnisse wesentlichen Bestimmungsgrößen (idealisiert als Geraden angenommen) ermittelt werden. Dazu dienen folgende Programme:

- Lineare, exponentielle und logarithmische Regression (REGRESS.PAS),
- Polynome Regression (POLYREGR.PAS),
- Multilineare Regression (MULTI.PAS).

8.4.1 Lineare, exponentielle und logarithmische Regression (REGRESS.PAS)

Programm: REGRESS.PAS

```
USES
  Crt;

VAR
  f1, am   : BYTE;
  a, b     : REAL;
  x ,y     : ARRAY [1..100] OF REAL;


PROCEDURE Eingabe_Messwerte;
  VAR
    i : BYTE;
    falsch : BOOLEAN;
  BEGIN
  ClrScr;
  WriteLn;
  WriteLn;
  Write ('  Anzahl der Meßwerte ( bitte nur ganze Zahlen
              größer 1 ) : ');
  ReadLn (am);
  FOR i:=1 TO am DO
    BEGIN (* Meßwerte eingeben *)
    REPEAT (* bis keine falsche Eingabe *)
      WriteLn;
```

```
      Write ('    ',i,'. x-Wert : ');
      ReadLn (x[i]);
      falsch := (f1=3) AND (x[i]<=0);
      IF falsch THEN
        WriteLn (' Logarithmische Regression kann nur für
                  x-Werte > 0 durchgeführt werden.');
      UNTIL NOT falsch;
    REPEAT (* bis keine falsche Eingabe *)
      Write ('    ',i,'. Y-Wert : ');
      ReadLn (y[i]);
      falsch := (f1=2) AND (y[i]<=0);
      IF falsch THEN
        WriteLn (' Exponentielle Regression kann nur für
                  y-Werte > 0 durchgeführt werden.');
      UNTIL NOT falsch;
    END; (* FOR i-Schleife *)
  END; (* PROCEDURE Eingabe_Messwerte *)


PROCEDURE Korrektur_Messwerte;
  VAR
    i, fm, k : BYTE;
    ok : CHAR;
  BEGIN
  Write (' Sind alle Eingaben korrekt (j/n) ? ');
  ReadLn (ok);
  IF ok IN ['n','N'] THEN
    BEGIN
    WriteLn;
    Write (' Wieviele Meßwerte sind falsch ? ');
    ReadLn (fm);
    FOR i:=1 TO fm DO
      BEGIN
      WriteLn;
      Write (' Welcher Meáwert ist falsch ? ');
      ReadLn (k);
      WriteLn;
      Write ('   Neueingabe ',k,'. X-Wert: ');
      ReadLn (x[k]);
      Write ('   Neueingabe ',k,'. Y-Wert: ');
      ReadLn (y[k]);
      END; (* Korrekturschleife FOR -i *)
    END; (* IF-Abfrage *)
  END; (* PROCEDURE Korrektur_Messwerte *)
```

```
PROCEDURE Berechnung;
  VAR
    i : BYTE;
    s1, s2, s3, s4    : REAL;
    rx, ry : ARRAY[1..100] OF REAL;
  BEGIN

  (* Rückführung auf lineare Regression *)

  FOR i:=1 TO am DO
    BEGIN
    CASE f1 OF
      1 :  BEGIN
           rx[i]:=x[i];
           ry[i]:=y[i];
           END; (* Fall 1 *)
      2 :  BEGIN
           rx[i]:=x[i];
           ry[i]:=ln(y[i]);
           END; (* Fall 2 *)
      3 :  BEGIN
           rx[i]:=ln(x[i]);
           ry[i]:=y[i];
           END; (* Fall 3 *)
      END;    (* von CASE *)
    END;    (* FOR i-Schleife *)

  (* Berechnung der einzelnen Summen *)

  i:=1;
  s1:=0;
  s2:=0;
  s3:=0;
  s4:=0;
  FOR i:=1 TO am DO
    BEGIN
    s1:=s1+rx[i]*ry[i];
    s2:=s2+rx[i];
    s3:=s3+ry[i];
    s4:=s4+sqr(rx[i]);
    END; (* FOR i-Schleife *)

  (* Berechnung der Werte für a und b *)

  b:=(am*s1-s2*s3)/(am*s4-s2*s2);
```

```
  a:=(s3-b*s2)/am;
  END; (* PROCEDURE Berechnung *)


PROCEDURE Ausgabe;
  VAR
    i : BYTE;
  BEGIN
  ClrScr;
  WriteLn;
  WriteLn;
  WriteLn ('              Messung        x-Wert        y-Wert');
  WriteLn ('              ________________________________ ');
  FOR i:= 1 TO am DO
    WriteLn ('          ',i,'        ',x[i]:5:2,'    ',y[i]:5:2);
  WriteLn;
  WriteLn;
  WriteLn;
  CASE f1 OF
    1 :  BEGIN
         WriteLn (' Die Geradengleichung der linearen
                    Regression lautet :');
         WriteLn;
         Write (' y = ',b:5:2,' * x + (',a:5:2,')');
         WriteLn;
         END; (* Fall 1 *)
    2 :  BEGIN
         a:=exp(a);
         WriteLn (' Die Gleichung der exponentiellen
                    Regression lautet :');
         WriteLn;
         Write (' y = ',a:5:2,' * exp(',b:5:2,'x)');
         WriteLn;
         END; (* Fall 2 *)
    3 :  BEGIN
         WriteLn (' Die Gleichung der logarithmischen
                    Regression lautet :');
         WriteLn;
         Write (' y = ',b:5:2,' * ln(x) + (',a:5:2,')');
         WriteLn;
         END; (* Fall 3 *)
    END;    (* von CASE *)
  REPEAT UNTIL KEYPRESSED;
  END; (* PROCEDURE Ausgabe *)
```

```
PROCEDURE Hauptmenue;
  VAR
    ende : BOOLEAN;
  BEGIN
  REPEAT
    ClrScr;
    WriteLn;
    WriteLn;
    WriteLn ('              Programm zur Erstellung von
                            Regressionsgleichungen');
    WriteLn;
    WriteLn;
    WriteLn;
    WriteLn (' Auswahl :     1 ... Lineare Regression');
    WriteLn ('               2 ... Exponentielle Regression');
    WriteLn ('               3 ... Logarithmische Regression');
    WriteLn;
    WriteLn ('               0 ... Programmende');
    REPEAT (* Wiederhole, bis 0, 1, 2 oder 3 eingegeben wurde *)
      WriteLn;
      WriteLn;
      Write (' Berechnung nach Nr.: ');
      ReadLn (f1);
      IF (f1<>1) AND (f1<>2) AND (f1<>3) THEN
        BEGIN
        WriteLn;
        WriteLn;
        WriteLn (' Falsche Eingabe ! Bitte korrigieren Sie !');
        END; (* IF-Abfrage *)
      UNTIL (f1>=0) OR (f1<=3);
    IF f1>0
      THEN
        BEGIN
        Eingabe_Messwerte;
        Korrektur_Messwerte;
        Berechnung;
        Ausgabe;
        ende := FALSE;
        END  (* IF f1>0 THEN *)
      ELSE ende := TRUE;
    UNTIL ende;
  END; (* PROCEDURE Hauptmenue *)

BEGIN
Hauptmenue
END.
```

8.4.2 Polynome Regression (POLYREGR.PAS)

```
USES
  Crt;

VAR
                        B  : CHAR;
                      sum  : REAL;
                      l,m,n,w, p   : BYTE;
    px,pxy,pot,sumpx,sumpxy,x,y : ARRAY [0..100] OF REAL;
                        a  : ARRAY [1..10,0..10] OF REAL;
                        z  : ARRAY [1..10] OF REAL;
                   fertig  : BOOLEAN;


PROCEDURE Initialisierung;
  VAR
    i, j : BYTE;
  BEGIN
  l:=0; m:=0; n:=0; w:=0; sum:=0;
  FOR j:= 1 TO 100 DO
    BEGIN
    px[j]:=0; pxy[j]:=0; pot[j]:=0; sumpx[j]:=0; x[j]:=0;
    y[j]:=0;
    END; (* FOR j-Schleife *)
  FOR j:= 1 TO 10 DO
    z[j]:=0;
  FOR j:= 1 TO 10 DO
    FOR i:= 1 TO 10 DO
      a[i,j]:=0;
  END; (* PROCEDURE Initialisierung *)


PROCEDURE Variablenuebergabe;
  VAR
    i, j : BYTE;
  BEGIN
  FOR i:=1 TO m DO
    FOR j:=1 TO m DO
      a[i,j] := sumpx[2*n-i-j+2];
  FOR i:=1 TO m DO
   a[i,0] := sumpxy[m-i];
  END; (* PROCEDURE Variablenuebergabe *)
```

```
PROCEDURE Gleichungssystem;
  VAR
    d, g, h : BYTE;
    f : REAL;
  BEGIN
  FOR d:=1 TO m DO
    FOR g:=1 TO m DO
       IF g<>d THEN
          IF a[g,d]<>0 THEN
             BEGIN
             f:=a[g,d]/a[d,d];
             FOR h:=0 TO m DO
                BEGIN
                a[g,h]:=a[g,h]/f;
             a[g,h]:=a[g,h]-a[d,h];
                END; (* FOR h-Schleife *)
             END; (* IF-Abfrage für a *)
   FOR g:=1 TO m DO
     BEGIN
     z[g]:=a[g,0]/a[g,g];
     l:=m-g;
     END; (* FOR g-Schleife *)
  END; (* PPROCEDURE Gleichungssystem *)


PROCEDURE Startbild;
  BEGIN
  ClrScr;
  WriteLn;
  WriteLn;
  WriteLn;
  WriteLn ('                  Polynome Regression');
  WriteLn;
  WriteLn;
  WriteLn (' Aufgabe des Programms:');
  WriteLn (' Durch experimentell ermittelte x- und y-Werte
            soll die bestmögliche');
  WriteLn (' Kurve  y = f(x) gelegt werden. Die höchste
            Potenz von x muá vorher');
  WriteLn (' festgelegt werden.');
  WriteLn;
  WriteLn;
  END; (* PROCEDURE Startbild *)
```

```
PROCEDURE Eingabe;
  VAR
    i : BYTE;
  BEGIN
  Write ('Geben Sie die Anzahl der ermittelten Wertepaare an : ');
  ReadLn (w);
  WriteLn;
  FOR i:=1 TO w DO
    BEGIN
    Write ('Geben Sie den ',i,'.ten x-Wert ein : x',i,' = ');
    ReadLn (x[i]);
    Write ('Geben Sie den ',i,'.ten y-Wert ein : y',i,' = ');
    ReadLn (y[i]);
    END; (* FOR i-Schleife *)
  WriteLn;
  Write ('Wie groß soll die höchste Potenz des Polynoms sein ? ');
  ReadLn (n);
  m:=n+1;
  WriteLn;
  END; (* PROCEDURE Eingabe *)


PROCEDURE Berechnung;
  VAR
    p, i, k : BYTE;
  BEGIN
  FOR p:=0 TO 2*n DO
    BEGIN
    IF p=0
      THEN sumpx[p]:=w
      ELSE
        BEGIN
        FOR i:=1 TO w DO
          BEGIN
          pot[0]:=1;
          FOR k:=1 TO p DO BEGIN
          pot[k]:=pot[k-1]*x[i];
            px[i]:=pot[k];
            END; (* FOR k-Schleife *)
          END; (* FOR i-Schleife *)
        sum:=0;
        FOR i:=1 TO w DO
          BEGIN
          sum:=sum + px[i];
        sumpx[p]:=sum;
```

```
            END; (* FOR i-Schleife *)
          END; (* IF p=0 THEN-ELSE... *)
      END; (* FOR p-Schleife *)
    FOR p:=0 TO n DO
      BEGIN
      IF p=0
        THEN
          BEGIN
          sum:=0;
          FOR i:=1 TO w DO
          sum:=sum + y[i];
        sumpxy[p]:=sum;
          END
        ELSE
          BEGIN
          FOR i:=1 TO w DO
            BEGIN
            pot[0]:=1;
            FOR k:=1 TO p DO
            pot[k]:=pot[k-1]*x[i];
          px[i]:=pot[k];
          pxy[i]:=y[i]*px[i];
            END; (* FOR i-Schleife *)
          sum:=0;
          FOR i:=1 TO w DO
          sum:=sum + pxy[i];
          sumpxy[p]:=sum;
          END; (* IF-Abfrage p=0 *)
      END; (* FOR p-Schleife *)
    END; (* PROCEDURE Berechnung *)


PROCEDURE Ausgabe;
    VAR
      g : BYTE;
    BEGIN
    ClrScr;
    Variablenuebergabe;
    Gleichungssystem;
    WriteLn;
    WriteLn;
    WriteLn (' ERGEBNIS :');
    WriteLn;
    WriteLn (' Die Gleichung der besten Kurve ',p,'. Grades
                lautet :');
```

```
  WriteLn;
  WriteLn;
  Write ('  Y = ');
  FOR g:=1 TO m DO
    BEGIN
    l:=m-g;
    IF z[g]<0
      THEN Write (' ',z[g]:5:2,'*X^',l)
      ELSE Write (' +',z[g]:5:2,'*X^',l);
    END; (* FOR g-Schleife *)
  END; (* PROCEDURE Ausgabe *)


(* Hauptprogramm *)
BEGIN
REPEAT (* Wiederhole bis fertig *)
  Initialisierung;
  Startbild;
  Eingabe;
  Berechnung;
  Ausgabe;
  WriteLn;
  WriteLn;
  Write (' Wird noch ein Durchgang gewünscht (j/n) ? ');
  ReadLn (B);
  fertig := (B = 'n') OR (B = 'N');
  UNTIL fertig;
END.
```

8.4.3 Multilineare Regression (MULTI.PAS)

```
USES
  Crt;

VAR
  x       : ARRAY [1..100,1..5] OF REAL;
  y, a    : ARRAY [1..100] OF REAL;
  D       : REAL;
  n, m    : BYTE;
  ok      : CHAR;
  fertig : BOOLEAN;
```

```
PROCEDURE Startbild;
  BEGIN
  Clrscr;
  WriteLn(' ***********************************************');
  WriteLn(' * Dieses Programm liefert Ihnen eine multilineare
              Regression                                 *');
  WriteLn(' * Ich empfehle Ihnen, sich zuerst mathematisch
              fit zu machen!                             *');
  WriteLn(' *                                            *');
  WriteLn(' * Die Eingabe läuft wie folgt ab.            *');
  WriteLn(' * Als erstes frage ich Sie die Anzahl der
              Einflußgrößen ab (2 od.3 ).               *');
  WriteLn(' * Dann die Anzahl der Messungen, die Sie
              durchgeführt haben.                       *');
  WriteLn(' *                                            *');
  WriteLn(' * Bitte geben Sie genau das ein, was ich Sie
              frage.                                    *');
  WriteLn(' * Ansonsten übernehme ich keine Gewähr über die
              Richtigkeit des Ergebnisses!! Gell?!      *');
  WriteLn(' ***********************************************');
  END; (* PROCEDURE Startbild *)


PROCEDURE Eingabe;
  VAR
    i, j : BYTE;
    korrekt : BOOLEAN;
  BEGIN
  REPEAT
    WriteLn;
    WriteLn;
    Write(' Bitte geben sie die Anzahl der Einflußgrößen ein: ');
    ReadLn(m);
    korrekt := (m > 1) OR (m < 4);
    IF m > 3 THEN
      WriteLn('Das ist zu schwierig. Geben Sie 2 oder 3 ein! ');
    UNTIL korrekt;
  REPEAT
    WriteLn;
    WriteLn;
    Write('  Bitte Anzahl der Messungen eingeben: ');
    ReadLn(n);
    IF n < m THEN
      BEGIN
      WriteLn;
```

```
      WriteLn('  ┌──────────────────────────┐  ');
      WriteLn('  │   Zu wenig Meßreihen     │  ');
      WriteLn('  └──────────────────────────┘  ');
      END; (* IF n<m THEN *)
    korrekt := (n>m) OR (n=m);
    UNTIL korrekt;
  Clrscr;
  FOR i:=1 TO n DO
    BEGIN
    FOR j:=1 TO m DO
      BEGIN
      Write('  x[',i,',',j,']= ');
      ReadLn(x[i,j]);
      END; (* FOR j-Schleife *)
    Write('  y[',i,']= ');
    ReadLn(y[i]);
    WriteLn;
    END; (* FOR i-Schleife *)
  END; (* PROCEDURE Eingabe *)


PROCEDURE Ausgabe_Messreihen;
  VAR
    i : BYTE;
  BEGIN
  Clrscr;
  WriteLn;
  WriteLn;
  WriteLn('     y- Wert  x1- Wert  x2- Wert   x3-Wert');
  FOR i:=1 TO n DO
    WriteLn(' ',y[i]:5:2,'  ',x[i,1]:5:2,'  ',x[i,2]:5:2,'
             ',x[i,3]:9:2);
  END; (* PROCEDURE Ausgabe_Messreihen *)


PROCEDURE Korrektur;
  VAR
    ok : CHAR;
    korrekt : BOOLEAN;
    i, j : BYTE;
  BEGIN
  Ausgabe_Messreihen;
  REPEAT
    WriteLn;
    WriteLn('Wollen sie noch Korrekturen vornehmen ? j/n : ');
```

```
    ReadLn(ok);
    korrekt := ok IN ['n','N'];
    IF NOT korrekt THEN
      BEGIN
      WriteLn('Geben sie gewünschten x-Wert ein ! x[i,j] ');
      Write('x[');
      Read(i);
      Write(',');
      Read(j);
      Write(']');
      WriteLn('  Korrektur von x[',i,',',j,']= ');
      Read(x[i,j]);
      WriteLn;
      WriteLn('Korrektur eines y-Wertes ! y[i] ');
      Write('y[');
      Read(i);
      Write(']');
      WriteLn('  Korrektur von y[',i,']= ');
      Read(y[i]);
      END; (* IF-Abfrage *)
    UNTIL korrekt;
  Ausgabe_Messreihen;
  REPEAT UNTIL KEYPRESSED;
  END; (* PROCEDURE Korrektur *)


PROCEDURE Berechnung;
  VAR
    i, j : BYTE;
    e,f,g,h,k,l,o,p: REAL;
    b, c : ARRAY [1..100,1..5] OF REAL;
    z: ARRAY [1..100] OF REAL;
    korrekt : BOOLEAN;
  BEGIN
  FOR i:=1 TO n+1 DO
    BEGIN
    z[i] := 0;
    a[i] := 0;
    FOR j:=1 TO m+1 DO
      BEGIN
      b[i,j] := 0;
      c[i,j] := 0;
      END; (* FOR j-Schleife *)
    END; (* FOR i-Schleife *)
```

```
IF m = 3
  THEN
    BEGIN
    FOR i:=1 TO n DO
      BEGIN
      b[1,1]:=b[1,1] + x[i,1]*x[i,1];
      b[1,2]:=b[1,2] + x[i,2]*x[i,1];
      b[1,3]:=b[1,3] + x[i,3]*x[i,1];
      b[2,1]:=b[2,1] + x[i,1]*x[i,2];
      b[2,2]:=b[2,2] + x[i,2]*x[i,2];
      b[2,3]:=b[2,3] + x[i,3]*x[i,2];
      b[3,1]:=b[3,1] + x[i,1]*x[i,3];
      b[3,2]:=b[3,2] + x[i,2]*x[i,3];
      b[3,3]:=b[3,3] + x[i,3]*x[i,3];
      z[1]:=z[1] + y[i]*x[i,1];
      z[2]:=z[2] + y[i]*x[i,2];
      z[3]:=z[3] + y[i]*x[i,3];
      END; (* FOR i-Schleife *)
    (* Berechnung der Determinanten D *)
    g:= b[1,1]*b[2,2]*b[3,3];
    h:= b[1,2]*b[2,3]*b[3,1];
    k:= b[1,3]*b[2,1]*b[3,2];
    l:= b[1,2]*b[2,1]*b[3,3];
    o:= b[1,1]*b[2,3]*b[3,2];
    p:= b[1,3]*b[2,2]*b[3,1];
    D:= g+h+k-l-o-p;
    END (* IF m=3 THEN *)
  ELSE
    BEGIN
    FOR i:=1 TO n DO
      BEGIN
      b[1,1]:=b[1,1] + x[i,1]*x[i,1];
      b[1,2]:=b[1,2] + x[i,2]*x[i,1];
      b[2,1]:=b[2,1] + x[i,1]*x[i,2];
      b[2,2]:=b[2,2] + x[i,2]*x[i,2];
      z[1]:=z[1] + y[i]*x[i,1];
      z[2]:=z[2] + y[i]*x[i,2];
      END; (* FOR i-Schleife *)
    (* Berechnung der Determinanten D *)
    e := b[1,1]*b[2,2];
    f := b[2,1]*b[1,2];
    D := e - f;
    END; (* ELSE *)
Clrscr;
WriteLn;
```

```
  WriteLn;
  FOR i:=1 TO n DO
    FOR j:=1 TO m DO
      WriteLn('      b ',i,',',j,' = ',b[i,j]:9:2);
  ReadLn;
(*  REPEAT (* Wiederhole bis Determinante ungleich null *)
    korrekt:= D <> 0;
    IF NOT korrekt THEN
      BEGIN
      WriteLn;
      WriteLn('                                             ');
      WriteLn('  Die Determinante ist gleich null.
               Versuchen Sie es nochmals, indem        ');
      WriteLn('  Sie eine neue Messung aufnehmen
               oder eine Meßreihe weglassen.            ');
      WriteLn('                                             ');
      END; (* IF-Abfrage *)
(*   UNTIL korrekt;   *)
  (*Berechnung der inversen Matrix*)
  IF m=3
    THEN
      BEGIN
      c[1,1]:=  (b[1,1]*b[3,3])/D- (b[2,3]*b[3,2])/D;
      c[1,2]:= -((b[2,1]*b[3,3])/D-(b[2,3]*b[3,1])/D);
      c[1,3]:=  (b[2,1]*b[3,2])/D- (b[2,2]*b[3,1])/D;
      c[2,1]:= -((b[1,2]*b[3,3])/D-(b[1,3]*b[3,2])/D);
      c[2,2]:=  (b[1,1]*b[3,3])/D- (b[1,3]*b[3,1])/D;
      c[2,3]:= -((b[1,1]*b[3,2])/D-(b[1,2]*b[3,1])/D);
      c[3,1]:=  (b[1,2]*b[2,3])/D- (b[1,3]*b[2,2])/D;
      c[3,2]:= -((b[1,1]*b[2,3])/D-(b[1,3]*b[2,1])/D);
      c[3,3]:=  (b[1,1]*b[2,2])/D- (b[1,2]*b[2,1])/D;
      END
    ELSE
      BEGIN
      c[1,1]:= b[2,2]/D;
      c[1,2]:=-b[1,2]/D;
      c[2,1]:=-b[2,1]/D;
      c[2,2]:= b[1,1]/D;
      END; (* IF-THEN-ELSE *)
  a[1]:= z[1]*c[1,1]+z[2]*c[1,2]+z[3]*c[1,3];
  a[2]:= z[1]*c[2,1]+z[2]*c[2,2]+z[3]*c[2,3];
  a[3]:= z[1]*c[3,1]+z[2]*c[3,2]+z[3]*c[3,3];
  END; (* PROCEDURE Berechnung *)
```

```
PROCEDURE Ausgabe;
  BEGIN
  Clrscr;
  WriteLn;
  WriteLn;
  WriteLn;
  WriteLn('                                              ')
  WriteLn('   Determinante D = ',D:10:3,'                 ');
  WriteLn('                                              ');
  WriteLn('                                              ');
  WriteLn('   Als Gleichung für die multilineare
            Regression ergibt sich:                    ');
  WriteLn('                                              ');
  WriteLn('   y = ',a[1]:12:4,' *x1 + ',a[2]:12:4,' *x2
            + ',a[3]:12:4,' *x3                        ');
  WriteLn('   ========================================   ');
  WriteLn('                                              ');
  WriteLn;
  WriteLn;
  END; (* PROCEDURE Ausgabe *)


BEGIN (* Hauptprogramm *)
REPEAT (* Wiederhole bis fertig *)
  Startbild;
  Eingabe;
  Korrektur;
  Berechnung;
  Ausgabe;
  Write(' Noch ein Durchgang ? J/N  : ');
  ReadLn(ok);
  fertig := ok IN ['n','N'];
  UNTIL fertig;
END.
```

Anhang

A 1 Operatoren

A 1.1 Vergleichsoperatoren

Operator	Bedeutung
>	größer
>=	größer gleich
<	kleiner
<=	kleiner gleich
< >	ungleich
=	gleich

A 1.2 Arithmetische Operatoren

Operator	Wirkung	Beispiel	Typ
+	Addition	6 + 3 = 9	Integer/Real
–	Subtraktion	6 – 3 = 3	Integer/Real
*	Multiplikation	6 * 3 = 18	Integer/Real
/	Division	6/3 = 2	Real
div	ganzzahlige Division	6 div 4 = 1	Integer
mod	Rest der ganzzahligen Division	6 mod 4 = 2	Integer

A 1.3 Logische Operatoren

Operator	Wirkung
and	sowohl als auch
not	Verneinung
or	inklusives ODER
xor	exklusiver ODER
in	Prüfung auf Mengenzugehörigkeit

*A 1.4 Adreß-Operatoren

Operator	Wirkung
@	Rückgabe der Adresse des Bezeichners
^	Rückgabe des Inhalts der Speicherzelle

* Ab Turbo Pascal 4.0

A 1.5 Mathematische Funktionen

Trigonometrische Funktionen			
Funktion	**Bedeutung**	**Beispiel**	**Ergebnis**
arctan	Winkel des Tangens im Bogenmaß	arctan (π)	9 (Real)
cos	Cosinus des Winkels im Bogenmaß	cos (π)	– 1 (Real)
sin	Sinus des Winkels im Bogenmaß	sin (π)/2)	1 (Real)
Arithmetische Funktionen			
exp	e hoch	exp (3)	20.085537
ln	Natürlicher Logarithmus	ln (3)	1.098612
odd	ungerade Zahl	odd (3)	wahr
pi	Zahl pi		3.14159 ..
pred	Vorgänger des Ausdrucks		
sqr	Quadrat	sqr (3.5)	12.25
sqrt	Quadratwurzel	sqrt (9)	3
succ	Nachfolger des Ausdrucks		
Umwandlungsfunktionen			
abs	Absolutwert	abs (– 3)	3
chr	Zeichen der ASCII-Code-Nummer	chr (64)	@
frac	Nachkommateil	frac (2.443)	0.443
int	ganzzahliger Teil als Real-Zahl	int (2.443)	2.000
round	kaufmännisches Runden	round (3.56)	4.00
ord	Codenummer eines ASCII-Zeichens	ord ('A')	65
trunc	Ganzzahliger Teil	truc (3.56)	3.00
Bit-Verschiebungs-Funktionen			
SHL	Anzahl Bits nach links verschieben		
SHR	Anzahl Bits nach rechts verschieben		

Beispiel für SHR und SHL

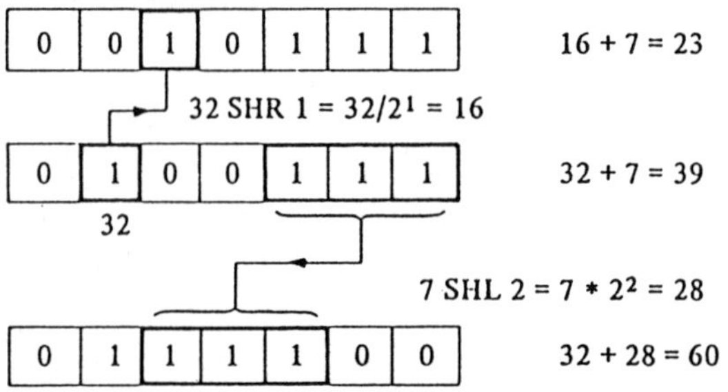

0	0	1	0	1	1	1	$16 + 7 = 23$

32 SHR 1 = $32/2^1 = 16$

0	1	0	0	1	1	1	$32 + 7 = 39$

32

7 SHL 2 = $7 * 2^2 = 28$

0	1	1	1	1	0	0	$32 + 28 = 60$

A 2 Befehle, nach Gruppen gegliedert

A 2.1 Anweisungen

BEGIN <Anweisungen> **END**
Block von Anweisungen markieren.

CASE..OF..ELSE..END
Auswahl aus mehreren Möglichkeiten mit Fehlerausgang.

EXEC <Pfad, Kommando, Argument: String)
Starten und Ausführen eines Programms innerhalb eines anderen.

EXIT
Abbrechen einer Anweisung (z. B. Verlassen einer Schleife).

FOR..TO (DOWNTO)..DO
Zählschleife ausführen.

FORWARD
Gegenseitiger Aufruf zweier Prozeduren oder Funktionen.

FUNCTION
Vereinbarung eines Unterprogramms als Funktion.

GOTO <LABEL>
Unbedingter Sprung zu einer Markierung (LABEL).

HALT(<Fehlercode>)
Beenden der Ausführung des Programms.

IF <Bedingung> **THEN** <Anweisung> **ELSE**
Alternative Auswahl aus zwei Möglichkeiten.

IMPLEMENTATION
Programm der Funktionen und Prozeduren im INTERFACE-Teil einer UNIT.

IN
Prüfung, ob ein Element in einer Menge vorhanden ist.

INTERFACE
Festlegen aller Konstanten, Variablen, Datentypen, Funktionen und Prozeduren, die öffentlich sind.

INTERRUPT
Prozedur als Interrupt-Routine (Unterbrechung).

LABEL
Sprungmarkierungen.

PROCEDURE
Unterprogramm als Prozedur.

READ oder **READLN**(<Variable>)
Einlesen von Variablen und Datensätzen.

REPEAT <Anweisung> **UNTIL** <Bedingung>
Nicht abweisende Schleife.

UNIT
Programm als Bibliothek.

USES
Benutzen von Programmbibliotheken.

WHILE <Bedingung> **DO**
Abweisende Schleife.

WITH <Recordvariable> **DO** <Anweisung>
Direktzugriff auf Variablen einer Datei.

A 2.2 Datei-Funktionen und Datentypen

Append (VAR f: TEXT)
Anhängen neuer Komponenten an eine Textdatei.

Assign(VAR f; Name: STRING)
Zuordnung einer Dateivariablen (f) zu einer Datei (Name).

BlockRead (VAR f: FILE; VAR buf; count: WORD [;erg: WORD])
Einlesen eines oder mehrerer (count) Datensätze aus einer Datei (f) in den Puffer.

BlockWrite (VAR f: FILE; VAR buf; count: WORD [;erg: WORD])
Schreiben eines oder mehrerer (count) Datensätze aus einem Puffer in eine Datei (f).

ChDir (s: STRING)
Wechsel in ein neues Verzeichnis (s).

Chr (x: BYTE): CHAR
Umwandlung des Zeichens x in den ASCII-Kode.

Close (VAR f)
Schließen einer Datei (f).

Concat (s1 [, s2, ..., sn]:STRING)
Verbinden von zwei oder mehreren Stringtabellen.

Copy (s: STRING; pos, zaehler: INTEGER) : STRING
Kopieren einer Anzahl Zeichen (zaehler) ab der Position (pos) aus einer Zeichenkette (s).

CSeg
Rückgabe der Adresse des aktuellen Code-Segmentes (CS).

Dec(x [, n: LONGINT])
Verringern des Ordinalwertes x um n (bzw. um 1, wenn n fehlt).

Eof (VAR f)
Prüfen auf Ende der Datei (f).

EoLn (VAR f)
Prüfen auf Zeilenende.

Erase (VAR f)
Löschen der mit Assign verbundenen Datei (f).

Fail
Freigabe der Instanz eines Objettyps und Verlassen des Konstruktors.

FilePos (VAR f)
Angabe der momentanen Position innerhalb der Datei (f).

FileSize (VAR f)
Angabe der Größe einer Datei (f) in Datensätzen.

FillChar (VAR x; zaehler: WORD; wert)
Auffüllen eines Speicherbereiches mit einem bestimmten Wert.

Flush (VAR f: Text)
Leeren der temporären Puffer und Schreiben auf eine externe Datei (f).

FreeMem (VAR p: POINTER; size: WORD)
Freigabe eines mit **New** reservierten Speicherbereiches bestimmter Größe (size).

GetDir (Laufwerk: BYTE; VAR s: STRING)
Aktuelles Dateiverzeichnis.

GetMem (VAR p: POINTER; size: WORD)
Belegen einer Anzahl (size) Bytes ab einer Adresse (p).

Insert (Quelle: STRING; VAR st: STRING; index: INTEGER)
Einfügen einer Zeichenkette (Quelle) ab einer Position (index) in eine bestehende Zeichenkette (st).

IOResult
Fehlerstatus der letzten Eingabe-/Ausgabe-Operation.

Length (s: STRING)
Aktuelle Länge einer Zeichenkette (s)

MaxAvail
Umfang des größten freien Blocks im Heap.

MemAvail
Gesamter Umfang des freien Speicherplatzes auf dem Heap.

MkDir (Name: STRING)
Erzeugen eines neuen Unterverzeichnisses (Name).

Move (VAR Quelle, Ziel; Anzahl: WORD)
Kopieren von Bytes von einem Speicherbereich (Quelle) in einen anderen (Ziel).

Ofs (x)
Offset-Anteil einer Adresse, an der x gespeichert ist.

ParamCount
Anzahl der Aufrufparameter.

ParamStr (Index: WORD)
Aufrufparameter mit einer bestimmten Nummer (Index).

Pos (Teilstring: STRING; s: STRING)
Suche in einem String (s) nach einem Teilstring (Teilstring). Rückgabe, wenn er gefunden wird, sonst ist der Wert für Pos = 0.

Read bzw. **ReadLn** (VAR f, v1[, v2, ..., vn])
Lesen einer oder mehrerer Komponenten aus einer Datei in die angegebene Variable (f).

Rename (VAR f; neu: STRING)
Umbenennen einer Datei.

Reset (VAR f [: FILE; rec_groesse: WORD])
Öffnen einer Datei (f) und Setzen des Dateizeigers an den Anfang.

Rewrite (VAR f [: FILE; rec_groesse: WORD])
Erzeugen einer neuen Datei (f), die mit Assign zugewiesen wurde. Bereits existierende Datei wird gelöscht.

RmDir (s: STRING)
Löschen eines leeren Unterverzeichnisses.

Seek (Var f; n: LONGINT)
Setzen des Positionszeigers auf eine bestimmte Komponente (n) der Datei (f).

SeekEof [(VAr f: Text)]
Prüfen, ob zwischen momentaner Position und dem Ende der Datei noch lesbare Daten sind.

SeekEoln [(VAr f: Text)]
Prüfen, ob zwischen momentaner Position und dem Ende der Zeile noch lesbare Daten sind.

Seg (x)
Adresse des Segments, in dem x gespeichert ist.

SetTextBuf (VAR f: Text; VAR buf[;groesse: WORD])
Zugriffe auf f werden in einen Puffer gelesen.

SSeg
Adresse des Stack-Segments.

Str (x [:Breite [:Dezimalstellen]], VAR s: String)
Konvertierung eines numerischen Wertes in einen String.

Swap (x)
Vertauschen des niederwertigen und des höherwertigen Bytes.

TypeOf (x)
Zeiger auf die virtuelle Methodentabelle (VTM) eines Objekttyps.

UpCase (ch: CHAR)
Umwandlung von Kleinbuchstaben in Großbuchstaben.

Val (s: STRING; v; VAR code: INTEGER)
Umwandeln eines Strings in numerischen Wert.

Write bzw. **WriteLn** (VAR f, v1 [, v2, ..., vn])
Schreiben von Daten in eine Datei.

A 2.3 Prozeduren für den Bildschirm (UNIT CRT)

AssignCrt (VAR f; Name: STRING)
Zuordnen des Bildschirms (Crt) einer Textdatei.

ClrEol
Löschen aller Zeichen vom Cursorstand bis zum Zeilenende.

ClrScr
Löschen des Bildschirms und Setzen des Cursors in die linke obere Ecke.

Delay (ms: WORD)
Verzögerung des Programmablaufs um Millisekunden.

DelLine
Löschen einer Zeile.

GotoXY (X, Y: BYTE)
Cursor in Spalte X und Zeile Y setzen.

HighVideo
Ausgabefarbe auf hohe Intensität setzen.

InsLine
Einfügen einer Leerzeile ab Cursorposition.

KeyPressed
Prüfen, ob ein Zeichen im Tastaturpuffer ist.

LowVideo
Ausgabefarbe auf geringe Intensität setzen.

NormVideo
Umschalten in den Textmodus, der beim Programmstart gesetzt war.

NoSound
Abschalten des Lautsprechers.

ReadKey
Einlesen eines Zeichens von der Tastatur, ohne es auszulesen.

RestoreCrt
Rücksetzen des Videomodus.

RestoreCrtMode
Rücksetzen des Videomodus auf den letzten Grafikstandard.

Sound (Hertz: WORD)
Ausgabe eines Tones mit der Frequenz in Hertz.

TextBackground (Farbe: BYTE)
Festlegen der Hintergrundfarbe.

TextColor (Farbe: BYTE)
Festlegen der Farbe für den Text.

TextMode (Mode: WORD)
Setzen eines Textmodus.

WhereX
Rückgabe der Spaltenposition des Cursors.

WhereY
Rückgabe der Zeilenposition des Cursors.

Window (x1, y1, x2, y2: BYTE)
Festlegen eines Fensterbereichs zwischen x1, y1 und x2, y2.

A 2.4 Prozeduren des Betriebssystems (UNIT DOS)

DiskFree (Laufwerk: BYTE)
Freier Platz auf einem Laufwerk.

DiskSize (Laufwerk: BYTE)
Gesamtkapazität des Laufwerkes.

DosExitCode
Exit-Code eines als Unterprozeß gestarteten Programms.

DosVersion
Versionsnummer von DOS.

EnvCount
Anzahl der gesetzten Umgebungsvariablen.

EnvStr (Index: INTEGER)
Inhalte der durch Index gekennzeichneten Umgebungsvariablen.

Exec (Name, Kommando: STRING)
Ausführen eines Kommandos aus einem benannten Programm.

FExpand (Pfad: PATHSTR)
Erweitern des Dateinamens um den Suchpfad.

FindFirst (Suchpfad: STRING; Attr : BYTE; VAR s: SEARCHREC)
Suchen eines Verzeichnisses nach dem ersten Vorkommen eines Dateinamens.

FindNext (VAR s: SEARCHREC)
Fortsetzen der mit FindFirst begonnenen Suche.

FSearch (Suchpfad: PATHSTRING; Verzeichnisliste: STRING)
Suchen in der Verzeichnisliste nach einem Dateinamen.

FSplit (Suchpfad: PATHSTR; VAR verz: DIRSTR;
VAR Name: NAMESTR, VAR Endung: EXTSTR)
Zerlegen des vollständigen Dateinamens in seine Komponenten Suchpfad (PATHSTR), Verzeichnis (DIRSTR), Namen (NAMESTR) und Endung (EXSTR).

GetCBreak (VAR Break: BOOLEAN)
Prüfen, ob DOS auf <CTRL> <BREAK> reagiert.

GetDate (VAR Jahr, Monat, Tag, Wochentag: WORD)
Ermitteln des aktuellen Datums.

GetEnv (UmgebungsVar: STRING)
Lesen eines Eintrags aus der Tabelle der Umgebungsvariablen.

GetFAttr (VAR f; VAR Attr: WORD)
Lesen der Attribute einer nicht geöffneten Datei (f).

GetFTime (VAR f; VAR Zeit: LONGINT)
Ermitteln des Datums und der Uhrzeit der letzten Änderung der Datei.

GetIntVec (Intnummer: BYTE; VAR Vektor: Pointer)
Ermitteln des Interrupt-Vektors.

GetTime (VAR Stunde, Minute, Sekunde, Sek100: WORD)
Systemuhrzeit.

GetVerify (VAR Verify: BOOLEAN)
Angabe, ob DOS geschriebene Diskettensektoren prüft.

Intr (Interruptnum: BYTE; VAR Register: REGISTERS)
Ausführen eines Software-Interrupts.

Keep (Exitcode: WORD)
Beenden eines Programms, das speicherresident wird.

MsDos (VAR Register: REGISTERS)
Ausführen eines DOS-Aufrufs, der interrupt-gesteuert ist.

PackTime (VAR Datum: DATEITIME; VAR Zeit: LONGINT)
Konvertierung des Records vom Typ DateTime für die Verwendung in SetFTime.

SetCBreak (Break: BOOLEAN)
Festlegen, ob DOS bei Ein-/Ausgabeoperationen prüft, ob die Tastenkombinaten <CTRL> <BREAK> gedrückt wurde.

SetDate (Jahr, Monat, Tag, Wochentag: WORD)
Setzen des Datums des Betriebssystems.

SetFAttr (VAR f; Attribut: BYTE)
Setzen der Datei-Attribute.

SetFTime (VAR f; Zeit: LONGINT)
Setzen des Datums und der Uhrzeit der letzten Änderung einer Datei (f).

SetGraphBufSize (Puffergroesse: WORD)
Festlegen der Puffergröße für Flächenfüllungen und Vielecke.

SetIntVec (Interruptvektor: BYTE; Vektor: POINTER)
Setzen des Interruptvektors auf die Speicheradresse Vektor.

SetTime (Stunde, Minute, Sekunde, 100Sek: WORD)
Einstellen der Zeit der Systemuhr.

SetVerify (Verify: BOOLEAN)
Festlegen, ob DOS nach dem Schreiben die Diskettensektoren prüft.

SwapVectors
Vertauschen der vom System belegten Interruptvektoren mit den entsprechenden Variablen der UNIT SYSTEM.TPU.

UnpackTime (Zeit: LONGINT; VAR DatumZeit: DATETIME)
Konvertierung des Datums und der Uhrzeit aus dem gepackten Format in einen Record des Typs DateTime.

A 2.5 Prozeduren für die Grafik (UNIT GRAPH)

Arc (x,y: INTEGER; Startwinkel, Endwinkel, Radius: WORD)
Zeichnen eines Kreisbogens bzw. eines Kreisausschnitts um (x,y).

Bar (x1, y1, x2, y2: INTEGER)
Zeichnen eines zweidimensionalen Balkens (x1, y1: untere Ecke; x2, y2: obere Ecke).

Bar3 (x1, y1, x2, y2: INTEGER; Tiefe: WORD; Spitze: BOOLEAN)
Zeichnen eines dreidimensionalen Balkens.

Circle (x, y: INTEGER; Radius: WORD)
Zeichnen eines Kreises mit Mittelpunkt (x,y) und Radius r.

ClearDevice
Löschen des gesamten Grafik-Bildschirms.

ClearViewPort
Löschen des aktuellen Zeichenfensters.

CloseGraph
Beenden der Grafik-Software.

DetectGraph (VAR Treiber, Modus: INTEGER)
Ermitteln des aktuellen Grafik-Treibers und des Grafikmodus.

DrawPoly (AnzahlPunkte: WORD; VAR Polypunkte)
Zeichnen des Umrisses eines Polygons.

Ellipse (x, y: INTEGER; Startwinkel, Endwinkel: WORD;
XRadius, YRadius: WORD)
Zeichnen eines elliptischen Kreisausschnitts.

FillEllipse (x, y: INTEGER; XRadius, YRadius: WORD)
Zeichnen einer ausgefüllten Ellipse.

FillPoly (Anzahlpunkte: WORD; VAR PolyPunkte)
Zeichnen eines ausgefüllten Polygons.

FloodFill (x, y: INTEGER; Randfarbe: WORD)
Füllen eines mit Randfarbe eingeschlossenen Bereichs ab den Koordinaten x, y.

GetArcCords (VAR Arccords: ARCCORDSTYPE)
Informationen über den letzten Aufruf von Arc.

GetAspectRatio (VAR XAspect, YAsp: WORD)
Höhen- und Seitenverhältnis der gewählten Auflösung.

GetBkColor
Aktuelle Hintergrundfarbe.

GetColor
Aktuelle Zeichenfarbe des Grafikbildschirms.

GetDefaultPalette (VAR Palette: PALETTETYPE)
Standardpalette des aktuellen Grafik-Treibers.

GetDriverName
Name des aktiven Grafiktreibers.

GetFillPattern (VAR Muster:FILLPATTERNTYPE)
Aktuelles Bitmuster zum Füllen von Flächen.

GetFillSettings (VAR Musterinfo: FILLSETTINGSTYPE)
Aktuelles Füllmuster und benutzte Farbe.

GetGraphMode
Informationen über den Grafikmodus.

GetImage (x1, y1, x2, y2: INTEGER; VAR Bitmap)
Kopieren eines rechteckigen Bildes an die Speicheradresse Bitmap.

GetLineSettings (VAR Linieninfo: LINESETTINGSTYPE)
Aktueller Linientyp.

GetMaxColor
Maximale Farbnummer des aktuellen Grafikmodus.

GetMaxMode
Nummer der höchsten Auflösung für den geladenen Treiber.

GetMaxX
Maximal mögliche x-Koordinate.

GetMaxY
Maximal mögliche y-Koordinate.

GetModeName (Modenummer: INTEGER)
Namen eines Grafikmodus.

GetModeRange (Grafiktreiber: INTEGER;
minmode, maxmode: INTEGER)
Mögliche Grafiktreiber eines Grafikmodus.

GetPalette (VAR Palette: PALETTETYPE)
Informationen über die aktuelle Farbpalette.

GetPaletteSize
Anzahl der möglichen Farben.

GetPixel (x, y: INTEGER)
Farbe eines Pixels mit den Koordinaten x, y.

GetTextSettings (VAR Textinformation: TEXTSETTINGSINFO)
Informationen über die Art der Textausgabe im Grafikmodus.

GetViewSetting (VAR Viewport: VIEWPORTTYPE)
Informationen über das aktuelle Zeichenfenster.

GetX
X-Koordinate des Grafik-Cursors.

GetY
Y-Koordinate des Grafik-Cursors.

GraphDefaults
Grafikangaben rücksetzen auf Standardwerte.

GraphErrorMasg (Fehlernummer: INTEGER)
Fehlermeldung im Grafikpaket.

GraphResult
Fehlerstatus der letzten Grafik-Operation.

ImageSize (x1, y1, x2, y2: INTEGER)
Speicherbedarf eines zu speichernden Bildes.

InitGraph (VAR Grafiktreiber: INTEGER;
VAR Grafikmodus: INTEGER; Pfad: STRING)
Initialisieren des Grafik-Treibers. Setzen des Grafik-Treibers und des Grafikmodus.

InstallUserDriver (Name: STRING;
AutoDetectPtr: POINTER)
Installation anderer Grafik-Treiber.

InstallUserFont (FontDateiName: STRING)
Installation anderer Vektor-Zeichensätze.

Line (x1, y1, x2, y2: INTEGER)
Linie zwischen zwei Punkten.

LineRel (dx, dy: INTEGER)
Linie relativ zur momentaner Position des Grafik-Cursors.

LineTo (x, y: INTEGER)
Linie von momentaner Cursorposition zu einem angegebenen Punkt (x, y).

MoveRel (dx, dy: INTEGER)
Bewegen des Grafik-Cursors relativ zur aktuellen Position.

MoveTo (x, y: INTEGER)
Setzen des Grafik-Cursors auf einen bestimmten Punkt (x, y).

OutText (Stelle: STRING)
Text an der Stelle des Grafik-Cursors.

OutTextXY (x, y: INTEGER; Stelle: STRING)
Textausgabe an beliebigen Stellen des Grafik-Cursors.

PieSlice (x, y: INTEGER; Startwinkel, Endwinkel, Radius: WORD)
Zeichnen eines ausgefüllten Kreisausschnitts (Kuchenstück).

PutImage (x, y: INTEGER; VAR Bitmap, BitBlock: WORD)
Ausgabe eines neuen Bildes (Bitmap) ab der Koordinate x, y.

PutPixel (x, y: WORD; Farbe: WORD)
Zeichnen eines Punktes in den angegebenen Koordinaten.

Rectangle (x1, y1, x2, y2: INTEGER)
Zeichnen eines Rechtecks mit der unteren Ecke (x1, y1) und der oberen Ecke (x2, y2)

RegisterBGIDriver (Treiber: POINTER)
Einbinden von BGI-Dateien als Object-Dateien.

RegisterBGIFont (Font: POINTER)
Einbinden von CHR-Zeichensätzen als Object-Dateien.

Sector (x, y: INTEGER; Startwinkel, Endwinkel,
XRadius, YRadius: WORD)
Zeichnen eines ausgefüllten „elliptischen Kuchenstücks" ab den Koordinaten x, y.

SetActivePage (Seite. WORD)
Festlegen, auf welche Grafikseite die folgenden Grafikbefehle wirken.

SetAllPalette (VAR Palette)
Neu Setzen aller Einträge einer Farbpalette.

SetAspectRatio (Xasp, YAsp: WORD)
Korrekturfaktor des Höhen-/Breiten-Verhältnisses.

SetBkColor (Farbnummer: WORD)
Hintergrundfarbe des Grafik-Bildschirms.

SetColor (Farbe: WORD)
Setzen der Vordergrundfarbe des Grafik-Bildschirms.

SetFillPattern (Muster: FILLPATTERNTYPE; Farbe: WORD)
Freie Definition von Füllmustern.

SetFillStyle (Muster: WORD; Farbe: WORD)
Setzen eines Musters der GRAPH.TPU.

SetGraphMode (Grafikmodus: INTEGER)
Umschalten in Grafikmodus und Löschen des Bildschirms.

SetLineStyle (Linienart, Muster, Dicke: WORD)
Linienart und Dicke der Linien.

SetPalette (Farbnummer: WORD; Farbe: SHORTINT)
Ändern der Farbe.

SetRGBPalette (Farbnummer, Rotwert, Grünwert, Blauwert: INTEGER)
Ändern der Farbnummer für IBM-8514- und VAG-Adapter.

SetTextJustify (Horizontal, vertikal: WORD)
Ausrichtung von Text.

SetTextStyle (Font, Richtung: WORD; Groesse: WORD)
Festlegen des Zeichensatzes (Font), der Richtung und der Größe des Textes.

SetUserCharSize (MultX, DivX, MultY, DivY: WORD)
Vergrößerung des aktuellen Zeichensatzes.

SetViewPort (x1, y1, x2, y2: INTEGER; Clip: BOOLEAN)
Setzen eines Grafikfensters zwischen der unteren Ecke (x1, y1) und der oberen Ecke (x2, y2).

SetVisualPage (Seite: WORD)
Auswahl einer Grafikseite zur Anzeige.

SetWriteMode (Modus: INTEGER)
Festlegen, wie Linien den Grafik-Bildschirm überzeichnen.

TextHeight (Zeichenkette: STRING)
Höhe des Textes in Pixel.

TextWidth (Zeichenkette: STRING)
Breite des Textes in Pixel.

A 2.6 Overlay-Funktionen

Mit *Overlays* werden die benötigten Teile in den Arbeitsspeicher geladen, und die nicht mehr gebrachten Teile ausgelagert.

OvrClearBuf
Löschen des Overlay-Puffers.

OvrGetBuf
Aktuelle Größe des Overlay-Puffers in Byte.

OvrGetRetry
Aktuelle Größe des Bewährungsbereiches in Byte.

OvrInit (Dateiname: STRING)
Beginn der Overlay-Verwaltung und Öffnung der Datei (benannt als Dateiname.OVR).

OvrInitEMS
Kopieren der Overlay-Datei in eine EMS-Karte.

OvrSetBuf (Länge: LONGINT)
Festlegen der Größe des Overlay-Puffers.

OvrSetRetry (Groesse: LONGINT)
Festlegen des Bewährungsbereichs im Overlay-Puffer.

A 3 Fehlermeldungen

Es werden prinzipiell zwei Arten von Fehlern gemeldet: Die Fehler während der *Kompilierung* und die Fehler während des Programmablaufs (*Laufzeitfehler*). Die Fehler, die der Compiler meldet, sind meistens *Syntax-Fehler*, z. B. falsche Bezeichnungen. Während des Programmablaufs treten sogenannte *semantische* Fehler auf, die eine *falsche Bedeutung* anzeigen. Solche Laufzeitfehler erhält man, wenn beispielsweise eine Variable ihren Wertebereich übersteigt, oder durch null dividiert wird.

A 3.1 Compiler-Fehlermeldungen

Die Fehler während des Kompilierens werden Ihnen angezeigt (ab der Cursor-Position rückwärts) und genau erklärt. Deshalb werden sie hier nicht noch einmal aufgeführt.

A 3.2 Laufzeit-Fehlermeldungen

Wird beispielsweise im Programm MITTELWE.PAS als erste Zahle der Buchstaben **a** eingegeben, dann erscheint folgende Laufzeit-Fehlermeldung:

```
Eingabe der ersten  Zahl : a
Runtime error 106 at 1D98:00ED.
Berechnung des Mittelwertes zweier Zahlen
```

Bild A1 Meldung bei Laufzeitfehlern

Sie sehen die Meldung: *Runtime error 106.* Das ist, in hexadezimaler Schreibweise die Fehlernummer 106 (s. Tabelle A1: „Ungültiges numerisches Format“).

Die Ausgabe: *at 1D98:00ED* gibt die Adresse des Befehls an, der für den Fehler verantwortlich ist.

Tabelle A1 zeigt die vier Fehlerklassen (ab Nummer 200 befinden sich die kritischen Fehler, bei denen ein sofortiger Programmabbruch stattfindet).

Tabelle A1 Laufzeitfehler

Fehlercode (hexadezimal)	Fehler
	DOS (1 bis 99)
2	Datei nicht gefunden
3	Pfad nicht gefunden
4	Zuviele Dateien offen
5	Dateizugriff verweigert
6	Handle ungültig
12	Ungültiger Dateimodus
15	Ungültige Laufwerksnummer
16	Verzeichnis kann nicht gelöscht werden
17	Umbenennung auf 2 verschiedenen Laufwerken nicht möglich
24	Teile einer Datei gehören nicht zum Typ Datei oder Objekt
	Dateibearbeitung (100 bis 149)
100	Lesefehler bei Diskette
101	Schreibfehler bei Diskette
102	Dateivariable keiner Datei zugeordnet
103	Datei nicht geöffnet
104	Datei zum Lesen nicht geöffnet
105	Datei zum Schreiben nicht geöffnet
106	Ungültiges numerisches Format
147	Kein gültiger Objekt-Typ
148	Lokale Objekt Typen sind nicht erlaubt
149	Das Wort VIRTUAL fehlt
	Kritische Fehler (150 bis 199)
150	Diskette schreibgeschützt
151	Peripheriegerät unbekannt
152	Laufwerk nicht betriebsbereit
153	ungültige DOS-Funktion
154	Prüfsummen-Fehler
155	Ungültiger Disketten-Parameterblock
156	Kopf-Positionierfehler
157	Unbekanntes Sektorformat
158	Sektor nicht gefunden
159	Kein Papier imDrucker
160	Schreibfehler beim Zugriff auf Peripheriegerät
161	Lesefehler beim Zugriff auf Peripheriegerät
162	Hardware-Fehler
	Fehler mit sofortigem Abbruch (200 bis 249)
200	Division durch Null
201	Fehler bei Bereichsüberprüfung
202	Stack-Überlauf
203	Kein Platz im Heap
204	Ungültige Zeigeroperation
205	Fließkomma-Überlauf
206	Fließkomma-Unterlauf
207	Fließkomma-Fehler
208	Overlay-Manager nicht vorhanden
209	Fehler beim Lesen einer Overlay-Datei

A 4 Fehlersuche mit dem Debugger

A 4.1 Aufgabe des Debuggers

Neu geschriebene Programme enthalten in fast allen Fällen Fehler, die es zu verbessern gilt. Dabei unterscheidet man im allgemeinen verschiedene Fehlerarten:

- *formale Fehler* (lösen eine Compilermeldung aus; s. Anhang A3),

- *Laufzeitfehler* (führen zum Programmabbruch; s. Anhang A3) und

- *logische Fehler* (Fehler, die der Programmierer macht).

Formale Fehler werden in der Regel vom Compiler oder vom Linker entdeckt. Solche Fehler werden normalerweise genau lokalisiert und eine Meldung über die Fehlerart ausgegeben. Deshalb bereitet diese Fehlerart dem Programmierer meistens keine Probleme.

Laufzeitfehler sind wesentlich tückischer, da sie sich erst bei der Ausführung des Programms bemerkbar machen, weil Sie etwas Unerlaubtes tun. Diese Fehler werden Ihnen ebenfalls angezeigt (Fehlerort und Fehlerart; s. Anhang A3, Tabelle A1).

Logische Fehler sind die schwierigsten Fehler. Denn Sie haben ein korrektes Programm geschrieben, und das Programm läuft auch ohne Schwierigkeiten. Nur – die Ergebnisse sind falsch, oder Ihr Programm führt Dinge aus, die es nicht soll. Dann haben Sie als Programmierer einen Denkfehler gemacht – und diesen zu finden ist sehr schwer. Eine – nicht ganz elegante Möglichkeit –, den Fehler einzukreisen, besteht darin, an wichtigen Stellen *zusätzliche WRITE-Anweisungen* (und manchmal auch *logische Variablen*) zu schreiben, um die Werte von Variablen verfolgen zu können.

Die meisten Programmiersprachen, auch Turbo Pascal, bieten Ihnen zur logischen Fehlersuche die Dienste eines *Debuggers* an. Er befindet sich als Menüpunkt *Debug* in der integrierten Entwicklungsumgebung (Aktivierung durch <F10> **D** oder <ALT> **D**), wie Bild A2 zeigt.

Mit seiner Hilfe läßt sich das zu untersuchende Programm Stück für Stück ausführen und seine Reaktionen beobachten. Folgende Möglichkeiten unterstützen Sie dabei:

- *Evaluate/modify (*<CTRL> F4)

Es öffnet sich ein Dialogfenster mit *drei Eingabefeldern*: *Evaluate* (Berechnen eines Ausdrucks oder einer Variablen), *Result* (Ausgabe des berechneten Wertes ei-

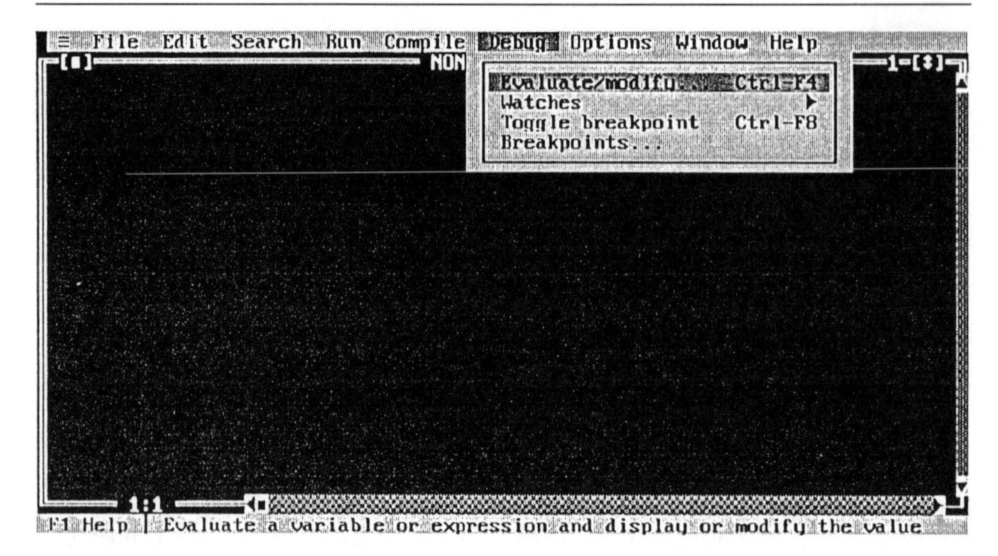

Bild A2 Debugger

ner Variablen oder eines Ausdrucks) und *New Value* (Zuweisung eines neuen Wertes für eine Variable).

– *Watches*

Sie können sich in sogenannten *Watches-Fenstern* die Veränderungen der Variablen ansehen und verfolgen, ob sie sich erwartungsgemäß verhalten. Sie können einen Watch-Ausdruck in das Fenster eingeben (*Add Watch*), einen Ausdruck aus dem Watches-Fenster löschen (*Delete Watch*), einen Watches-Ausdruck editieren (*Edit Watch*) oder alle Ausdrücke in dem Watches-Fenster löschen (*Remove All Watches*).

– *Toggle breakpoint (<CTRL> F8)*

Setzen von Abbruchstellen (*breakpoints*), zwischen denen Sie den Programmablauf studieren.

– *Breakpoints*

Hier können Sie alle Ihre Abbruchpunkte eingeben oder anzeigen lassen.

Der folgende Abschnitt zeigt die Fehlersuche für eine einfache Variable in einem kleinen Programm.

A 4.2 Verfolgen der Werte einzelner Variablen

Ärgerliche Fehler in Programmen können in Schleifen auftreten, wenn die Abbruchbedingungen einer Schleife nicht korrekt beschrieben worden sind. Dies führt im schlimmsten Fall zu einer „Endlos-Schleife", d.h. die Abbruchbedingung wird nie erreicht, und das Programm wird endlos fortgesetzt. Es kann aber auch vorkommen, daß eine für das Endergebnis wichtige Schleife überhaupt nicht durchlaufen wird. In beiden Fällen ist die Ursache für den mangelhaften Programmablauf nicht ohne weiteres erkennbar.

Abhilfe kann nur die Überprüfung der Abbruchbedingung schaffen. Diese Abbruchbedingung ist in den allermeisten Fällen als veränderliche Variable definiert, deren Wert es während des Programmablaufs zu überwachen gilt. Wie der Debugger hier helfen kann, soll am Beispiel des aus Abschnitt 2.3.2.1 bekannten Programms STROEMEN.PAS gezeigt werden. In diesem Programm tritt die Variable Re (für Reynoldszahl) auf, deren Werte wir verfolgen möchten.

Die Abbruchbedingung der abweisenden Schleife lautet:

```
WHILE   Re < 1160   DO
```

Das bedeutet, daß alle in der Schleife stehenden Anweisungen durchlaufen werden, solange die Reynoldszahl Re kleiner als 1160 ist. Die im ursprünglichen Programm STROEMEN.PAS verwendeten Formeln garantieren eine zügige Berechnung. Doch schon ein simpler Eingabefehler, bei dem wir die Division durch k vergessen, schickt unser Programm in eine beinahe endlose Schleife. Im Programm STROEMEN.PAS wurde statt der Anweisung Re := (r*V)/k versehentlich

```
Re := (r*V)
```

eingegeben.

Hierdurch wächst der Wert für Re etwa 1 Milliarde mal langsamer als vorgesehen; ein potentieller Anwender dieses Programms wäre rasch der Verzweiflung nahe.

Zur Ermittlung dieses Fehlers wird im folgenden der Debugger eingesetzt werden. Als erstes muß sich der Programmierer klar darüber werden, *welche Variable* (am besten zunächst nur eine einzige) er überwachen will und *an welcher Stelle* im Programm dies geschehen soll. Im vorliegenden Fall wird die Variable Re kontrolliert, und zwar jeweils sofort, nachdem ihr Wert verändert worden ist (also nach der Programmzeile Re := (r*V)). Wir gehen in folgenden Schritten vor:

a) Ändern des Programms

Als ersten Schritt lädt man das Programm STROEMEN.PAS von der Begleitdiskette oder von der Festplatte in den Arbeitsspeicher. Dazu dient im Hauptmenü **F**ile der

Befehl **O**pen (oder Drücken der Taste F3) und die Auswahl des Programms STROEMEN.PAS. In der Zeile 24 wird die Formel entsprechend geändert. Anschließend wird das Programm durch <ALT> F9 erfolgreich kompiliert.

b) Setzen eines Abbruchpunktes

Der Cursor wird ans Ende der Zeile gesetzt, in der die Berechnung der Reynoldszahl steht, und mit <CTRL> F8 der Abbruchpunkt festgelegt. Sie sehen die entsprechende Zeile hell unterlegt (Bild A3).

```
 ≡  File  Edit  Search  Run  Compile  Debug  Options  Window  Help
[■]                                STR                           1=[↕]
VAR                                    Evaluate/modify...   Ctrl-F4
   Re, v, Fw  :  REAL;                 Watches                    ►
                                       Toggle breakpoint    Ctrl-F8
   (* Re: Reynoldzahl, v: Relativges   Breakpoints...
      (* Fw: Strömungswiderstand

BEGIN
ClrScr;
Re := 0; v := 0;

WHILE  Re < 1160  DO  BEGIN

   v := v + 0.1;
   Fw := cw*pi*SQR(r)*0.5*ro*SQR(V);
   Re := (r*V);
   WriteLn ('Geschwindigkeit der Kugel : ',V:10:1,' m/s');
   WriteLn ('Strömungswiderstand       : ',Fw:10:3,' N');
   END; (* END der WHILE-Schleife *)

END.
    24:15
F1 Help | Set or clear an unconditional breakpoint at the cursor position
```

c) Öffnen eines Watches-Fensters

Mit <CTRL> F7 werden die zu überwachenden Ausdrücke eingegeben. Es werden der Schleifenzähler v und die Reynoldszahl Re überwacht. Die Eingabe von v zeigt Bild A4. Die Reynoldszahl Re wird entsprechend eingegeben (oder durch Drücken der <INS>-Taste).

d) Schrittweises Ausführen des Programms

Durch Drücken der Funktionstaste F8 wird das Programm schrittweise ausgeführt. Die Werte für v und Re beim ersten Durchlauf des Programms zeigt Bild A5.

Durch weiteres Drücken von F8 werden die folgenden Werte angezeigt.

Wie mit den oben angeführten Schritten gezeigt wurde, können mit Hilfe des Debuggers die Werte von Variablen während des Programmablaufs verfolgt werden, ohne Veränderungen im Programm selbst vornehmen zu müssen. Ein möglicher

```
 ≡ File  Edit  Search  Run  Compile  Debug  Options  Window  Help
[■]                        STROEMEN.PAS                        1=[↕]
VAR
  Re, v, Fw  :  REAL;

  (* Re: Reynoldzahl, v: Relativgeschwindigkeit der Kugel *)
       (* Fw: Strömungswiderstand *)

BEGIN          [■]            Add Watch
ClrScr;
Re := 0; v       Watch expression
                 v
WHILE  Re
                        OK        Cancel       Help
   v := v
   Fw := c
   Re := (
   WriteLn ('Geschwindigkeit der Kugel  : ',V:10:1,' m/s');
   WriteLn ('Strömungswiderstand        : ',Fw:10:3,' N');
   END; (* END der WHILE-Schleife *)

END.
    24:15
 F1 Help | Enter expression to add as watch
```

Bild A4 Eingabe der zu überwachenden Variablen v

logischer Fehler, aber auch Laufzeitfehler können auf diese Weise lokalisiert und verbessert werden. Im Falle unseres Beispiels könnte man durch bloßes Nachrechnen sehr schnell herausfinden, daß sich die Variable Re nicht wie erwartet entwikkelt. Eine Überprüfung der verwendeten Formel würde dann sehr schnell den Fehler erkennen lassen.

```
 ≡ File  Edit  Search  Run  Compile  Debug  Options  Window  Help
                           STROEMEN.PAS                         1
VAR
  Re, v, Fw  :  REAL;

  (* Re: Reynoldzahl, v: Relativgeschwindigkeit der Kugel *)
       (* Fw: Strömungswiderstand *)

BEGIN
ClrScr;
Re := 0; v := 0;

WHILE  Re < 1160  DO  BEGIN

   v := v + 0.1;
   Fw := cw*pi*SQR(r)*0.5*ro*SQR(V);
   Re := (r*V);
                            Watches
  v: 0.1
  Re: 0.01

 F1 Help  F7 Trace  F8 Step  ←┘ Edit  Ins Add  Del Delete  F10 Menu
```

Bild A5 Anzeigen der Werte für v und Re

A 5 Lösungen der Übungsaufgaben

A 5.1 WURF1.PAS

Struktogramm

Eingabe der Anfangsgeschwindigkeit
Eingabe des Abwurfwinkels
Eingabe der Flugzeit
$X = v \cdot t \cdot \cos\alpha$
$Y = v \cdot t \cdot \sin \cdot \alpha - \frac{1}{2} g \cdot t^2$
Ausgabe: Erreichte Weite Momentane Flughöhe

Programm

```
USES
  Crt;

VAR
  X,Y,v,a,t  :  REAL;

CONST
  g = 9.81;

BEGIN
(* Eingabeteil *)

ClrScr;
WriteLn;WriteLn;
WriteLn (' Bestimmung der Ortskoordinaten eines
          Gegenstandes');
WriteLn ('( schiefer Wurf )');
WriteLn;WriteLn;
Write ('Eingabe der Anfangsgeschwindigkeit in m/s : ');
ReadLn (v);
Write ('Eingabe des Abwurfwinkels α in Grad        : ');
ReadLn (a);
Write ('Eingabe der Flugzeit in s                  : ');
```

```
ReadLn (t);
(* Verarbeitungsteil *)

a := a/360*2*3.1415926;
X := v*t*cos(a);
Y := v*t*sin(a) - SQR(t)*g*0.5;

(* Ausgabeteil *)

WriteLn;WriteLn;
WriteLn ('  die erreichte Weite beträgt       : ',X:10:3,' m');
WriteLn; WriteLn ('momentane Flughöhe         : ',Y:10:3,' m');

END.
```

A 5.2 WURF2.PAS

Struktogramm

Eingabe der Anfangsgeschwindigkeit

Eingabe des Abwurfwinkels

Eingabe der Flugzeit

$X = v \cdot t \cdot \cos\alpha$

$Y = v \cdot t \cdot \sin\alpha - \frac{1}{2} g \cdot 1^2$

Flughöhe ≥ 0 ?

Ja	Nein
Ausgabe: Erreichte Weite Momentane Flughöhe	Ausgabe: Geworfener Gegenstand hat bereits wieder den Boden erreicht

Programm

```
USES
  Crt;

VAR
  X, Y, v, a, t  :  REAL;
```

```
CONST
     g = 9.81;

BEGIN

(* Eingabeteil *)

ClrScr;
WriteLn;
WriteLn;
WriteLn ('  Bestimmung der Ortskoordinaten eines
            Gegenstandes');
WriteLn ('( schiefer Wurf )');
WriteLn;
WriteLn;
Write ('Eingabe der Anfangsgeschwindigkeit in m/s     : ');
ReadLn (v);
Write ('Eingabe des Abwurfwinkels  in Grad            : ');
ReadLn (a);
Write ('Eingabe der Flugzeit  in s                    : ');
ReadLn (t);
WriteLn;

(* Verarbeitungsteil *)

a := a/360*2*3.1415926;
X := v*t*cos(a);
Y := v*t*sin(a) - SQR(t)*g*0.5;

(* Fallabfrage für positive Höhenangaben *)

IF Y>=0
   THEN
     BEGIN
     WriteLn;
     WriteLn ('  die erreichte Weite beträgt : ',X:10:3,'m');
     WriteLn;
     WriteLn ('  momentane Flughöhe          : ',Y:10:3,'m')
     END (* IF Y>=0 THEN... *)
   ELSE
     WriteLn ('  Der geworfene Gegenstand hat bereits wieder
                 den Boden erreicht !');
REPEAT UNTIL KEYPRESSED;
END.
```

A 5.3 KUGEL.PAS

Struktogramm

Eingabe: Auswahl 1,2 oder 3		
Auswahl = ?		
	2	
Volumenberechnung einer Kugel	Volumenberechnung eines senkrechten Kreiskegels	Volumenberechnung eines senkrechten Kreiszylinders
$v = \frac{4}{3} \cdot \pi \cdot r^3$	$v = \frac{\pi}{3} \cdot r^2 \cdot h$	$v = \pi \cdot r^2 \cdot h$
Ausgabe des Volumens		

Programm

```
USES
   Crt;

VAR
   Auswahl : BYTE;
   h,r,V   : REAL;

BEGIN
(* Vorstellung des Menüs *)
ClrScr;
WriteLn; WriteLn;
WriteLn ('   Programm zur wahlweisen Berechnung des Volumens
             von');
WriteLn ('   Kugeln, senkrechten Kreiskegeln und senkrechten
             Kreiszylindern');
WriteLn; WriteLn;
WriteLn ('   An welchem Körper soll die Berechnung
             durchgeführt werden ?');
WriteLn;
WriteLn ('   Kugel          = 1');
WriteLn ('   Kreiskegel     = 2');
WriteLn ('   Kreiszylinder  = 3'); WriteLn;

(* Eingabeteil *)
```

```
Write ('Bitte gewünschte Zahl eingeben: '); ReadLn (Auswahl);
WriteLn; WriteLn;
r := 0; h:=0;

(* Verarbeitungsteil, Menüauswahl *)
CASE Auswahl OF
     1: BEGIN
        WriteLn ('Volumenberechnung an einer Kugel');
        WriteLn;
        Write ('Eingabe des Radius in cm: ');
        ReadLn (r);
        V := 4/3*pi*r*r*r;
        WriteLn;
        WriteLn ('Das errechnete Volumen beträgt ',V:10:3,'
                 cm3');
        END;
     2: BEGIN
        WriteLn ('Volumenberechnung am senkrechten
                 Kreiskegel');
        WriteLn;
        Write ('Eingabe des Radius in cm: ');
        ReadLn (r);
        Write ('Eingabe der Höhe in cm: ');
        ReadLn (h);
        V := pi/3*SQR(r)*h;
        WriteLn;
        WriteLn ('Das errechnete Volumen beträgt
           ',V:10:3,' cm3');
        END;
     3: BEGIN
        WriteLn ('Volumenberechnung am senkrechten
                 Kreiszylinder');
        WriteLn;
        Write ('Eingabe des Radius in cm: ');
        ReadLn (r);
        Write ('Eingabe der Höhe in cm: ');
        ReadLn (h);
        V := pi*SQR(r)*h;
        WriteLn;
        WriteLn ('Das errechnete Volumen beträg',V:10:3,'
                 cm3');
        END;
END; (* von CASE OF *)
END.
```

A 5.4 SHELL.PAS

Struktogramm

Bildschirm löschen; Cursor links oben

Eingabe von N (Anzahl der Zahlen)

I = 1

Eingabe der Zahlen A (I)

Wiederhole bis I = N

N halbieren D = N / 2

D ganzzahlig machen

Start bei D K = D

M = 1 Dummy

Wiederhole solange M ≠ 0

M = 0 Merker für Austausch

I = 1

A (I) > A (I + D)

Ja

Nein

Austausch der Zahlen

M = 1 Merker

./.

Wiederhole bis I = N – D

Halbieren von D D = D / 2

D ganzzahlig machen

Wiederhole bis K = 1

I = 1

Ausgabe der sortierten Zahlen A (I)

Wiederhole bis I = N

Programm

```
USES
  Crt;

VAR
  b, d, i, n  : INTEGER;
           m  : BOOLEAN;
           a  : ARRAY [1..2000] OF INTEGER;

BEGIN
ClrScr;
Write('Anzahl der zu sortierenden Zahlen: ');
ReadLn(n);
WriteLn;
FOR i := 1 TO n DO
  BEGIN
  a[i] := random(1000);
  Write(a[i]:4);
  END; (* Schleifenende *)
d := n div 2;
WHILE d > 0 DO
  BEGIN
  REPEAT
    m := true;
    FOR i := 1 TO n-d DO
      IF a[i] > a[i+d] THEN
        BEGIN
        b := a[i+d];
        a[i+d] := a[i];
        a[i] := b;
        m := false;
        END; (* von IF *)
    UNTIL m;
  d := d div 2;
  END; (* WHILE-DO-Schleife *)
WriteLn;
WriteLn('Die sortierten Zahlen lauten:');
FOR i := 1 TO n DO
  Write(a[i]:4);
REPEAT UNTIL KEYPRESSED;
END.
```

A 5.5 DATEI10.PAS

Programm

```
USES
  Crt;

TYPE
  Datensatz = RECORD
              Nummer  : INTEGER;
              Name    : STRING [25];
              Strasse : STRING [25];
              Ort     : STRING [25];
              Telefon : STRING [20];
              END;

VAR
  Kunden          :  FILE OF Datensatz;
  Speicher        :  ARRAY [1..100] OF Datensatz;
  Auswahl, n, i  :  BYTE;

PROCEDURE Begruessung;
  BEGIN
  ClrScr;
  GotoXY (23,  7);
  WriteLn ('VERWALTUNG EINER KUNDENDATEI');
  GotoXY ( 3, 15);
  WriteLn (' Beim erstmaligen Programmstart ist im
             nachfolgenden Auswahlmenü die "1"');
  GotoXY ( 3, 16);
  WriteLn ('für "Eingabe" einzugeben.');
  GotoXY ( 3, 18);
  WriteLn (' Zur Fortsetzung des Programmablaufs bitte
             beliebige Taste drücken!');
  GotoXY (70, 18);
  REPEAT UNTIL KeyPressed;
  END; (* Begruessung *)


PROCEDURE Menue;
  BEGIN
  ClrScr;
```

```
  GotoXY (30,  3);  WriteLn ('┌─────────────────┐');
  GotoXY (30,  4);  WriteLn ('│                 │');
  GotoXY (30,  5);  WriteLn ('│   BEFEHLSMENÜ   │');
  GotoXY (30,  6);  WriteLn ('│                 │');
  GotoXY (30,  7);  WriteLn ('└─────────────────┘');
  GotoXY (16, 11);
  WriteLn ('Bitte wählen Sie unter folgenden Möglichkeiten :');
  GotoXY (20, 14);
  WriteLn ('Datensätze eingeben                   : 1');
  GotoXY (20, 15);
  WriteLn ('Datei speichern                       : 2');
  GotoXY (20, 16);
  WriteLn ('Datei von Externspeichern laden       : 3');
  GotoXY (20, 17);
  WriteLn ('Zugriff auf die Datensätze            : 4');
  GotoXY (20, 18);
  WriteLn ('Programmende                          : 9');
  GotoXY (20, 20);
  Write   ('Nummer der gewünschten T"tigkeit      : ');
  ReadLn (Auswahl);
  END; (* Menue *)


PROCEDURE Eingabe;
  VAR
    Ende : BOOLEAN;
  BEGIN
  ClrScr;
  Ende := FALSE;
  GotoXY (20, 3);
  WriteLn ('Eingabe der Datensätze:');
  GotoXY ( 2, 6);
  WriteLn ('Die Datensatzeingabe kann durch Eingabe von "0"
           unter ');
  GotoXY ( 2, 7);
  WriteLn ('"Kundennummer" unterbrochen werden.');
  WriteLn;
  REPEAT
    n :=  n + 1;
    Write ('  Kundennummer : ');
    ReadLn (Speicher [n].Nummer);
    IF Speicher [n].Nummer = 0
      THEN
        BEGIN
        n    :=  n - 1;
```

```
          Ende :=  TRUE;
          END
        ELSE
          BEGIN
          Write ('  Name              : ');
          ReadLn (Speicher [n].Name);
            Write ('  Strasse           : ');
          ReadLn (Speicher [n].Strasse);
            Write ('  Ort               : ');
          ReadLn (Speicher [n].Ort);
            Write ('  Telefonnr.        : ');
          ReadLn (Speicher [n].Telefon);
            WriteLn;
            END;
    UNTIL Ende;
  WriteLn;
  WriteLn;
  WriteLn ('  Nach der Eingabe der Datensätze bitte
             speichern!');
  WriteLn;
  Write ('  Zurück zum Menü durch Drücken einer beliebigen
           Taste.');
  REPEAT UNTIL KeyPressed;
  END; (* Eingabe *)


PROCEDURE Speichern;
  BEGIN
  ClrScr;
  ASSIGN (Kunden, 'KUNDEN.DAT');
  REWRITE (Kunden);
  FOR i := 1 TO n DO
    Write (Kunden, Speicher [i]);
  WriteLn;
  WriteLn;
  WriteLn (' ' :7,n,' Einträge vom Arbeitsspeicher in die
            Kundendatei vorgenommen.');
  WriteLn;
  Write ('  Zurück zum Menü durch Drücken einer beliebigen
           Taste.  ');
  CLOSE (Kunden);
  REPEAT UNTIL KeyPressed;
  END; (* Speichern *)
```

```
PROCEDURE Laden;
  BEGIN
  ClrScr;
  ASSIGN (Kunden, 'KUNDEN.DAT');
  RESET  (Kunden);
  n :=  FILESIZE (Kunden);
  FOR i := 1 TO n DO
    Read (Kunden, Speicher [i]);
  WriteLn;
  WriteLn;
  WriteLn ('' :4,n,' Eintr"ge von der Kundendatei in den
            Arbeitsspeicher.');
  WriteLn;
  Write ('Zurück zum Menü durch Drücken einer beliebigen
           Taste.  ');
  CLOSE (Kunden);
  REPEAT UNTIL KeyPressed;
  END; (* Laden *)


PROCEDURE Zugriff;
  VAR
    Vergleichsname : STRING [25];
  BEGIN
  ClrScr;
  GotoXY (15, 3);
  WriteLn ('Zugriff auf die Datensätze:');
  GotoXY ( 2, 6);
  Write ('Eingabe des Vergleichnamens : ');
  ReadLn (Vergleichsname);
  FOR i := 1 TO n DO
    IF Speicher [i].Name = Vergleichsname THEN
      BEGIN
      WriteLn;
      WriteLn;
      WriteLn ('  Ausgabe Datensatz ', Vergleichsname);
      WriteLn;
      WriteLn ('  Kundennr.   : ', Speicher [i].Nummer);
      WriteLn ('  Wohnort     : ', Speicher [i].Ort);
      WriteLn ('  Strasse     : ', Speicher [i].Strasse);
      WriteLn ('  Telefonnr.  : ', Speicher [i].Telefon);
      END; (*IF*)
  WriteLn;
  WriteLn;
```

```
   Write ('  Zurück zum Menü durch Drücken einer beliebigen
             Taste.  ');
   REPEAT UNTIL KeyPressed;
   END; (* Zugriff *)


BEGIN (* Hauptprogramm *)
n := 0;
Begruessung;
REPEAT
   Menue;
   CASE Auswahl OF
      1 : Eingabe;
      2 : Speichern;
      3 : Laden;
      4 : Zugriff;
      END; (*CASE*)
   UNTIL Auswahl = 9;
ClrScr;
WriteLn;
WriteLn;
WriteLn (' Programmende');
REPEAT UNTIL KEYPRESSED
END.
```

Sachwortverzeichnis

Symbole

A

B

C

D

E

F

G

Q

R

S

T

U

V

W

Z